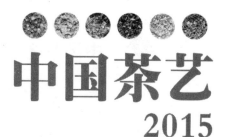

中国茶艺
2015

ZHONGGUO CHAYI

主　编　黄木生
副主编　李晓梅
　　　　黄友谊
　　　　屠莲芳

U0299435

2015 第六届国际茶业大会
2015 年中国技能大赛——
湖北省第七届茶业职业技能大赛
中国湖北　咸宁赤壁

长江出版传媒
湖北科学技术出版社

《中国茶艺》编写委员会

（2015）

主　任　张建平
副主任　闫英姿
编　委

周春华	张　森	徐　淳	邹德洋	黄艳华	徐仕新
李朝曙	叶文华	曾九州	范　栋	龚自明	倪德江
宗庆波	孙　兵	石爱发	黄木生	廖白龙	方高柏
肖志义	陈金鹏	陈立新	镇宏伟	宋　伟	万子贤
李新华	屠莲芳	刘建军	王东阳	肖永超	刘家国
林国强	李晓梅	刘晓芬	密小华	刘文娟	孙海燕
徐　俊	朱晓婷	黄友谊	黎淑园	张耀华	项先志
张　芸	张　强	饶辉福	张　霞	潘　亮	王艳海
丁坤明	雷国梁	戴玉婵	张岳峰	陈勇军	鲁鸣皋
江　霞	向　敏	万　多	喻娟娟	张世友	程时军
李　锐	张雅琴	石隆枝	李海兵	胡　浩	李　芳
鲁文峰	卓元凯	林　航	周　静	熊智军	陈海军

参加研讨组人员

张　瑾	刘　闪	王绍华	周　强	金利祥	龚　玲
石隆芬	高小芹	鄢向荣	王　斌	王东明	杨　帆
定光平	马晓丹	余晓玲	刘云魁	吴克喜	马若玲
甘露明	郭　纯	金　曦	肖林梅	樊昱纬	辛世民
曾雯雯	张书梅	刘　轩	刘荣洪	评先仿	覃兢业
杨　雪	汤　敏	王亚琼	齐淑莉	郭　宗	孙　敏
郭　杰	吴激光	朱兰兰	胡　艺	刘双双	邵　星
王　苏	艾　琼	邓子林	万　静	向　弯	妮　艾

《中国茶艺》序

构建"中国茶新时代"的"茶体系"
——茶之绿色中国梦

文化的酿造有如百年茅台，文化的积淀有如千年石钟乳。

——题记

一、茶之源

世界之茶，源于中国。中国是茶的发源地，中国是茶文化的发源地，中国是茶艺（道）的发源地。中国茶文化是中国传统文化中的瑰宝，中国茶艺是中国传统文化百花园中的奇葩。茶，南方之嘉木。茶字，人在草木中。茶树，山茶科植物的一个种，木本，常绿。茶叶，以茶树新梢芽叶为原料，通过初加工形成的产品，即六大类茶叶：绿茶、黄茶、白茶、乌龙茶、红茶、黑茶，及其再加工品如花茶等。茶艺，是茶人把日常饮茶的习惯，根据茶道规则，通过艺术加工，展示冲、泡、饮的技艺的过程。茶之为饮，发乎神农氏，闻于鲁周公，兴于唐，盛于宋，改革于明，独领风骚世界茶叶市场于清。全世界现有50多个国家种茶，160多个国家30多亿人口饮茶。南北朝齐武帝永明年间，茶叶随丝绸、瓷器传入土耳其，如今土耳其人年均消费茶叶 3.2 千克，居世界之首。唐朝，公元 805 年，日僧最澄到浙江天台山国清寺学佛，带回茶籽种于日本台麓山区。宋朝，1191 年，日本荣西禅师归国时，将末茶带回扶桑。明朝，1610 年，荷兰人自澳门贩茶转运欧洲。1618 年，中国钦差大臣入俄，向俄皇馈赠茶叶。清朝，1689 年，厦门首开中国内地茶

1

叶直销英国之先，此后英国成为世界最大茶客。1780年，英国与荷兰人将中国茶籽输入印度。1883年，俄罗斯从中国羊楼洞买回茶籽茶苗。1924年，斯里兰卡皇家植物园引种中国茶树。20世纪60年代，非洲国家邀请中国茶叶专家赴非指导种茶。

　　万里茶道，东方茶港，赤壁青砖。"中俄茶叶之路"是继丝绸之路后的又一条国际商路，被喻为17世纪中俄两国商贸友谊的"世纪动脉"，其集散地是汉口。老汉口因茶兴市，天下茶船齐集汉口多达2万5千余艘。中国出口的茶叶占世界茶叶市场的86%，其中汉口输出的茶叶占60%。1891年4月20日，俄皇太子尼古拉·亚历山德罗维奇即后来的末代沙皇来汉口，向张之洞盛赞大汉口是闻名世界的东方茶港。《武汉近代（辛亥革命前）经济史料》记载："砖茶一项，几为俄国惟一市场"。砖茶即指中国湖北省咸宁市赤壁市羊楼洞的青砖茶、米砖茶、花砖茶。俄罗斯90吨的"火车头"紧压的青砖茶，香溢中俄万里茶道。俄罗斯将其转销欧洲，丰盈其银库。羊楼洞是青砖茶的原产地。自唐太和年间，皇诏普种山茶即本地开始培植；宋代开始茶马交易；是万里茶道的重要起点；一代天骄成吉思汗的子孙用"不可一日无茶"阐释青砖茶；三百年前世界商贾精英汇集于此，人口逾四万，形成了"中国大茶市"，人称"小汉口"，被誉为"世界名镇"；羊楼洞青砖茶被誉为的"世界名茶"；1953年8月，羊楼洞砖茶厂迁至赵李桥，改名"湖北省赵李桥砖茶厂"；2010年，国家授予羊楼洞"中国历史文化名村"。青砖茶铺就"欧亚万里茶路"，赵李桥连结"中俄百年友谊"。

二、茶之性

　　绿色生命，绿色地球。没有阳光、空气、水就没有生命，没有植物生命就没有动物生命，人类依存地球之绿色，茶是绿色的。茶，源于人类草食时代，济苍生饥疾而生。僧道羡其清寂而共修寺观，文人羡其清灵而共饮墨池，王公羡其清雅而共登殿堂。茶，上得殿堂，下得厨房。一叶"百药之药"的仙草，一丝绣花针似的芽尖，撬动了地球，叩问了宇宙，贯穿了时空，影响了历史，创造了生活。茶是一种物质，是一种文化载体，更是一种超时空的灵体。

茶之品格，清静雅真。《茶经》载，茶"阳崖阴林紫者上"。茶之生长，喜云缭雾绕"犹抱琵琶半掩面"之羞涩；喜"明月松间照，清泉石上流"之幽谧；喜竹影风清之高洁；喜松鹤延年之高远；处海拔千米以上者不染凡尘。茶之水清轻活甘冽；茶之器陶瓷金石共雅俗；茶之礼敬天敬地敬人；茶之乐惠风和畅；茶之技柔润柔美；茶之汤观音甘露；茶之境曲径通幽；茶之人十年面壁。茶至清至纯，至美至真，让人脱离世俗，返璞归真。

茶为民生，健康为本。柴米油盐酱醋茶。神农尝百草，日遇七十二毒，得"茶"而解之。药食同源，药茶同源，茶食同源，茶与中药同源同理。现代科学研究证明，茶含有人体所需的多种营养成分和功能活性成分，最具茶保健个性特征的是茶多酚，含儿茶素类及其转化物茶色素（茶红素、茶黄素、茶褐素），茶黄素谓茶之软黄金。茶之功用——降血脂，降血糖，降血压，预防心血管病；抗辐射，抗氧化，抗癌变，清除自由基；解毒杀菌，解烟解酒；强肌健骨，明目护齿；涤肠荡气，涤凡洗尘；行气清血，破闷除郁；平矜释躁，怡情怡性；修行修道，涵养人生；益思益敏，益智益寿。人是水做的骨肉，茶有利于"人体水循环"。品茶须知三性：人性，茶性，水性。茶之饮——顺体性，顺茶性，顺时令，顺时辰；体性热者茶凉之，体性寒者茶温之，体性中者茶平之；岁时寒者茶温之，岁时暑者茶凉之，不寒不暑茶平之。

茶为国饮，茶容天下。琴棋书画诗戏茶。茶最具包容性，茶最具亲和力，茶最具中华民族的民族性。在全世界，只要有中国人的地方，就会有茶；在中国，只要有人群的地方，就会有茶。茶已融入我们的生活，融入我们的血液，更融入我们中华民族的内涵。清静无为之茶，无所不在，无处不有，无为有为。唐·卢仝《七碗茶歌》云："一碗喉吻润，二碗破孤闷。三碗搜枯肠，唯有文字五千卷。四碗发轻汗，平生不平事，尽向

3

毛孔散。五碗肌骨清，六碗通仙灵。七碗吃不得也，唯觉两腋习习清风生。"茶健体润心，品茶让人进入一种心灵修养的境界。水为生命之源，茶为灵魂之饮。几千年来，茶与中华民族结下了不解之缘。如今，一个全民饮茶、健康饮茶、科学饮茶、文化品茶的"中国茶新时代"正在到来。

全民饮茶，品味小康。全面小康赋予当代中国茶人的历史使命是——弘扬茶文化，普及茶科学，推广茶保健，发展茶经济，拓展茶旅游，享受茶生活。中国茶从茶源头的茶农场……到茶高科技等的茶产业链很长很大，既长又大，有待拓展创新。茶艺是"茶看点"；茶保健是"茶饮点"；茶农场、茶工厂、茶市场是"茶旅游点"；生态有机，物有所值是"茶营销点"；让平民茶饮、平民茶艺进机关，进学校，进社区，进新农村，进小康人家，是"茶增长点"；茶餐、茶点、茶调饮、茶快饮、茶休闲、茶服饰、茶化妆品、茶艺术品、茶博物馆、茶博览会……，是"茶开发点"；生产标准化、品牌个性化、产业集约化、市场国际化，是中国茶的国际走向。为生态环保健康而倡导"绿色消费"；为提高生活质量而倡导"绿色生活"；为构建和谐社会而倡导"绿色心理"。无论是"空山新雨后"品茗杯之"啜饮"；还是"赤日炎炎似火烧"时大碗茶之"牛饮"——茶对于人的心灵，都可谓春风化雨，润物无声。让茶艺从娃娃开始，传承中华文化，提高民族素质。

三、茶之艺

茶之艺术，谓之茶艺。茶艺是茶生命的又一次绽放。简言之，茶艺是泡茶与品茶的艺术；茶艺是科学泡茶，健康饮茶，礼仪敬茶，艺术演茶，悟道赏茶的过程。细言之：茶艺是"茶"与"艺"有机结合的"茶艺术"；茶艺是茶与水科学融合的"水艺术"；茶艺是"茶、水、器、人（含艺）、境、意（含韵）"天成巧合悄然亲和的"和艺术"；茶艺是"腕碗功夫""指尖上的艺术"，就像芭蕾舞是脚尖上的艺术；茶艺是一种礼仪艺术；茶艺是一种优雅的生活艺术；茶艺是一种高雅的人生艺术；茶艺是一种舞台艺术；茶艺是一种表演艺术。茶艺之所以谓之"艺"，就在于其创新出一种具有可欣赏性价值的"茶艺术"。茶艺将茶生活提升到文化艺术的层面，精神境界的高度，给人以"茶物质"与"茶精神"完美结合的双重享受。全面小康需要这种结合，让茶艺冲泡出小康的沁香，中国梦的温馨。

茶似君子，茶似淑女。壮怀激烈饮酒，温良恭俭品茶。男儿当从军，女儿当习茶。茶温文尔雅，彬彬有礼。出门第一礼，进门第一茶，见面第一笑，客来敬茶是国人的第一礼节；以茶会友是茶的社会功能。茶具中有茶道"六君子"、"三才杯""公道杯"之美称。"三才杯"天地人合一。"公道杯"匀茶汤之多少，匀茶味之浓淡，匀茶温之高低。茶不欺客，茶一碗水端平。

鉴茶如玉，赏茶如花。茶之赏：名之雅、色之润、香之郁、汤之亮、味之爽、回之甘。茶之形——似毫，似针，似笋，似簪，似剑，似峰，似环，似珠，似螺，似雀舌，似寿眉，似旗枪，似瓜片……遇水，或若：婴儿初醒，身姿舒展；绰约俊秀，亭亭玉立；雨后春笋，竞相勃发；芭蕾点足，轻盈翩跹；一杯碧绿，满园春色；青山绿水，漫江碧透；枫叶经霜，层林尽染；山川锦绣，流连忘返。茶艺师站如松直挺，坐如钟稳重，行如风轻逸；其心之静、意之诚、技之精、手之灵、眼之神、杯之情、艺之韵；与茶客共和之，共赏之，共饮之，共悦之。没有了茶，生活就少了许多情趣，精神就多了一些缺失。

茶通六艺，开阔视野。茶艺是一门综合性艺术。按表现形式分类，可分为待客型茶艺（可含养生型茶艺）和表演型茶艺（可含营销性茶艺）。表演型茶艺又可分为技能（竞赛）表演型茶艺和艺术表演型茶艺。待客型茶艺聚焦"和"，更讲究随和，轻松，自然；技能（竞赛）表演型茶艺聚焦"技"，更讲究规范，程序，技艺；艺术表演型茶艺聚焦"艺"，更讲究创意，内涵，艺术。表演型茶艺需要"四大艺术设计"——形象艺术（形体艺术、服饰礼仪）；环境艺术（造型艺术、装饰艺术、茶席艺术、插花挂画、香道布艺、民族工艺、陶瓷金石）；舞台艺

5

术（背景、道具、影像，声、光、电技术）；表演艺术（音乐舞蹈，茶艺技艺、情感表情）。

创新茶艺，创新茶学。"中国茶新时代"需要构建"中国茶体系"——茶科学体系、茶安全体系、茶保健体系、茶文化体系、茶经济体系。需要建设一支茶科学专家、茶保健专家、茶文化专家、茶经济专家队伍。《茶艺学》需要研究生态选茶、健康饮茶、科学泡茶、礼仪敬茶、文化品茶、艺术赏茶的学问；需要研究"茶艺六美"：茶、水、器、人（礼、艺）、境、意（韵）；需要研究"茶艺三功"：技法，礼法，悟道；需要研究茶艺各要素在过程中的相互关系与作用；以追求过程的科学与美感，追求身心的愉悦与健康，追求人生的真谛与境界。茶科学是茶艺学的基础和保障，茶文化是茶艺学的精神支撑。《茶学》研究需要创新。茶自然科学含：茶栽培、茶生态、茶工艺、茶分类、茶检测、茶储藏、茶保健等。茶保健含：茶安全、茶成分、茶原理、茶药理、茶功用、科学泡茶等。茶社会科学含：茶文化、茶文学、茶历史、茶哲学、茶美学、茶艺学、茶道学、茶社会学、茶经济等。茶经济含：茶产业、茶市场、茶营销、茶电商、茶旅游、茶博物馆、茶馆业、茶休闲养生等。

四、茶之道

茶以载美，清廉雅和。一场茶艺，演绎的是一个故事，弘扬的是悠久文化；一桌茶席，展示的是一幅画卷；一台古筝，绽放的是春江花月夜；一曲小提琴，绕梁的是梁祝万世情；一把茶壶，高山流水，玉壶冰心；一杯清茶，君子之交，世风之纯，为官之道，清正廉明。

茶以载史，博古通今。一座茶馆，就像一座微型博物馆。管中窥豹，洞察石陶青铜之古色；车载船装，戤量秦砖汉瓦之厚重；长江黄河，泼墨长城泰山之丹青；长袖轻歌，曼舞盛世唐风之飘逸；伯牙子期，飞泻琴台知音之天籁；茶马古道，浮想丝绸之路之心旅；天涯比邻，浸润海内知己之馨香。海纳百川，茶纳大海，天地人、文史哲、儒释道、真善美、精气神、松竹梅、书画琴，茶皆纳之。茶几乎承载了有史以来的中国文明。

茶以载道，天地人道。茶艺悟道就像禅师坐禅，故有"茶禅一味"之说。悟——思维；思、想；思、想之结晶，谓之道。道——哲学，哲理，自然之规律，人文之精神。悟道——生命之体悟，真理之探究。茶道——茶之天道，茶之地道，茶之人道。悟道需要心静如佛，心旷如天，心有灵犀；悟道需要明察秋毫，见微知著，电光石火；悟道需要人生"反刍"，融会贯通，通灵通仙；悟道需要吃进去的是"草"，挤出来的是"奶"。感悟天地人生，领悟沧海桑田，顿悟白驹过隙，妙悟世界大千——壶里乾坤，杯中日月；蜂饮蝶啜，趣意盎然；物我皆忘，神韵无限。念天地之悠悠，何怆然而涕下！人生几何？何须有酒，但须有茶。茶艺蕴含思想文化厚重者，方可谓之茶道。传播茶文化的核心在于"传道"，以道化人。

茶艺茶道，茶之生命。茶道就是"人道"，茶文化就是"人文化"。赋予茶以科学的定义，文化的灵性，哲学的思考，美学的价值——谓之茶道。中国茶道讲究天人合一，茶水合一，情境合一，道法自然，亲和自然，探究人生——道路不是直的，是非曲直，尘世纷争，品茶"面壁"，静可化净；世界不是平的，人生坎坷，酸甜苦辣，睁首"回甘"，皆可化乐。人生在于享受过程，磨难更值得"回味"，就如"西天取经"。

茶艺为形，茶道为魂。茶艺是茶文化的载体。茶道是茶文化的精髓，茶道是茶艺的主题、主旨。茶道精神是茶文化的灵魂。茶文化是茶自然科学和茶社会科学及一切茶事活动的文化结晶的总和。茶是一切茶文化的最原始载体。中国茶文化集成了中国和文化、善文化、礼文化、孝文化、君子之交淡如水的俭文化、为官之道清正廉明的廉文化。茶艺在中国传统家庭中更具有和、善、礼、孝的特殊意义。和合之茶几乎成为中国和

谐文化的代名词。

五、茶之圣

陆羽文化，世界遗产。唐代茶圣陆羽《茶经》是世界第一部茶专著。具有划时代的意义。《茶经》是世界第一部"茶百科全书"——创立了茶学，创立了中国茶道精神，创立了中国茶文化体系，创立了一套完整的茶器具，创立了一套完整的茶艺（茶道）流程，创立了煎茶法，规范了一套完整的茶礼仪。陆羽茶文化是独一无二的世界级文化遗产。中国天门是茶圣陆羽故里。天门陆羽，天下茶圣；陆羽茶经，茶之圣经；陆子陆学，茶之国学；陆羽天门，茶之圣地——世界茶圣地，世界茶人朝圣地，世界茶人旅游目的地。让世界茶人言必称陆羽，让世界茶人言必称天门。

精行俭德，茶经之魂。《茶经》载，茶"上者生烂石"。烂石染茶香，似"宝剑锋自磨砺出，梅花香自苦寒来"。《茶经》载有两例"茶俭"。一是南齐世祖武皇帝遗诏："我灵座上，慎勿以牲为祭，但设饼果、茶饮、乾饭、酒脯而已。"二是梁刘孝绰、谢晋安王饷米等，启传诏："李孟孙宣教旨，垂赐米、酒、瓜、笋、菹、脯、酢、茗八种。"放牛娃、和尚、乞丐出身的明朝开国皇帝朱元璋，1391 年下旨"罢造龙团，惟采芽茶以进"，一扫"斗茶"奢华之风，天下茶即从简从俭。朱元璋与陆羽心有灵犀。自古英雄多磨难，从来纨绔少伟男。成由俭来败由奢，至理也。茶之性俭。让茶去其"浮华"，回归自然，清水芙蓉，质本洁来还洁去。

精行俭德，陆羽精神。《茶经》载："茶之为用，味至寒，为饮，最宜精行俭德之人。"陆羽《六羡歌》云："不羡黄金罍，不羡白玉杯，不羡朝入省，不羡暮登台，千羡万羡西江水，曾向竟陵城下来。"教人淡泊明志，宁静致远；上善若水，水容万物。陆羽的"四不羡"与"千羡万羡",体现了陆羽的理想、情操、人生观、价值观——可谓"陆羽精神"。陆羽经历了唐开元盛世的繁华、奢华、浮华,经历了安史之乱的败痛、惨痛、衰痛。其潜心沉寂,精修《茶经》,借茶问道,借茶警世,借俭醒人,终于使茶从物质生活向精神境界羽化仙成。

精行俭德,清静礼和——中国茶道精神的重要内涵。精——业精于勤,事成于精。行——行成于思,毁于随。俭——俭以养德,勤俭治家,勤俭治国;俭为省,俭为约;俭约奢,俭约贪,俭约腐,俭约浮,俭约躁。德——德为魂。清——清为洁,清为节;清真、清纯、清白、清正、清廉、清明。静——静为性;静以修身,捧茶面壁,耐得寂寞。礼——礼为上。和——和为贵;和则互利,和则共赢;家和万事兴,国是大家,世界是"地球村"——"和"是中国传统文化的内核。中国茶道精神与中华民族精神一脉相承,中国茶文化是中国传统文化的组成部分,中国五千年传统文化是中国茶文化的深厚根基。

六、茶之梦

茶和天下,绿色和平。五千年文明,茶与同行。扬君子之国礼仪之邦之风帆;踏郑和"和谐号"船队之浪花;茶叶、丝绸、瓷器,是中华民族的三大"和平使者";我们以中国和合茶礼向地球村问好祝福——让我们共建和合世界之绿色文明,让我们共享"和合世界"之绿色和平。

茶,绿色中国梦,绿色世界梦……

黄木生

(黄木生:教授,湖北省专项津贴专家,中国教育家协会理事,中国高等教育学会常务理事,湖北省陆羽茶文化研究会副会长。)

目　　录

茶艺概述

文化的酿造犹如百年茅台，文化的积淀犹如千年石钟乳。

中国茶文化是中国传统文化的瑰宝，中国茶艺是中国传统文化百花园中的奇葩。中国是茶的发源地，中国是茶艺的发源地，中国是茶文化的发源地。中国是发现、栽培茶树和加工利用茶叶最早的国家。在悠久的历史长河中，茶从食用、药用、到饮用、品茶，形成了有规律的、具有礼仪形式的品饮，使品茶走上了艺术化的道路，形成了丰富多彩的中国茶艺。

茶，南方之嘉木。茶字，人在草木中。茶树，山茶科植物的一个种，木本，常绿。茶叶，以茶树新梢芽叶为原料，通过初加工形成的产品，即六大类茶叶：绿茶、黄茶、白茶、乌龙茶、红茶、黑茶，及其再加工品如花茶等。

茶艺是茶人把人们日常饮茶的习惯，根据茶道规则，通过艺术加工，向饮茶人和宾客展现茶的冲、泡、饮的技巧，把日常的饮茶引向艺术化，提升了品饮的境界，赋予了茶以灵性和美感。

茶艺跨越了茶学、美学、文学、宗教、哲学、伦理、道德、民俗等众多门类的传统及现代艺术，综合了陶瓷、插花、书画、音乐、建筑、装饰、表演等领域，开阔视野，启迪人生。

一、茶艺的由来

1. 茶艺的由来

茶艺一词最早出现于 20 世纪 70 年代的台湾。当台湾于 1978 年酝酿成立有关茶文化组织的时候，接受了台湾民俗学会理事长娄子匡教授的建议，使用"茶艺"一词，成立了"台北

市茶艺协会"、"高雄市茶艺学会"。1982 年又成立"中华茶艺协会"。由此而后，"茶艺"这一名词被大家广泛接受，又先后登陆香港、澳门及大陆。

2. 茶艺的定义

对于"茶艺"的定义，海内外学者仁者见智，归纳起来有广义与狭义两种。

广义的茶艺：即"茶之艺"，是研究茶叶的生产、制造、经营、饮用的方法和探讨茶叶原理、原则，以达到物质和精神全面满足的学问。

狭义的茶艺：是指在茶道精神指导之下的茶事实践，是一门生活的艺术。具体地说，是研究如何泡好一壶茶的技艺和如何享受一杯茶的艺术。

二、茶艺的理解

简单地讲，茶艺是泡茶与品茶的艺术。

（1）茶艺是"茶"和"艺"有机结合的艺术。

（2）茶艺是一种优雅的生活艺术。茶艺多姿多彩，充满生活情趣，丰富生活内涵，提高生活品位，是一种积极的方式。

（3）茶艺是一种高雅的人生艺术。人生如茶，在紧张繁忙之中，泡出一壶好茶，细细品味，通过品茶进入内心的修养过程，感悟苦辣酸甜的人生，净化心灵。

（4）茶艺是一种舞台艺术。借助舞台、道具、灯光、音响、字画、花草等的密切配合及合理编排，给人物表演带来活力，更能展现茶艺的魅力，给人以高尚、美好的艺术享受。

（5）茶艺是一种文化。茶艺在融合中华民族优秀文化的基础上又广泛吸收和借鉴了其他艺术形式，并扩展到文学、艺术等领域，形成了具有浓厚民族特色的中华茶文化。茶艺起源于中国，与中国文化的各个层面都有着密不可分的关系。高山云雾出好茶，清泉活水泡好茶，茶艺并非空洞的玄学，而是生活内涵改善的实质性体现。自古以来，插花、挂画、点茶、焚香并称四艺，尤为文人雅士所喜爱。茶艺还是高雅的休闲活动，可以使精神放松，拉近人与人之间的距离，化解误会和冲突，建立和谐的关系等。

三、茶艺的分类

我国地域辽阔，民族众多，饮茶的历史悠久，各地的茶风、茶俗、茶艺繁花似锦，美不胜收。对于茶艺的分类目前尚无统一标准，一般可采取以人为主体分类，以茶为主体分类或表现形式的不同来分类。

1. 以人为主体分类

即以参与茶事活动的茶人的身份不同进行分类，这样可分为宫廷茶艺、文士茶艺、民俗茶艺和宗教茶艺四大类型。

1) 宫廷茶艺：是我国古代帝王为敬神祭祖或宴赐群臣进行的茶艺，比较有名的有唐代的清明茶宴、唐玄宗与梅妃斗茶、唐德宗时期的东亭茶宴，宋代皇帝游观赐茶、视学赐茶，以及清代的千叟茶宴等均可视为宫廷茶艺。宫廷茶艺的特点是场面宏大、礼仪烦琐、气氛庄严、茶具奢华、等级森严且带有政治教化、政治导向等政治色彩。

2) 文士茶艺：是在历代儒士品茗斗茶的基础上发展起来的茶艺。比较有名有唐代吕温写的三月三茶宴，颜真卿等名士在月下啜茶联句，白居易的湖州茶山境会，以及宋代文人在斗茶活动中所用的点茶法、沦茶法等。文士茶艺的特点是文化内涵厚重，品茗时注重意境，茶具精巧典雅，表现形式多样，气氛轻松怡悦，常和清谈、赏花、玩月、抚琴、吟诗、联句、鉴赏古董字画等相结合，深得怡情悦心，修身养性之真趣。

3) 民俗茶艺："千里不同风，百里不同俗"，在长期的茶事

实践中，不少地方的老百姓都创造出了有独特韵味的民俗茶艺。如藏族的酥油茶、蒙古族的奶茶、白族的三道茶、畲族的宝塔茶、布朗族的酸茶、土家族的擂茶、维吾尔族的香茶、纳西族的"龙虎斗"、苗族的油茶、回族的罐罐茶以及傣族和拉祜族的竹筒香茶等。民俗茶艺的特点是表现形式多姿多彩，清饮混饮不拘一格，具有极广泛的群众基础。

4）宗教茶艺：我国的佛教和道教与茶结有深缘，僧人羽士常以茶礼佛、以茶祭神、以茶助道、以茶待客、以茶修身，所以形成了多种茶艺形式。目前流传较广有禅茶茶艺和太极茶艺等。宗教茶艺的特点是特别讲究礼仪，气氛庄严肃穆，茶具古朴典雅，强调修身养性或以茶释道。

2. 以茶为主体分类

实质上是茶艺顺茶性的表现。我国的茶分为绿茶、红茶、乌龙茶（青茶）、黄茶、白茶、黑茶等六类，花茶和紧压茶虽然属于再制茶，但在茶艺中也常用。所以以茶为主体来分类，茶艺至少可分为八类。

3. 以表现形式分类

根据茶艺的表现形式可分为表演型茶艺和待客型茶艺两大类。

1）待客型茶艺：是由一个主人与几位嘉宾围桌而坐，一同赏茶、鉴水、闻香、品茗。在场的每一个人都是茶事活动的直接参与者，而非旁观者，每一个人都参加了茶艺美的创作。

2）表演型茶艺：是一个或几个茶艺表演者在舞台上演示茶艺技巧，众多的观众在台下欣赏。其不足是，台下的观众只有少数几名幸运贵宾或许有机会品到茶，其余的绝大多数人根本无法鉴赏到茶的色、香、味、形，更品不到茶韵。只能称为茶技或泡茶技能的演示。但是，这种表演适用于大型聚会，在推广茶文化，普及和提高泡茶技艺等方面都有良好的作用，同时比较适合表现历史性题材或进行专题艺术化表演。

四、茶艺的内容

茶艺的具体内容包括了技艺、礼法和道三个部分，技艺、礼法属于形式部分，道是属于精神部分。

（1）茶叶基本知识。学习茶艺，首先要了解和掌握茶叶的分类、主要名茶的品质特点、制作工艺，以及茶叶的鉴别、贮藏、选购等内容。这是学习茶艺的基础。

（2）茶艺技术－技艺。是指茶艺的技巧和工艺。包括茶艺术表演的程序、动作要领、讲解的内容，茶叶色、香、味、形的欣赏，茶具的欣赏与收藏等内容。这是茶艺的核心部分。

（3）茶艺礼仪。是指服务过程中的礼貌和礼节。包括服务过程中的仪容仪表、迎来送往、互相交流与彼此沟通的要求与技巧等内容。

（4）茶艺规范。茶艺要真正体现出茶人之间平等互敬的精神，因此对宾客都有规范的要求。作为客人，要以茶人的精神与品质去要求自己，投入地去品赏茶。作为服务者，也要符合待客之道，尤其是茶艺馆，其服务规范是决定服务质量和服务水平的一个重要因素。

（5）茶艺悟道。道是指一种修行，一种生活的道路和方向，是人生的哲学，道属于精神的内容。悟道是茶艺的一种最高境界，是通过泡茶与品茶去感悟生活，感悟人生，探寻生命的意义。

五、习茶的意义

1. 茶艺是一种生活技能

客来敬茶是中华民族的传统礼仪和习俗。知茶明礼是人的一种素质，茶艺待客生活气息浓厚，品茗谈天平添几分乐趣，

在相互交流中感受茶文化的博大精深，提高交往的质量和意义。家庭是心灵的港湾。在繁忙的工作之余，在身心疲惫之时，回到家中，或握杯独饮，享受宁静，品味人生，调整心绪，以饱满的热情去面对紧张工作和激烈的竞争。或家人团聚，围桌共饮，享受亲情，融消不快，和谐家庭气氛，促进家庭交流，丰富家庭生活，是一种十分有益的生活形式。

2. 茶艺是一种工作技能

随着茶事业的发展以及国际茶文化的交流，茶艺作为一种职业技能受到国家和社会越来越多的关注。国家已将"茶艺"列为从业资格培训的一项专门技能。"茶艺师"被列入国家法定的职业工种，分为五个级别：初级茶艺师，中级茶艺师，高级茶艺师，茶艺技师、高级茶艺技师。茶艺师是一种文明、高雅的职业。学习茶艺，对于个人的从业、择业、创业及事业发展，终身受益。

3. 茶艺提高生活品位

品茗赏艺，既是一种休闲，更是一种文化。既是一种物质享受，又是一种精神体验。提升生活品位，提升生活质量。普通茶是最方便最简单最直接最好性价比的保健饮品，以茶入食，以茶入菜，增添饮食的多样化和生活情趣。茶艺是一门综合性艺术，包容性强，涵盖面广，学问深厚，使人陶冶情操，丰富内涵。

4. 茶艺修身养性

陆羽《茶经》载：茶之为饮，"最宜精行俭德之人"。唐代韦应物的茶诗《喜园中茶生》提出"洁性不可污，为饮涤尘烦"，"此物性灵味"，"得与幽人言"。清代的郑板桥则"只和高人入茗杯"。古人常把茶品、人品相提并论。现代社会生活节奏增快，人们似乎有点失去自我。茶有性俭、自然、中正、纯朴的特质，这使茶与崇尚虚静自然的道家思想达到了最大程度的契合。繁华都市中的茶艺馆，成为人们闹中取静的理想场所。茶淡泊典雅，朴素自然，自守无欲，耐得寂寞，净静相依，洁节相伴，从而让"现代围城"中的市民在短暂中隔离尘嚣，隔离污染，慎独自重，洁身自好，自我超越。茶的色、香、味、形，从视觉、嗅觉、味觉、触觉上，都能带给人们几分美好的感受。

5. 传承弘扬中国茶文化

唐代陆羽因著述世界第一部茶专著《茶经》而闻名于世，被世人奉为茶圣。《茶经》对茶之源、之具、之造、之器、之煮、之饮、之事、之出、之略，作了系统的阐述，制定了一套完整的茶艺程序。并提出了"精行俭德"的茶道精神。茶是中国的，茶也是世界的。陆羽是中国的，陆羽也是世界的。陆羽遗产是珍贵的世界级非物质文化遗产。陆羽《茶经》是世界茶艺茶道的指南。宋代，日本荣西禅师来我国学习佛经，归国时不仅带回茶籽，并将宋朝禅院的茶风引进日本。日本茶人对茶圣陆羽顶礼膜拜，以赴天门拜谒茶圣陆羽为荣幸。弘扬陆羽茶文化，是中国当代茶人的历史使命，也是对世界文化的贡献。

第一章　茶之圣

第一节　陆羽生平

公元 733 年仲秋，龙盖寺僧智积禅师（俗姓陆），在竟陵西湖边捡到一弃婴。托人抚养至三岁后带进寺院。智积禅师用占卦方法，得"渐"卦，为他取名"羽"字"鸿渐"，或名"鸿渐"，字"羽"。

陆羽三岁起进寺院学习佛经、诗书与煎茶。十二岁随师到过黄梅五祖寺和茶山，经历了人生第一次禅茶之旅。黄梅紫云山挪步园流传有"陆鸿渐天宝乙酉望茶石"纪念石刻。

因不愿皈依佛门，陆羽十四岁到县衙做演员。竟陵郡太守李齐物见他编演的参军戏后，觉得他很有天赋，便留于身边，后又亲授诗集，送他到火门山学堂师从邹墅（野）。

读万卷书，行万里路。公元 748—752 年，在火门山学假期间和结业以后，陆羽多次赴外地考察茶事、品茶评水，近自荆襄，远致巴山，万里跋涉三十二州郡。现在的许多名胜区，如庐山、苏州、杭州、无锡及太湖周围，大唐半壁江山都留下过他的足迹。

学成下山后除落脚龙盖寺外，他选择了在幹驿东冈结庐，整理出游所得。其时，恰遇礼部员外郎崔国辅被贬竟陵司马（后任太守），二人相与较定茶水之品凡三年。如果说，崔国辅的学识相当于今天的"研究生导师"，那么，继寺院学习了"中学"课程之后，弱冠之年的陆羽先后读了"大学"和"研究生"，其学历是完整的。

陆羽少年时自信有西汉文学家司马相如 、杨雄那样的才华。

公元756年，因安禄山叛乱，陆羽进长安的计划落空，只好随秦人过江，继续游历长江中下游和淮河流域，遍访名士山僧，连年写作。二十至二十八岁，即离开家乡前后的几年时间，是他人生写作的高峰期。

"荆吴备登立，风土随编录"。公元760年，陆羽"结庐于苕溪之湄，闭关对书"。次年秋，他用自叙书（后人题为《陆文学自传》）的形式向吴越学者公布了自己的著作成果：包括《茶经》在内的著作有八种六十一卷。于是，"天下贤士大夫，半与之游"，名士多达一百余人。

作为中唐时期杰出的语言学和方志学家，他撰有《源解》三十卷、《君臣契》三卷、《江表四姓谱》八卷、《南北人物志》十卷、《占梦》三卷；还写有《唐五僧传》、《洪州户曹筚事状》等。由于在文字学、音韵学和训诂学方面的高深造诣和渊博知识，颜真卿邀他参与了大型类书《韵海镜源》最后阶段的编审。

"郡有专志，实肇始于陆羽"。因陆羽撰有《湖州刺史记》《湖州历官记》《吴兴记》《顾渚山记》《杼山记》等，故《湖州府志》有此一说。

"有客竟陵羽，多识名山大川"。无锡县令为整修惠山名胜，曾特意请陆羽当"顾问"，羽为之撰有《惠山记》。773年春，大理少卿卢幼平奉诏祭会稽山，邀陆羽同往山阴（今绍兴），发现古卧石一块，经陆羽鉴定，系"晋永和中古兰亭废桥柱"。皎然赞叹道："生（陆羽）好古者，与吾同志。"

陆羽还是一位书画论家，中年之后涉足书坛。王维画孟浩然《襄阳孟公马上吟诗图》，上"有陆文学题记，词翰奇绝。"是中国书话史上的一段佳话；陆羽的《僧怀素传》，记述怀素、邬彤和颜真卿讨论书法艺术的内容，所谓"屋漏痕"、"壁折之路"等比喻，启迪了后来书家对运笔妙法的领悟；而他的《论徐颜二家书》，则讲学书应重神似，而不应为外表形态所囿，颇有见地；苏州"永定寺"修缮大殿，上座慕名请他题写过匾额；

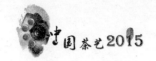

广东乐昌西石岩寺，现存有陆羽题壁的"枢室"二字，字为阴刻，平米见方。

陆羽"贞元末卒"享年七十有一。按公元年推断为804或803年。

"自从陆羽生人间，人间相学事新茶。"陆羽对世界的贡献与影响主要在于《茶经》。《茶经》是中国第一部系统总结唐代中期以前有关茶事的综合性著作，也是世界茶文化史上最早的经典，被誉为"茶叶百科全书"。陆羽也因此被公认为"茶圣"。

《茶经》三卷十章，七千余字。"一之源"考证茶的起源及性状，言其生、其形、其字、其名、其地、其用；"二之具"记载采制茶工具十五种；"三之造"评述采制方法的七道工序与八等质量；"四之器"系统介绍了煮饮用具二十四器；"五之煮"讲述烹茶法及水质品位，提出煮茶要用清洁活水，烧水不能超过三沸，茶与水的比例要适当；"六之饮"言"凡茶有九难"，要注意九个方面：即制好茶、选好茶、配好器、选燃料、用好水、烤好茶、碾好茶、煮好茶、饮适量；"七之事"辑录上古至唐代茶事四十八则，征引书（篇）四十六种。内容涉及茶的特性、产地、饮用、保健、药用、待客、倡廉、茶市、品茶、鉴赏、祭祀以及神话故事等；"八之出"列举茶叶产地及优劣，涉及唐朝八道四十三州。即今之 鄂、陕、豫、川、渝、湘、赣、皖、苏、浙、闽、粤、桂、黔十四个省、区、市；"九之略"指茶器的使用可因条件而异，不必拘泥；"十之图"要求将采茶、加工、饮茶的过程描绘在绢素上，悬于室壁。

"一生为墨客，几世作茶仙"，是陆羽"梦"之所在 。陆羽是接舆式的唐代狂人。他用"梦魂和泪绕西江"，表达爱国忧民情怀，他用"千羡万羡西江水"，抒发热名利观；如果说"伊公羹陆氏茶"，体现了青年陆羽的人生理想，那么，《茶经》中的故事，诠释的是陆羽"精行俭德"的精神价值观。

第二节　茶圣故里的陆羽遗迹
与纪念标志

一、遗　址

西塔寺（天门市文物保护单位）

陆羽故居——西塔寺，遗址位于天门市区人民大道石油公司现址。西塔寺肇始于汉代末年的"青云寺"，南齐至北周（479—574 年）额冠"方乐寺"。隋文帝仁寿二年（602 年）曾敕命诏舍利并建灵塔。西晋后谓"龙盖寺"。唐代因陆羽恩师智积大师圆寂后建塔，更名"西塔寺"。

陆羽去世后，西塔寺将陆羽曾经的住所辟为"桑苎庐"，并修建了"陆公祠"。

位于西湖覆釜洲上的西塔寺，曾经四面环水，古木参天，佛殿重檐毗连，有大雄宝殿、观音阁、子律堂、浮香阁等，1935 年后相继毁于洪灾及战火。

西塔寺集崇佛参禅、尊陆怀古于一体。佛学大师如支遁、彦琮、智积等驻锡弘法，名士大家、历代地方官员如：齐已、裴迪、周愿、皮日休、宋祁、张耒、王元之、钟惺、谭元春、李维祯等都曾游历其地，留有铭记或诗赋。

2007 年重建的新西塔寺位于西湖以北古城堤街。

陆羽读书处（天门市文物保护单位）

天门市竟陵城区西北 20 余千米处，有天门山群落，最高处海拔 192m。清代以前的县志上统称"天门山"、"火门山"，宋《与地纪胜》谓"天门山"。天（火）门山群落，自西北向东南七个山丘的现代名称分别为："西龙尾山"、"天门山"、"朴船山"、"团山"、"火门山"、"金杯山"和"佛子山"。

陆羽当年读书的学堂遗址位于火门山。"火门"其名称源于东汉：因刘秀率兵取道竟陵经过此地，晚间举烛，火把烤红两侧山岩，故名。唐末以后，因为避讳，改"火门"为"天门"。

陆羽约十五岁时，竟陵太守李齐物推荐并赠以诗书，送他上火门山学堂拜邹野（古"墅"字）为师，在此潜心攻读四年多。

历史年上竟陵郡（县）几度改名为"景陵"。清雍正四年（1726年），为避康熙皇帝陵寝讳，又改"景陵"为"天门"，其县名亦源于天门山。

东冈草堂（天门市文物保护单位）

"东冈岭，陆子之所居也。位于松石湖畔。'松石碧波'为古晴滩八景之一。又曰：东乡有村曰乾驿镇，民居栉比贸易颇集。本县四镇之一也。设巡检署在此。北行可二里许有湖，周四十里水澄如镜，日影中子鱼螺蛤毕见。湖岸阜起似土山，西北尤隆耸，榆柳绿中桃花作姿掩蔽茆屋，真作图画观也！"（文见乾隆《天门县志》）

东冈岭距竟陵城东约35千米，傍干驿古驿道且交通便利，陆羽"火门"学成下山后在此结庐，是其外出考察后整理笔记、酝酿撰《茶经》之所。自天宝十一年（752年）后，陆羽在此与竟陵司马（后任太守）崔国辅相与"较定茶水之品凡三年"。

皎然寻访陆羽的遗址

1. 泗洲寺

据清乾隆三十年（1765年）《天门县志》记载："泗洲寺在县东华严湖，离城四十里，相传释皎然寻陆羽至此。僧置田四十亩。"《干镇驿乡土志》也有"泗洲寺，在华严湖畔，相传唐僧皎然寻陆羽至此"的记载。抗战时期，遭日军地质勘探队破坏。

2. 燃灯寺

竟陵城东南17千米横林镇的陶溪潭，为竟陵古汉水流域四镇之一。陶溪古镇河隔岸有"燃灯寺"。据《大清一统志》《竟陵诗选》等载："僧皎然住燃灯寺，有遗像及碑迹"。

"燃灯寺在县东南淘溪隔岸，……'幽期山寺远，野饭石泉清。寂寂然燃灯夜，相思馨一声。'或谓寺取'燃灯'者此也。

明嘉靖中重修，邑乡进士戴度为文勒石以纪其事，年久覆圮。"
（见康熙《景陵县志》）原址尚存，旧寺已毁。

二、遗迹

陆羽文学泉井（湖北省文物保护单位）

该井史称"支公井"。距今 1600 多年前，东晋高僧支遁驻锡龙盖寺时，曾在此泉眼处掘井煮茶。唐代时陆羽自幼在此汲水为师父智积煎茶逾十年。后因陆羽被诏拜为"太子文学"，故唐末后文人称其为"文学泉"。又因八方形井盖巨石上有三个圆孔，呈品字形排列，民间俗称"三眼井"。

千年古井几经湮没，失其所在，历史上有过多次发掘重修。据《天门县志》载："明嘉靖三十八年（1559 年），知县召民筑城于城北门外偶官池掘得一井，口径七尺，深近百尺，中有断碑废柱，字刻'支公'二字，乃真陆井。丘宜拟构亭其上，未果，后又湮没。"清乾隆三十三年（1768 年）大旱，居民掘池取水，得井石盖，有三圆孔如品字，石下有泉，泉旁有断碑，隐存"文学"二字，知县马士伟主持掘井，并修建陆羽亭，井旁立石碑，正面刻"文学泉"三个字，背面刻"品茶真迹"四个字。为乾隆湖北安襄郧兵备使陈大文书丹。

天门山陆子泉

相传陆羽在火门山从邹野学习时，读书之余常到山上采茶，为其煮茗。邹夫子见陆羽爱茶成癖，便凿出一泉井。泉水自岩隙渗出，清澈如镜，甘冽醇厚，旱而不涸，涝而不溢，四季常盈。20 世纪 90 年代初，地方政府在泉眼上用砖筑成井壁。前些年因山北坡被人为采石致山体裸露，现在水量已明显减少。

三、纪念遗存与地标

古雁桥（天门市文物保护单位）

"雁桥"始建于宋初。是古竟陵城西门外"雁翼覆羽处"的纪念地标。故事发生在唐玄宗开元二十一年仲秋，龙盖寺智积禅师漫步西湖，忽闻芦苇丛中"群雁喧集"，伴有婴儿哭声。循声走去，只见大雁"以翼覆一婴儿"，禅师遂将其抱回，托人抚

13

养。此地后被视为陆羽的出生地，后人特作"雁桥"以为纪念。

明洪武三年（1370年）重建"古雁桥"后，历经明万历十五年（1746年）、清顺治初、康熙二十一年（1682年）、乾隆年十一年（1746年）、道光二十七年（1847年）等多次修建。旧时溪流直通陆羽故居龙盖寺浮香阁。

1990年4月，古雁桥按原样迁建于西湖陆羽纪念馆门前。长14.2m，宽5.9m，高3.7m。桥额为著名书法家、邑人胡德增恭书。桥南侧石碑为钱永书并立。

雁叫关与鸿渐关

"雁叫关"是相传当年积公初闻雁叫处，位于老古雁桥南约50m处的堤街。明代中叶在此立牌坊一座，匾曰"雁叫关"。关前水巷口原有品茶楼一座，上祀陆羽，题楹联曰："品水雅意不在酒，仙子高风只是茶。"水港口下以西的天门河段，古称"西江"。

"鸿渐关"牌坊为明嘉靖中，知县杨应和为纪念陆羽，依其字"鸿渐"在原南门外河街而立。民国二十四年（1935年）专员石毓灵迁建于其北的十字路口（今淌子街南端），关上设标准钟，十分雄伟气派。南起鸿渐关，北到北门桥段，是竟陵城过去最热闹的地方，1982年被天门县政府命名为鸿渐街。

陆羽亭与涵碧堂

"陆羽亭"位于古城北门护城河的官池，原为双层木质结构跳角亭，系清乾隆年戊子年（1768年）时任知县马士伟所建，后毁于兵燹。1957年经周总理过问重建。1981年6月县人民政府重修。2003年在原址上以混凝土结构重建。

"涵碧堂"原坐落在文学泉井北，为清乾隆壬寅（1782年）冬，竟陵知县罗经陪同安襄郧兵备使陈大文，凭吊陆羽品茶真迹后于次年所建。与得月楼、文学泉阁等形成文学泉风景区的建筑群。1939年被日军毁灭。2003年由天门市政府重建。门额上书"涵碧"二字，门联仍用陈大文所撰"香浮碧乳留真味，影动清流惬素心"句。室内墙上木刻诗匾四幅，分别为唐代齐已《过陆鸿渐旧居》、裴迪《题文学泉》，宋代王元之《题文学泉诗》和清代天门籍文人熊士修的《茶井》。

第三节 陆子茶经

《陆子茶经》影印本珍贵资料（原文）

道光元年辛巳新镌

天门县志

尊经阁藏版

附刊陆子茶经三卷

一卷　　邑王　淇增释

一之源

茶者、南方之嘉木也。一尺二尺。乃至数十尺。其巴山峡川有两人合抱者。伐而掇（都夺反）之。其树如瓜芦。叶如栀子。花如白蔷薇。实如栟榈。（音兵间）叶（有二叶字、有一误。）如胡桃。（瓜芦木、出广州、似茶、至苦涩、栟榈、蒲葵之属、其子似茶、胡桃、与茶、根皆下孕、兆至瓦砾、苗木上抽）其字或从草。或从木并。（从草、当作茶、其字出开元文字、音义、从木、当作槚、其字出本草、草木并、作荼、其字出尔雅）其名、一曰茶。二曰槚。三曰蔎，四曰茗。五曰荈。（尺演切、音喘○周公云、槚、苦茶、杨执戟云、蜀西南人、谓茶曰蔎、郭弘农云、早取为茶、晚取为茗、或亦曰荈耳）其地、上者。生烂石。中者、生栎（当从石）壤。下者生黄土。凡税而不实。植而罕茂。法如种瓜。三岁可采。野者上。园者次。阳崖、阴林。紫者上。绿者次，笋者上。牙者次。叶卷、上。（卷上声古泣切）叶舒、次。阴山坡谷者、不堪采掇。（都夺反）性凝滞、结瘕（音嘉、腹病也）疾。茶之为用。味至寒。为饮、最宜、精行（去声胡孟切）俭德之人。若热渴凝闷。脑疼目涩。四肢烦。百节不舒。聊四五啜。与醍醐甘露抗衡也。采不时。造不精。杂以卉莽。饮之成疾。茶为累也。亦犹人参。上者生

上党。中者生百剂。新罗。下者生高丽、泽州、易州、幽州、檀州者。为药无效。况非此者。设服荠苨。（药名似人参桔梗也、荠苨皆上声）使六疾不瘳。知人参为累。则茶累尽矣。

二之具

籯（余轻切、音盈）一曰篮。一曰笼。一曰筥。以竹织之。容五升。或一斗。（俗斗字）二斗。三斗者。茶人负以采茶也。（籯、汉书韦贤传、黄金满籝、不如一经、颜师古云、籝竹器也、容四升耳）

灶、无用突者。釜用唇口者。（突灶突凶也、汉书、曲突徙薪、集韵作㙛、一作灶突、突音森、未知孰是）

甑或木或瓦。匪腰（与腰同）而泥。篮以箄（音贝）之。篾以系之。始其蒸也。入乎箄。既其熟也。出乎箄。釜涸注于甑中。（甑不带而泥之）又以谷木枝三亚者、制之。（亚、当作桠木枝桠也）散所蒸牙笋并叶。畏流其膏。

杵、臼、一曰碓。惟恒用者佳。

规、一曰模。一曰棬。以铁制之。或圆或方。或花。

承、一曰台。一曰砧。以石为之。不然。以槐桑木、半埋地中。遣无所摇动。

檐、一曰衣。以油绢。或雨衫、单服败者、为之。以檐置承上。又以规置檐上。以造茶也。茶成。举而易之。

芘莉、（音批离）一曰赢子。一曰筹筤。（音崩郎、篮笼也）以一小竹、长三尺。躯二尺五寸。柄五寸。以篾织方眼。如圃人土罗。阔二尺。以列茶也。启、一曰锥刀。柄以坚木为之。用穿茶也。扑（音卜）一曰鞭。以竹为之。穿茶以解茶也。

焙（音佩火乾物也）凿地、深二尺、阔二尺五寸、长一丈。上作短墙。高二尺、泥之。贯削竹为之。长二尺五寸。以贯茶、焙之。

棚、（音彭）一曰栈。（音剪）以木构于焙上。编木两层。高一尺。以焙茶也。茶之半干、升下棚。全乾、升上棚。

穿、（音钏）江东淮南、剖竹为之。巴川峡山。纫（音陵）

16

谷皮为之。江东、以一斤为上穿。牛斤为中穿。四两五两为小
穿。峡中以一百二十斤为上穿。八十斤为中穿。五十斤为小穿。
字、旧作钗钏之钏。字、或作贯串。今则不然。如磨扇弹钻缝
五字。文、以平声书之。义以去声呼之。其字以穿名之。育、
以木制之。以竹编之。以纸糊之。中有隔。上有覆。下有床。
傍有门。掩一扇、中置一器。贮煻煨火。令煴煴然。江南梅雨
时、焚之以火。（育者、以共藏养为名）

三之造

凡采茶、在二月三月四月之间。茶之笋者、生焖石沃土。
长（上声）四五寸。若薇蕨始抽。凌露采焉。茶之牙者、发于
丛（业同）薄之上。有三枝四枝五枝者。选其中枝颖拔者采焉。
其日有雨、不采。晴、有云、不采。晴采之。蒸之。捣之。拍
之。焙之。穿之。封之。茶之干矣。茶有千万状。卤莽而言。
如胡人靴者蹙缩然。（京锥文也）犎牛臆者廉檐然。（帮字有误、
当是犎字犎音风牛名形如橐驼脊上隆高若封土也出厨实国、郭
璞日、师今之犁牛也）浮云出山者、轮菌然。轻飚拂水者、涵
澹然。有如陶家之子。罗膏土。以水澄泚之。（谓澄泥也）又如
新治地者。遇暴雨流潦之所经。此皆茶之精腴。有如竹箨者。
枝干坚实。艰于蒸捣。故其形麗簁（音诗先）然。有如霜荷者。
至叶凋沮。易其状貌。故厥状委萃然。此皆茶之瘠老者也。自
采至于封。七经目自胡靴至于霜荷八等。或以先黑平正言嘉者。
斯鉴之下也。以皱黄坳垤（坳于交反）言嘉者。鉴之次也。若
皆言嘉。及皆言不嘉者。鉴之上也。何者。出膏者光。含膏者
皱。宿制者则黑。日成者则黄。蒸压则平。直纵之则坳垤。此
茶兴草木叶一也。茶之否（音鄙恶也不善也）臧存于口说。

二卷

四之器（共二十四种）

风炉（灰承）风炉以铜铁铸之。如古鼎形。厚三分。缘阔
九分。令三分虚中。致其杇墁。（音乌鑾泥也）凡三足。古文书
二十一宇。一足、云坎。上巽下离于中一足。云、体均五行。

去（上声）百疾。一足云圣唐灭胡。明年铸。其三足之间。设
三窗。底一窗。以为通飚（当从犬音标风自下而上也）漏书之
所。上并古文。书六字。一窗之上。书伊公二字。一窗之上。
书羹陆二字。一窗之上。书氏茶二字。所谓伊公羹陆氏茶也置
墆埅。（义未祥）于其内、设三格，其一格有翟（音狄山雉也）
焉。翟者火禽也。画一卦曰离。其一格、有彪焉。彪者、风兽
也。画一卦、曰巽。其一格、有鱼焉。鱼者水虫也。画一卦曰
坎。巽主风。离主火。坎主水。风能兴火。火能熟水。故备其
三卦焉。其饰、以连葩垂蔓、曲水方文之类。其炉、或锻铁为
之。或运泥为之。其灰承作三足铁柈（帅盘字）抬之。筥、筥
以竹织之。高一尺二寸。径阔七寸。或用藤作木楦、（古箱字）
如筥形。六出圆眼。其底盖、若利箧口铄（商人声）之。炭
挝、炭挝、（职瓜切）以铁六棱制之。长一尺。锐一。丰中。执
细头。系一小𨬟（当作钏）以饰挝也。若今之河陇军人木吾也。
或作槌。或作斧。随其便也。

　　火筴（古协作）、一名箸若常用者。圆直一尺三寸。顶平
截。无忩（同葱）台勾𨬟（同锁）之属．以铁．或熟铜、制之。

　　鍑（音府亦作釜俗作釜）、以生铁为之。今人有业冶者。所
谓急铁。其铁、以耕刀之趄。（当作钼钼音徂农人去岁助苗之
器）炼而铸之。内摸土而外摸沙。土滑于内。易其摩涤。沙涩
于外。吸其炎焰。方其耳、以正令也。广其源、以务远也。长
其脐比守中也。脐长则沸中。沸中则末易扬。未易扬则其味淳
也。洪州以瓷为之。莱州以石为之。瓷与石皆雅器也。性非坚
实。难可持久。用银为之至洁。但涉于侈丽雅则雅矣。洁亦洁
矣。若用之恒而卒归于银（当作铁）也。

　　交床、以十字交之。剜（古欢切音湾刻削也）中令虚。以
支鍑也。

　　夹、以小青竹为之。长一尺二寸。令一寸有节。节以上、
剖之。以炙茶也。彼竹之篠。（先了切）津润于火。假其香洁以
益茶味。恐非林谷间莫之致。或用精铁熟铜之类取其久也。纸

囊、纸囊、以剡（音闪）纸白厚者。夹缝之。以贮所炙茶。使不泄其香也。碾、（拂末）碾（音年上声）以橘木为之。次以梨桑桐柘为之。内圆而外方。内圆、备于运行也。外方、制其倾危也。内容堕（音惰碾磑也）而外无余木。堕形如车轮。不辐而轴焉。长九寸。阔一寸七分。堕径三寸八分。中厚一寸。边厚半寸。轴中方而执圆。其拂末、以鸟羽制之。罗合、罗末、以合盖。贮之以则。置合中。用巨竹、剖而屈之。以纱绢衣之。其合以竹节为之。或屈杉以漆之。高三寸。盖一寸。底二寸。口径四寸。则、则、以海贝蛎蛤之属。或以铜铁竹匕策之类。则者、量也。准也。度也。凡煮水。一声、用末、方寸匕。（约七匙也约一寸）若好（去声）薄者减。嗜浓者增。故云则也。水方、水方、以椆（音周）木槐楸梓等合之。其里并外缝、漆之。受一斗。漉水囊、漉（音六沥也）水囊。若常用者。其格以生铜铸之。以备水湿。无有苔秽腥涩意。以熟铜苔秽铁腥涩也。林栖谷饮者或用之。竹木木与竹。非持久涉远之具。故用之。生铜其囊织青竹以卷之。裁碧缣以缝之。细翠钿（荡练切螺细也）以缀之。又作绿油囊以同贮之。圆径五寸。柄一寸五分。瓢、瓢、一曰牺构。剖瓢为之。或刊木为之。晋舍人杜毓荈赋云。酌之以匏。匏、瓢也。口阔胫薄。柄短。永嘉中、馀姚人虞洪。人瀑布山采茗。遇一道士云。吾丹邱子。祈子他日瓯牺之余。乞相遗（音位）也牺木杓也。今常用以梨木为之。竹夹：竹夹、或以桃柳蒲葵木为之。或以柿心木为之。长一尺。银裹两头。

　　鹾簋、（揭）鹾。（音坐平声临也）以瓷为之。圆径四寸。若合（帅今盒字）形。或瓶或罍。盐花也。其揭竹制长四寸一分。阔九分。揭策也。

　　熟盂、以贮熟水。或瓷或沙。受二升。盌、盌、越州上。鼎州次。婺州次。岳州次。寿州洪州次。或者以邢州处州越州上。殊为不然。若邢瓷类银。越瓷类玉。邢不如越一也。若邢瓷类雪。则越瓷类水。邢不如越二也邢瓷白而茶色丹。越瓷青

而茶色绿。邢不如越。三也。晋杜毓荈赋。所谓器择陶拣。出自东瓯。瓯越也。瓯越州、上口唇不卷。（上声下同）底卷而浅。受半升已下。越州瓷岳

瓷皆声青。则益茶。茶作白红之色。邢州瓷白。茶色红。寿州瓷黄。茶色紫。洪州瓷、褐茶色黑。悉不宜茶。畚、畚、（音本盛物器也）以白蒲卷而编之。可贮盌十枚或用筥。其纸帕。（音怕）以剡纸夹缝令方。亦十之也。札、札、缉栟榈（音兵闾稷也）皮。以茱萸木夹而缚之或截竹束而管之。若巨笔形。涤方。（滓方方）涤方以贮涤洗之余。楸木合之。制如水方。受八升。滓方、以集诸滓。制如涤方。受五升。巾、巾、以絁（音而粗绪也）布为之。长二尺。作二枚互用之以洁诸器。

具列、或作床或作架。或纯木纯竹而制之。或木或竹。黄黑可扃而漆者。长三尺。阔二尺。高六寸。具列者悉敛诸器物、悉以陈列也。

都篮、以悉设诸器而名之。以竹篾内作三角方眼。外以双篾。阔者、经之以单篾。纤者、缚之递压。双经作

方眼。使玲珑。高一尺五寸。底阔一尺。高二尺。长二尺四寸。阔二尺。（后六卷补图中有行省一器惠麓茶仙盛虞云用待苦节君於泉石山齐亭馆间执事者得是以管摄众器俾无阙漏款识以湘筼编制造玩图谱盖本都篮之制也）

三卷

五之煮

凡灸茶。慎勿于风烬间灸。熛焰如钻。使炎凉不均。持以逼火。屡其翻正。候炮（普救反）出培塿。（音浦篓）状虾蟆背。然后去（上声）火五寸。卷（上声）而舒。则本其始。又灸之。若火干者。以气熟止。日干者。以柔止。其始若茶之至嫩者。茶罢热。捣叶烂而牙笋存焉。假以力者。持千钧杵。亦不之烂。如漆科珠。壮士接之。不能驻其指。及就则似无禳骨也。灸之则其节若倪、倪如婴儿之臂耳。既而承热。用纸囊贮之。精华之气。无所散越。候寒末之。（末之上者、其屑如细米

未之下者、其屑如菱角）其火用炭。次用劲薪。（谓桑槐桐枥之类也）其炭曾经燔灸。为（去声）膻腻所及。及膏木败器不用之。（膏木、谓柏桂槐也、败器、谓朽废器也）古人有劳薪之味。（晋荀顶武帝赐食、进饭日次劳薪灼也帝问果用故车脚）信哉。其水用山水上。江水中。井水下。（荈赋所谓水则岷山之注揖彼清流）其山水。拣乳泉石地慢流者上。其瀑涌湍漱。（一作濑）勿食之。久食令人有颈疾。又多别流于山谷者。澄浸不泄。自火天至霜郊以前。或潜龙畜毒于其间。饮者、可决之以流其恶。使新泉涓涓然。酌之、其江水，取去人远者。井取汲多者。其沸如鱼目。微有声、为一沸。缘边如涌泉连珠、为二沸。腾波鼓浪。为三沸。已上水老。不可食也。初沸则水。含量调之以盐味。谓弃其啜（穿入声、尝也）余。无有卤盐（音减淡、无味也）而钟其一味乎。第二沸。出水一瓢。以竹筴环激汤心。则量末当。中心而下。有顷势若奔涛溅沫。以所出水止之、而育其华也。凡酌置诸碗。令沫饽（盆人声）均。沫饽、汤之华也。华之薄者曰沫。厚者曰饽。细轻者曰华。如枣华、漂漂然于环池之上。又如回潭曲渚青萍之始生。又如晴天爽朗、有浮云鳞然。其沫者、若绿钱浮于水湄。又如菊英堕于鐏俎之中。饽者以滓煮之。及沸。则重华累沫。番番（音婆白也）然若积雪耳。荈赋所谓焕如积雪，烨若春敷。有之。第一煮、水沸。而弃其沫之上。有水膜如黑云母。饮之、则其味不正。其第一者为隽永。（隽慈演切味至美者曰隽永隽味也永长也史长曰隽永汉书蒯通著隽永二十篇），或留熟以贮之。以备育华救沸之用。诸第一、第二、第三碗次之。第四第五碗外。非渴甚。莫之饮。凡煮水一升。酌分五碗。（碗数少至三多至五若人多至十加两炉）乘热连饮之。以重浊凝其下。精英浮其上。如冷则精英随气而竭。饮啜不消亦然矣。茶性俭、不宜广。则其味黯澹。且如一满碗、啜半而味寡。况其广乎。其色缃（浅黄色）也。其馨饮（音贝香至美曰饮）也。其味甘、槚也。不甘而苦荈也。啜苦咽甘、茶也。（本草云其味苦而不甘价也甘而不苦荈也）

六之饮

翼而飞。毛而走。去（音区张口貌）而言。此三者、俱生于天地间。饮啄以活。饮之时，义远矣哉。至若救渴、饮之以浆。蠲忧忿、饮之以酒。荡昏寐、饮之以茶。茶之为饮。发乎神农氏。间于鲁周公。齐有晏婴。汉有扬雄、司马相如。吴有韦曜。晋有刘琨张载。远祖纳、谢安左思之徒。皆饮焉。滂（音朴平声沛也）时浸俗。盛于国朝两都。并荆俞（当作渝巴渝也）间。以为比屋之饮。饮有粗（音粗）茶、散茶、末茶、饼茶者。乃斫、乃熬。乃炀乃舂贮于瓶缶之中。以汤沃焉。谓之痷（音庵）茶。或用葱姜枣橘皮茱萸薄荷之等。煮之。百沸。或扬令滑。或煮去（上声）沫。斯沟渠间弃水耳。而习俗不已。於戏（於音鸣戏音呼）天育万物。皆有至妙。人之所工。但猎浅易。所庇者屋屋精极。所著（人声）者。衣衣精极。所饱者饮食。食与酒皆精极。凡茶有九难。一曰造。二曰别。三曰器。四曰火。五曰水。六曰炙。七曰末。八曰煮。九曰饮。阴采阳焙。非造也。嚼味嗅香。非别也。膻鼎腥瓯。非器也。膏薪庖炭。非火也。飞湍壅潦。非水也。外熟内生。非炙也。碧粉缥尘。非末也。操艰搅遽。非煮也。夏兴冬废。非饮也。夫（音扶）珍鲜馥烈者、其碗数三。次之者，碗数五。若坐客数至五。行三碗。至七。行五碗、若六人。已下。不约碗数。但阙一人而已。其隽永、补所阙人。

七之事（计四十七则）

三皇。炎帝神农氏。周鲁周公旦。齐相（去声）晏婴。汉仙人丹丘子、黄山君。司马文．园令相如。杨执戟雄。吴归命侯韦太傅弘嗣。晋惠帝、刘司空琨。琨兄子兖州刺史演。张黄门孟阳。傅司隶咸。江洗马充。孙参军楚。左记室太冲。陆吴兴纳。纳兄子会稽内史俶。谢冠军安石。郭弘农璞。桓扬州温。杜舍人毓。武康小山寺释法瑶。沛国夏侯恺。馀姚虞洪。北地傅巽。丹阳弘君举。安任瞻。（瞻字育长、诸旧刻、有作育者、有作育长者、然经文悉洼名、问公尚然、考古本、是瞻、今从之）宣城秦精。敦煌单道开。剡县陈务妻。广陵老姥。（音母）河内山谦之。后魏琅琊王肃。

宋新安王子鸾。鸾之弟豫章王子尚。包照妹令晖。八公山沙门谭济。齐世祖武皇帝。梁刘廷尉。陶先生弘景。皇朝徐英公勣。

神农食经。茶茗，久服人有力悦志。

周公尔雅。槚、苦茶。广雅云荆巴间採叶做饼。叶老者饼成。以米膏出之。欲煮茗茶饮。先炙令赤色。捣末置瓷器中。以汤冲覆之用葱姜橘子芼（音毛去声）之。其饮醒酒。令人不眠。

晏子春秋。晏婴相（去声）齐景公。时食脱栗之饭炙三戈五卵茗菜而已。

司马相如凡将篇。乌头、桔梗、芫花、款冬花、贝母、木香、黄芩、草芍药、桂、漏芦、蜚廉、藿菌、荈、诧、白敛、白芷、菖蒲、芒硝、花椒、茱萸。

方言、蜀西南人谓茶曰蔎。

吴志韦曜传。孙皓每设宴。坐席无不率以七升为限。虽不尽入口。皆浇灌取尽。曜饮酒不过二升。皓当礼异密赐茶荈以代酒。

晋中兴书。吴纳为吴兴太守时。（晋书云纳为吏部尚书）卫将军谢安常欲诣纳纳兄子俶。（会稽内使）怪纳无所备。不敢问之。乃私蓄十数馔。安既至。所设唯茶果而已。俶遂陈盛馔。珍羞必具。安及去。纳杖俶四十。云汝既不能光益叔父。奈何秽吾素业。

晋书、桓温为扬州牧。性俭、每燕饮、唯下七、奠拌、茶果而已。

搜神记、夏侯恺因疾死。宗人字苟奴。察见鬼神。见恺来收马。并病其妻著（入声）平上帻单衣。入坐。生时西壁大床。就人觅茶饮。

刘琨与兄子南兖州刺史演书云。前得安州干姜一斤。桂一斤。黄芩一斤。皆所须也。吾体中溃（当作愦）闷。常仰真茶。汝可置之。

傅咸司隶教曰。闻南方、有以困蜀妪。作茶粥卖。为（去声）帘事打破其器具。

又卖饼于市。而禁茶粥以蜀姥。（音母）何哉。

神异记。馀姚人虞洪入山采茗。遇一道士、牵三青牛。引洪至瀑布山。曰、予丹丘子也。闻子善具饮。常思见惠山中。有大茗、可以相给。祈子他日有瓯牺之余，乞相遗（音位）也。因立奠祀。后常令家人入山，获大茗焉。

左思娇女诗。吾家有娇女。皎皎颇白晳。小字为纨素。口齿自清历。有姊字惠芳。眉目粲如画。驰骛翔园林。果下皆生摘、贪华风雨中。倏忽数百适。心为茶荈剧。吹嘘对鼎䥬（详䥬）未

张孟阳登成都楼诗云。借问杨子舍。想见长卿庐。程卓累千金。骄侈拟五侯。门有连骑客。翠带腰吴钩。鼎食随时进。百和妙且殊。披林采秋橘。临江钓春。黑子过龙醢。果馔逾蟹蝑。芳茶冠（去声）六情。溢味播九区。人生苟安乐（洛音）兹土聊可娱。

传巽七诲，蒲桃宛柰。齐柿燕栗。峘阳黄梨。巫山朱橘。南中茶子。西极石蜜。

弘君举食檄。寒温既毕。应下霜华之茗。三爵而终。应下诸蔗木瓜。元李杨梅。五味橄榄。悬豹葵羹。各一杯。

孙楚歌。茱萸出芳树颠。鲤鱼出洛水泉。白盐出河东。美豉出鲁渊。姜桂茶荈出巴。椒橘木兰出高山。蓼苏出沟渠。秔

出中田。

华佗食论。苦茶久食益意思。

壶居士食忌。苦茶、久食、羽化。韭同食。令人体重。

郭璞尔雅注云。树小、似栀子。冬生叶。可煮羹。饮今呼早取为茶。晚取为茗。或一日荈蜀人名之苦茶。

世说、任瞻字育长。少（去声）时有令名。自过江失志。既下饮（谓设茶也）问人云。此为茶为茗。觉人有怪色。乃自申明云。向问钦为热为冷耳。

续搜神记。晋武帝宣城人秦精。常入武昌山采茗。遇一毛人长丈余。引精至山下。示以丛茗而去。俄而复还。乃探怀中橘以遗（音位）精。精怖。负茗而归。

晋四王起事。惠帝蒙尘。还洛阳。黄门以瓦盂盛（平声）茶、上至尊。

异苑。剡县陈务妻。少（去声）与二子寡居。好（去声）饮茶茗。以宅中有古冢。每饮、辄先祀之。二子患之曰、古冢何知。徒以劳意。欲掘去。（上声）母苦禁而止。其夜梦一人云。吾止此冢三百余年。卿二子、恒欲见毁。赖相保护。又享吾佳茗。虽潜壤朽骨，岂忘翳桑之报。及晓。于庭中获钱十万。似久埋者。但贯新耳。母告二子。惭之。从是祷馈愈甚。

广陵耆老传。晋元帝时、有老姥（母音）每旦独提一器茗往市鬻之。市人竞买。自旦至夕。其器不减。所得钱散路傍孤贫乞人。人或异之。州法曹絷之狱中。至夜、老姥执所鬻茗器，从狱牖中飞出。

艺术传敦煌人单（音善）道开不畏寒暑。常服小石子。所服药有松桂蜜之气。所馀茶苏而已。

释道该说续名僧传。宋释法瑶姓扬氏。河东人。永嘉中过江过沈台真君武康小山寺。年垂悬车（悬车喻日人之侯指人垂老时也淮南子日日至悲泉爰惜其马亦此意也）饭（时晚反）所

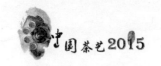

饮茶永明中、轴吴典礼致上京年七十九。

宋江氏家传。江统字应元。愍怀太子洗马。常上疏谏云。令西园卖醋面蓝子菜茶之属。亏败国体。

宋录、新安王子鸾。豫章王子尚诣昙济道人于八公山。道人设香茗。子尚味之曰。此甘露也。何言茶茗。

王微杂诗。寂寂掩高阁，寥寥空广厦。待君竟不归。收领令就槚。

鲍昭妹令晖。著香茗赋。

南齐世祖武皇帝遗诏。我灵床上。慎勿以牲为祭。但设饼果茶饮、干饭酒肉而已。

梁刘孝绰谢晋安王饷米等启。传诏李孟孙、宣教旨。垂赐米酒、瓜、笋、菹、肉、酢、茗、八种氣苾新城。味芳云松江潭抽節。邁昌荇之珍。疆場极翘。越茸精之美。羞非纯（屯音）束野麕虽似雪之鲈。酢異陶瓶河鲤。操如瓊之粲茗同食粲，酢颜望柑免千里俗春。省三月种聚小人怀惠大恩难志。

陶玄景杂录。苦茶轻换膏。昔丹邱子黄山君服之。

後魏录琅琊王肃仕南朝。好（去声下同）茗饮尊（音纯）羹。及还北地又好羊肉酪浆。人或问之。茗何如酪。肃曰、茗不堪与骆为奴。

桐君录。西阳、武昌、庐江、昔陵、好（去声）茗。皆东人、作清茗。茗有饽。（盆人场汤之华也）饮之、宜人。凡可饮之物。皆多取其叶。天门冬、拔葜取根皆益人。又巴东别有真茗茶。煎饮、令人不眠。谷中多煮檀叶。并大皀李。作茶、并冷。又南方有瓜盧木。亦似茗，至苦涩。取为屑、茶饮。亦可通夜不眠。煮盐人、但资此饮。而交广最重。客来、先设。乃加以香芼輩。

坤元录。辰州溆浦县西北三百五十里。无射（音亦）云蛮俗。当吉庆之时。亲族集会。歌舞於山上。山多茶树。

括地图。临遂县东一百四十里。有茶溪。

山谦之吴兴记。乌程县西二十里。有温山。出御荈。

夷陵图经。黄牛、荆门、女观、望州、等山。茶茗出焉。

永嘉图经。永嘉县东三百里、有白茶山。

淮阴图经。山阳县南二十里有茶坡。

茶陵图经云。茶陵者、所谓茶谷、生茗焉。本草本部。茗苦茶。味甘苦。微寒无毒。主瘘（音开又音漏）。

疮利小便。去（上声）痰渴热令人少睡。秋采之苦。主下气消食注云。春采之。

本草菜部。苦茶、一名茶。一名选。一名游冬。生益州山谷山陵道傍。凌冬不死。三月三日采干。注云、疑此即是今茶。一名茶令人不眠。本草注。按诗云。谁谓茶，苦又云堇茶如饴。皆苦茶也。陶谓之苦茶。木类非菜流。茗、春采、谓之苦搽（途遐反。按茶直加切蜡平声诗作同都切音徒音异而义同）

枕中方。疗（去声治也）积年瘘。苦茶、蜈蚣、并炙。令香熟。等分捣筛煮甘草汤洗以末敷之。

孺子方。疗小儿无故惊蹶。以苦茶葱须煮服之。

八之出

山南、以峡州上。（峡州、生远安宜都夷陵三县山谷）襄州荆州次。（襄州、生南彰兴山谷、荆州、生江陵县山谷）衡州下。（出衡山茶陵二县山谷）金州梁州又下。（金州生西城安康二县山谷梁州、生襄城金牛二县山谷）淮南以光州上。（生光山县黄头港者与峡州同）义阳郡舒州次。（生义阳县钟山者与襄州同舒州生大湖县潜山者与荆州同）寿州下。（盛唐县生霍山者与衡山同）蕲州黄州又下。（蕲州生黄梅县山谷、黄州、生麻城县。山谷、竝与荆州梁州同）浙州以湖州上。（湖州、生长典县顾注山谷、舆峡州光州同生山桑儒师二县、白茅山悬脚岭与襄州荆南义阳郡同生凤亭山伏翼阁、飞云曲水二寺啄木岭与寿州

27

常州同、生安吉武康二县山谷、与荆州梁州同）常州次。（常州宜与县生君山悬脚岭北峯下、典荆州义阳郡同、生圈岭善权寺石亭山与舒州同）宣州杭州睦州歙州下。（宣州生宣城县雅山与蘄州同太平县生）

上睦临睦与黄州同、杭州临安於潜二县、生天目山与舒州同钱塘生天竺灵隐二寺、睦州、生桐盧县山谷歙州生婺源山谷与衡州同）润州苏州又下。（润州江宁县、生傲山苏州长洲县生洞庭山与荆州蘄州梁州同）剑南、以彭州上。（生九龙县马鞍山至德寺、棚口、与襄州同）绵州、蜀州次。（绵州龙安县、生松岭関与荆州同其西昌、昌明神泉县西山者竝佳、有过松岭者、不堪採、蜀州青城生丈人山、与绵州同、青城县有散茶木茶）邛州次雅州瀘州下。（雅州百丈山名山、瀘州瀘山者与荆州同也）眉州汉州又下。（眉州丹校县生铁山者汉州锦州县生竹山者、与润州同）淛州与越州上。（餘姚县生瀑布泉岭日仙茗、大者殊異小者与襄州同）明州、婺州次。（明州贺县生榆箕村婺州东阳县东目山、与荆州同）台州下。（台州礼县、生赤城者、与歙州同）点中、生恩州、播州、贵州、夷州。江南、生鄂州袁州吉州。领南生福州、建州、韶州、象州。（福州生闽方山、山阴县也）其恩播费夷鄂袁吉福建泉韶象、十一州。未详往往得之。其味极佳。

九之畧

其造具。若方春禁火之时。於野寺山园。业手而掇。（都夺反）乃蒸乃春乃炙。以火乾之。则又启棨焙贯棚穿育等、七事皆废。其煮器。若松间石上可坐。则具列废。用槁薪鼎锅视之屦风炉灰承炭挝火夹、交床、等废。若瞰（音阚）泉临湍。则水方涤方漉（音六）水囊。若五人巳下废。茶可味而精者。则罗废。若援藟跻（音贲）嵓引組（音更索也）入洞於山口、炙而末之。或纸包合贮。则碾拂末等废。既瓢盌夹札、熟盂醝

（坐平声）篡悉以一筥盛（音成）之。则都篮废。但城邑之中。王公之门二十四器阙一则茶废矣。

十之图

以绢素或四幅。或六幅。分布写之。陈诸座隅。则茶之源之具、之造、之器、之煮、之饮、之事、之田、之畧。目擎而存於是茶经之始终储焉。

第二章　茶历史

中国是世界上最早发现和利用茶叶的国家，被称为茶的故乡。我国古代文献中很早就有关于茶的记载。茶树山茶科植物的一个种，常绿、木本；以茶树新梢芽叶为原料，通过初加工或进一步再加工形成的产品，也叫茶。

茶树的起源至今已有6000万年至7000万年历史，我们的祖先在3000多年前已经开始栽培茶树。中国西南地区，包括云南、贵州、四川是茶树原产地的中心。由此普及全国，并逐渐传播至世界各地。

第一节　茶文化的历史

茶文化从广义上讲，分茶的自然科学与茶的人文科学两方面，是指人类社会历史实践过程中所创造的与茶有关的物质财富和精神财富的总和。从狭义上讲，着重于茶的人文科学，主要指茶对精神和社会的功能。由于茶的自然科学已形成独立的体系，因而，现在常讲的茶文化偏重于人文科学。茶叶是劳动生产物，是一种饮料。茶文化是以茶为载体，并通过这个载体来传播各种文化，是茶与文化的有机融合，这包含和体现一定时期的物质文明和精神文明。

（一）茶文化的启蒙阶段

很多书籍把茶的发现时间定为公元前2737—前2697年，其历史可推到三皇五帝。东汉华佗《食经》中："苦茶久食，益意思"记录了茶的医学价值。西汉有将茶的产地县命名为"茶陵"，即湖南的茶陵。到三国魏代《广雅》中已最早记载了饼茶的制法和饮用：荆巴间采叶作饼，叶老者饼成，以米膏出之。茶以物质形式出现而渗透至其他人文科学而形成茶文化。

（二）茶文化的萌芽阶段

从晋到隋，随着文人饮茶之兴起，关于饮茶的记载也日益增多。晋代诗人张孟阳在成都时所作《登成都白菟楼》诗中，即描写当时以茶为清凉饮料，有"芳茶冠六清，溢味播九区"。《广陵耆老传》中载有："晋元帝时，有老姥每旦独提一器茗，往市鬻之，市人竞买"。

（三）茶文化的形成阶段

"自从陆羽生人间，人间相学事新茶"，中唐时，陆羽《茶经》的问世使茶文化发展到一个空前的高度，标志着唐代茶文化的形成。

8世纪的唐代，已有了专门的茶馆，并出现了世界上第一部专门讲述茶叶的专著——《茶经》，该书包含了茶的自然科学和人文科学，探讨了饮茶艺术，融入了儒、道、佛三教，首创中国茶道精神，是世界上第一部茶书。以后又出现大量茶书、茶诗，如《茶述》、《煎茶水记》、《采茶记》、《十六汤品》等。唐代涉及茶叶的诗歌多达500首。茶已成为那时"人家一日不可无"的普遍饮品。唐代茶文化的形成与禅教的兴起有关，因茶有提神益思，生津止渴功能，故寺庙崇尚饮茶，在寺院周围植茶树，制定茶礼、设茶堂、选茶头，专呈茶事活动。在唐代形成的中国茶道分宫廷茶道、寺院茶礼、文人茶道。

（四）茶文化的兴盛阶段

宋代茶业也有很大发展，在文人中出现了专业品茶社团，有官员组成的"汤社"、佛教徒的"千人社"等。宋太祖赵匡胤酷爱嗜茶，在宫廷中设立茶事机关，宫廷用茶分成等级，茶仪形成礼制，赐茶已成皇帝笼络大臣、亲族、国外使节的重要手段。民间更是斗茶风起，有人迁徙，邻里要"献茶"，有客来要敬"元宝茶"，订婚时要"下茶"，结婚时要"定茶"。但相对而言，宋朝的茶文化过于烦琐。至元朝时，饮茶已司空见惯，元曲《玉壶春》中有这样的话："早晨起来七件事，柴米油盐酱醋茶"。

（五）茶文化的普及阶段

明、清时出现炒青、烘青等各茶类，茶的饮用改为"撮泡法"。明代不少文人雅士留有与茶有关的传世之作，如唐伯虎的《烹茶画卷》《品茶图》，文徵明的《惠山茶会记》《陆羽烹茶图》《品茶图》等。清朝茶叶出口已成为一种正式行业。茶书、茶事、茶诗不计其数。晚明时期，文士们对品饮艺术又有了新的突破，讲究"至精至美"之境。

第二节　茶文化的传播

中国是茶树的原产地，中国在茶业上对人类的贡献，主要在于最早发现并利用茶这种植物，并把它发展形成为我国和东方乃至整个世界的一种灿烂独特的茶文化。茶的传播史，分为国内及国外两部分。

（一）国内的传播

1. 秦汉以前：巴蜀是中国茶业的摇篮

顾炎武曾道："自秦人取蜀而后，始有茗饮之事"，认为中国的饮茶，是秦统一巴蜀之后才慢慢传播开来。这一说法，已为现在绝大多数学者认同。战国时期或更早，巴蜀已形成一定规模的茶区，并以茶为贡品。关于巴蜀茶业在我国早期茶业史上的突出地位，直到西汉成帝时王褒的《僮约》，才始见诸记载，内有"烹茶尽具"及"武阳买茶"两句。前者反映成都一带，西汉时不仅饮茶成风，而且出现了专门用具；从后一句可以看出，茶叶已经商品化，出现了如"武阳"一类的茶叶市场。西汉时，成都不但已形成我国茶叶的一个消费中心，由后来的文献记载看，很可能也已形成了最早的茶叶集散中心。不仅仅是在秦之前，秦汉乃至西晋，巴蜀仍是我国茶叶生产和技术的重要中心。

2. 三国两晋：长江中游成为茶业发展壮大的地区

秦汉统一中国后，茶业随巴蜀与各地经济文化交流而增强。

尤其是茶的加工、种植，首先向东部南部传播。如湖南茶陵的命名。茶陵邻近江西、广东边界，表明西汉时期茶的生产已经传到了湘、粤、赣毗邻地区。三国、西晋阶段，随荆楚茶业和茶叶文化在全国传播的日益发展，也由于地理上的有利条件和较好的经济文化水平，长江中游或华中地区，在中国茶文化传播上的地位，逐渐取代巴蜀而明显重要起来。三国时，孙吴据有现在苏、皖、赣、鄂、湘、桂一部分和广东、福建、浙江全部陆地的东南半壁江山，这一地区，也是这时我国茶业传播和发展的主要区域。此时，南方栽种茶树的规模和范围有很大的发展，而茶的饮用，也流传到了北方高门豪族。西晋时长江中游茶业的发展，还可从西晋时期《荆州土记》得到佐证。其载曰"武陵七县通出茶，最好"，说明荆汉地区茶业的明显发展，巴蜀独冠全国的优势，似已不复存在。

3. 唐代：长江中下游地区成为茶叶生产和技术中心

西晋南渡之后，北方豪门过江侨居，建康（南京）成为我国南方的政治中心。这一时期，由于上层社会崇茶之风盛行，使得南方尤其是江东饮茶和茶叶文化有了较大的发展，也进一步促进了我国茶业向东南推进。这一时期，我国东南植茶，由浙西进而扩展到了现今温州、宁波沿海一线。不仅如此，如《桐君录》所载，"西阳、武昌、晋陵皆出好茗"，晋陵即常州，其茶出宜兴。表明东晋和南朝时，长江下游宜兴一带的茶业，也著名起来。三国两晋之后，茶业重心东移的趋势，更加明显化了。据史料记载，安徽祁门周围，千里之内，各地种茶，山无遗土，业于茶者十之七八。同时由于贡茶设置在江南，大大促进了江南制茶技术的提高，也带动了全国各茶区的生产和发展。由《茶经》和唐代其他文献记载来看，这时期茶叶产区已遍及今之四川、陕西、湖北、云南、广西、贵州、湖南、广东、福建、江西、浙江、江苏、安徽、河南等十四个省区，几乎达到了与我国近代茶区约略相当的局面。

4. 宋代：茶业重心由东向南移

从五代和宋朝初年起，全国气候由暖转寒，致使中国南方南部的茶业，较北部更加迅速发展了起来，并逐渐取代长江中下游茶区，成为宋朝茶业的重心。主要表现在贡茶从顾渚紫笋改为福建建安茶，唐时还不曾形成气候的闽南和岭南一带的茶业，明显地活跃和发展起来。宋朝茶业重心南移的主要原因是气候的变化，江南早春茶树因气温降低，发芽推迟，不能保证茶叶在清明前贡到京都。福建气候较暖，如欧阳修所说"建安三千里，京师三月尝新茶"。作为贡茶，建安茶的采制，必然精益求精，名声也愈来愈大，成为中国团茶、饼茶制作的主要技术中心，带动了闽南和岭南茶区的崛起和发展。由此可见，到了宋代，茶已传播到全国各地。宋朝的茶区，基本上已与现代茶区范围相符，明清以后，茶区基本稳定，茶业的发展主要是体现在茶叶制法和各茶类兴衰演变。

（二）国外的传播

中国的茶早在西汉时便传到国外，汉武帝时曾派使者出使印度支那半岛，所带的物品中除黄金、锦帛外，还有茶叶。南北朝时齐武帝永明年间，中国茶叶随出口的丝绸、瓷器传到了土耳其。唐顺宗永贞元年：日本最澄禅师从我国研究佛学回国，把带回的茶种种在近江（滋贺县）。公元 815 年，日本嵯峨天皇到滋贺县梵释寺，寺僧便献上香喷喷的茶水。天皇饮后非常高兴，遂大力推广饮茶，于是茶叶在日本大面积栽培。

在宋代，日本荣西禅师来我国学习佛经，归国时不仅带回茶籽播种，并根据我国寺院的饮茶方法，制订了自己的饮茶仪式。他晚年著的《吃茶养生记》一书，被称为日本第一部茶书。书中称茶是"圣药"、"万灵长寿剂"，这对推动日本社会饮茶风尚的发展起了重大作用。宋、元期间，我国对外贸易的港口增加到八九处，这时的陶瓷和茶叶已成为我国的主要出口商品。尤其明代，政府采取积极的对外政策，曾七次派遣郑和下西洋，他游遍东南亚、阿拉伯半岛，直达非洲东岸，加强了与这些地区的经济联系与贸易，使茶叶输出量大量增加。在此期间，西欧各国的商人先后东来，从这些地区转运中国茶叶，并在本国上层社会推广饮茶。

明神宗万历三十五年：荷兰海船自爪哇来我国澳门贩茶转运欧洲，这是我国茶叶直接销往欧洲的最早纪录。以后，茶叶成为荷兰人最时髦的饮料。由于荷兰人的宣传与影响，饮茶之风迅速波及英、法等国。1631 年，英国一个名叫威忒的船长专程率船队东行，首次从中国直接运去大量茶叶。清朝之后，饮茶之风逐渐波及欧洲一些国家，当茶叶最初传到欧洲时，价格昂贵，荷兰人和英国人都将其视为"贡品"和奢侈品。后来，随着茶叶输入量的不断增加，价格逐渐降下来，成为民间的日常饮料。此后，英国人成了世界上最大的茶客。印度是红碎茶生产和出口最多的国家，其茶种源于中国。印度虽也有野生茶树，但是当时印度人不知种茶和饮茶，只有到了 1780 年，英国和荷兰人才开始从中国输入茶籽在印度种茶。现今，最有名的红碎茶产地阿萨姆。即是 1835 年由中国引进茶种开始种茶的。

中国专家曾前往印度指导种茶制茶方法，其中包括小种红茶的生产技术。后发明了切茶机，红碎茶才开始出现，成了全球性的大宗饮料。到了 19 世纪，我国茶叶的传播几乎遍及全球。

随着茶叶的传播，目前茶叶的生产和消费几乎遍及全国和世界五大洲的国家和地区。我国是茶叶的故乡，加之人口众多，幅员辽阔，因此茶叶的生产和消费居世界之首。我国地跨六个气候带，地理区域东起台湾基隆，南沿海南琼崖，西至藏南察隅河谷，北达山东半岛，绝大部分地区均可生产茶叶，全国大致可分为四大茶区，即江南茶区、江北茶区、华南茶区、西南茶区。

全国茶叶产区的分布，主要集中在江南地区，尤以浙江和湖南产量最多，其次为四川和安徽。甘肃、西藏和山东是新发展的茶区。我国茶园面积已达 106 多万公顷，年产茶叶 40 万吨左右，茶叶出口量达 13.5 万吨左右。与此同时，全国茶叶科研

机构和教育机构也得到了较大发展，科学种茶、科学制茶和茶业管理的水平正在不断提高。

目前，世界五大洲中已有50个国家种植茶叶，茶区主要集中在亚洲，茶叶产量约占世界茶叶产量的80％以上。人们对茶叶的需求也出现新的要求。

茶之纪年史

原始社会神农时代

传说茶叶被人类发现是在公元前28世纪的神农时代，《神农百草经》有"神农尝百草，日遇七十二毒，得茶而解之"之说，当为茶叶药用之始。

西周

据《华阳国志》载：约公元前1000年周武王伐纣时，巴蜀一带已用所产的茶叶作为"纳贡"珍品，是茶作为贡品得最早记述。

东周

据《晏子春秋》记载，春秋时期婴相齐竟公时（公元前547—公元前490年）"食脱粟之饭，炙三弋五卵，茗茶而已"。表明茶叶已作为菜肴汤料，供人食用。

西汉（公元前206—24年）

公元前59年，《僮约》已有"烹茶尽具"、"武阳买茶"的记载，这表明四川一带已有茶叶作为商品出现，是茶叶进行商贸的最早记载。

东汉（25—220年）

东汉末年、三国时代的医学家华佗《食论》中提出了"苦茶久食，益意思"，是茶叶药理功效的第一次记述。

三国（220—265年）

史书《三国志》述吴国君主孙皓（孙权的后代）有"密赐

荈茶以代酒",是"以茶代酒"最早的记载。

南朝齐（479—502年）

《南齐书・武帝纪》记述在遗诏中要求以"饼、茶饮、干饭、果脯"代替牲祭。

南朝梁（502—557年）

《邛州先茶记》中记述南朝梁已有将"荼"字读为"茶"音，但尚未将荼改用茶字。

隋（581—618年）

茶的饮用逐渐开始普及，隋文帝患病，遇俗人告以烹茗草服之，果然见效。于是人们竞相采之，并逐渐由药用演变成社交饮料，但主要还是在社会的上层。

唐（618—907年）

唐代是茶作为饮料扩大普及的时期，并从社会的上层走向全民。

唐代科举时，朝廷为祛除应举士人的疲乏，故送茶汤入试场，称为"麒麟草"，因此饮茶风俗渐及于文人。

唐玄宗所撰《开元文字音义》（730年）首次出现"茶"字。

《封氏见闻记》中记述降魔大师大兴禅教，"学禅务于不寐，又不夕食，皆许饮茶，人自怀挟，到处煎煮，以此转相仿效，遂成风俗。"

唐代宗大历五年（770年）开始在顾渚山（今浙江长兴）建贡茶院，每年清明前兴师动众督制"顾渚紫笋"饼茶，进贡皇朝。

唐德宗建中三年（782年）纳赵赞议，开始征收茶税，但由于民怨，于兴元元年（784年）终止。复于贞元九年（793年）准张滂所奏重课。

公元8世纪后（约760年后）陆羽《茶经》问世。

唐顺宗永贞元年（805年）日本僧人最澄大师从中国带茶籽茶树回国，是茶叶传入日本最早的记载。

唐文宗大和九年（835年）专门任命王涯为榷茶使，专责管

理茶务。

唐武宗时"诸道置邸以收税，谓之蹋地钱"，（语出《新唐书》食货志）

唐懿宗咸通十五年（874年）出现专用的茶具。

宋（960—1279年）

宋太宗太平兴国年间（976年）开始在建安（今福建建瓯）设宫焙，专造北苑贡茶，从此龙凤团茶有了很大发展。

宋徽宗赵佶在大观元年间（1107年）亲著《大观茶开》一书，以帝王之尊，倡导茶学，弘扬茶文化。

建文二年（1191年），荣西禅师归日本，将末茶传去扶桑。

明（1368—1644年）

明太祖洪武六年（1373年），设茶司马，专门司茶贸易事。

明太祖朱元璋与洪武二十四年（1391年）九月发布诏令，废团茶，兴叶茶。从此贡茶由团饼茶改为芽茶（散叶茶），对炒青叶茶的发展起了积极作用。

1610年荷兰人自澳门贩茶，并转运入欧。1916年，中国茶叶运销丹麦。1618年，皇朝派钦差大臣入俄，并向俄皇馈赠茶叶。

清（1644—1911年）

1657年中国茶叶在法国市场销售。

康熙八年（1669年）印数东印度公司开始直接从万丹运华茶入英。

康熙二十八年（1689年）福建厦门出口茶叶150担，开中国内地茶叶直接销往英国市场之先驱。

1690年中国茶叶获得美国波士顿出售特许执照。光绪三十一年（1905年）中国首次组织茶叶考察团赴印度、锡兰（今斯里兰卡）考察茶叶产制，并购得部分制茶机械，宣传茶叶机械制作技术和方法。

1865年淡水海关公文记载82022公斤茶叶。为宝岛正式茶叶输出记录。

1866 年英商 John Dodd 来台收买茶叶。

1867 年 John Dodd 于艋舺初设精制茶厂。

1869 年 John Dodd 将 2131 担乌龙茶首销美国，并加以福尔摩沙茶的标记。

1873 年台湾将滞销的乌龙茶运往福州，首制包种茶外销。

1885 年福建安溪人王水锦、魏静至南港大坑制作包种茶并传授技术。

1889 年刘铭传成立"茶郊永和兴"茶叶辅导机构，并附设"回春所"作为茶职介绍所。

1896 年福州市成立机械制茶公司，是中国最早的机械制茶业。

第三章 茶文学

茶文学，是以茶为主题而创作的文学艺术作品的简称，大致包括茶诗、茶词、茶文、茶联、茶画、茶谜、茶歌等。所谓"文人七件宝，琴棋书画诗酒茶"，正说明茶，通其他六艺，是中国传统文化的载体。

第一节 茶 诗

我国是诗的国度。茶入诗，不仅年代久远，且数目众多。茶诗对推动中华茶文化发展起到了举足轻重的作用。历代诗人以茶为媒、以茶抒情、以茶养性、以茶雅志，创作了无数绚丽多彩、脍炙人口的茶诗，成为中华茶道的重要内蕴。读一首好诗，犹如品味一壶芬芳的好茶，使人心旷神怡，乐在其中。

一、晋代茶诗名作

中国早期茶诗——西晋左思的《娇女诗》

西晋文学家左思的《娇女诗》是我国现存最早的茶诗，诗中描写左思与自己的一对娇女纨素、蕙芳一起戏茶、玩耍，从中得到乐趣的生动场景（图 3-1）。

图 3-1 左思《娇女诗》

吾家有娇女，皎皎颇白皙。

小字为纨素，口齿自清历。

其姊字惠芳，面目粲如画。

驰骛翔园林，果下皆生摘。

贪华风雨中，眴忽数百适。

止为茶荈据，吹嘘对鼎立。

脂腻漫白袖，烟熏染阿锡。

衣被皆重地，难与沉水碧。

任其孺子意，羞受长者责。

瞥闻当与杖，掩泪俱向壁。

　　最有趣的场景是在园林里，两个小女孩急着为了要喝茶，帮着大人干活，她们守在茶炉旁边，双手按地，半趴在地上对着正在烹茶的风炉用嘴吹气，希望能使炉火旺一些，早点喝到煮好的茶。等她们站起来，却发现原来白净的小脸已被黑烟熏染，衣袖（用细缯与细布制成的衣服）也被烟熏黑了，即使放在碧水中也难以洗干净。少儿茶趣，被诗人描写得活灵活现。

二、唐代茶诗名作

（一）诗僧皎然的茶诗

　　释皎然（俗名谢清昼）是唐代著名诗僧，也是中国历史上著名茶人，精于诗文和烹茶技艺。下面这两首禅茶诗作既有禅意，又有茶趣，堪称僧人习茶经典诗偈。第一首是《九日与陆处士羽饮茶》：

　　九日山僧院，东篱菊也黄。俗人多泛酒，谁解助茶香。

　　诗中讲述了在农历九月初九重阳佳节的一个秋高气爽之日，皎然与陆羽（处士：古时称有才有德而隐居不仕的人）在山中寺院对饮香茗，观落英缤纷，闻菊黄吐香，这样的场景岂是泛酒俗人所能体会茶香高雅。该诗只有短短二十个字，却雅俗分明，把饮酒与品茶孰雅孰俗一语点破。俗人饮酒，雅士品茶。

　　第二首是《饮茶歌·诮崔石使君》：

越人遗我剡溪茗，采得金牙爨金鼎。

素瓷雪色缥沫香，何似诸仙琼蕊浆。

一饮涤昏寐，情来朗爽满天地。

再饮清我神，忽如飞雨洒轻尘。

三饮便得道，何须苦心破烦恼。

此物清高世莫知，世人饮酒多自欺。

愁看毕卓瓮间夜，笑向陶潜篱下时。

崔侯啜之意不已，狂歌一曲惊人耳。

孰知茶道全尔真，唯有丹丘得如此。

诗人从友人赠送的剡溪名茶开始讲起，白瓷盏里茶汤漂着沫饽散发着清香，犹如天赐而来的琼浆玉液。然后转到今人最为称道的"三饮"之说："一饮涤昏寐"、"再饮清我神"、"三饮便得道"。今茶俗常解"品"字由三个"口"组成，而品茶一杯须作三次，即一杯分三口品之，或出于此诗。另外，此诗中还首次提到"茶道"一词。茶叶出自中国，茶道亦出中国。"茶道"之"道"非道家的"道"，而是集儒释道三教之真谛。儒主"正"，道主"清"，佛主"和"，茶主"雅"，构成了中国茶道的重要内涵。

皎然这首诗既是佛家禅宗对茶作为清高之物的一种理解，也是对品茗育德的一种感悟。而禅宗历来主张"平常心是道"的茶道之理，是对抛却贪、嗔、痴的一种解读，当你端起茶杯，放下一切的瞬间，再来体会"孰知茶道全尔真，唯有丹丘得如此"之意，得到的羽化人生境界，烦恼顿去，是何等洒脱。三碗得道，通过对"涤昏寐"、"清我神"、"破烦恼"的描述，揭示了禅宗茶道的修行宗旨，表达了对道家"天人合一"思想的赞赏。

(二) 元稹《宝塔体茶诗》

著名诗人元稹和白居易共同提倡"新乐府"，故而与白居易成为莫逆之交，并称"元白"。元稹写过一首形式独特、不拘一格的咏茶诗，后人誉之"宝塔诗"，此种体裁少见。

茶

香叶，嫩芽。

慕诗客，爱僧家。

碾雕白玉，罗织红纱。

铫煎黄蕊色，碗转曲尘花。

夜后邀陪明月，晨前命对朝霞。

洗尽古今人不倦，将至醉后岂堪夸。

诗首句就点出茶的主题；第二句写了茶的本性，叶香芽嫩；第三句写"诗客"、"僧家"等茶人，泛指文人雅士；四、五句写"碾雕白玉"、"罗织红纱"、"铫煎"、"碗转"的茶具，以及"黄蕊色"（黄花般汤色）"曲尘花"（酒曲所产生细菌，色微黄如尘。这里指碾碎了的茶叶粉末。花：指茶汤面的饽沫）的茶汤；六句写"明月夜"、"朝霞晨"的品茗环境；最后一句则点题而出，以此来安慰白居易，此去虽暂别西京，做客东郡，亦是自由自在，前途有为。

古代烹茶，大多为饼茶，所以先要用白玉雕成的茶碾把茶叶碾碎，再用红纱制成的茶箩把茶筛分，然后用带柄的茶铫煎茶。实际上，元稹的这首宝塔诗表达了六层意思：茶——茶人——茶具——茶汤——品茶环境——品茶境界。全诗构思精巧，趣味盎然，不愧是古今流传的绝妙茶诗。宝塔诗从一言起句，依次增加字数，从一字到七字句逐句成韵，叠成两句为一韵。直至从一至七字，对仗工整，读起来朗朗上口，声韵和谐，节奏明快。以宝塔诗写作的诗歌，并非少数，但以宝塔体所写的茶诗，古代仅此一首，弥足珍贵。

（三）卢仝《走笔谢孟谏议寄新茶》（《七碗茶歌》）

唐代诗人卢仝（图3-2），自号玉川子，祖籍范阳（今河北涿州卢家场村），生于河南济源市武山镇（今思礼村），早年隐少室山。他刻苦读书，博览经史，工诗精文，不愿仕进。后迁居洛阳。家境贫困，仅破屋数间。但他刻苦读书，家中图书满架。卢仝性格清高介僻，见识不凡，诗作自成一家，语尚奇诡。

他在饮茶歌中，描写了他饮七碗茶的不同感觉，步步深入，诗中还从个人的穷苦想到亿万苍生的辛苦。在中国七千多首茶诗文库中，在后世影响最为广泛，意义最为深远的还得首推这首《走笔谢孟谏议寄新茶》（以下简称《七碗茶歌》）。

图 3-2　卢仝半身像（取自清顾沅辑，道光十年刻本《古圣贤像传略》）

日高丈五睡正浓，军将打门惊周公。
口云谏议送书信，白绢斜封三道印。
开缄宛见谏议面，手阅月团三百片。
闻道新年入山里，蛰虫惊动春风起。
天子须尝阳羡茶，百草不敢先开花。
仁风暗结珠蓓蕾，先春抽出黄金芽。
摘鲜焙芳旋封裹，至精至好且不奢。
至尊之余合王公，何事便到山人家？
柴门反关无俗客，纱帽笼头自煎吃。
碧云引风吹不断，白花浮光凝碗面。
　　一碗喉吻润。二碗破孤闷。
　　三碗搜枯肠，唯有文字五千卷。
四碗发轻汗，平生不平事，尽向毛孔散。
　　五碗肌骨轻。六碗通仙灵。
七碗吃不得也，唯觉两腋习习清风生。
蓬莱山，在何处？玉川子乘此清风欲归去。

山中群仙司下土，地位清高隔风雨。

安得知百万亿苍生命，堕在颠崖受辛苦。

便为谏议问苍生，到头合得苏息否？

当时，唐代饮茶之风盛行，卢仝极嗜此道，悟得茶中三味，孟简寄贡品阳羡茶给卢仝，卢仝于是作《走笔谢孟谏议寄新茶》诗（又称《七碗茶歌》）回谢，竟成中国茶文化经典之作。后代文人墨客在品茗咏茶时，每每引用"卢仝"、"玉川子"、"七碗茶歌"、"清风生"等词语，可见卢仝《茶歌》对后世的影响之深、之广。苏轼有"何须魏帝一丸药，且尽卢仝七碗茶"的名句；杨万里饮茶时"不待清风生两腋，清风先向舌端生"；清代汪巢林赞卢仝"一瓯瑟瑟散轻蕊，品题谁比玉川子"；明代胡文焕则自夸："我今安知非卢仝，只恐卢仝未相及"；当代佛教名人赵朴初先生也题诗："七碗受至味，一壶得真趣。空持百千偈，不如吃茶去"。卢仝凭借其深厚的文学功底和勤奋的茶道实践，赢得后人尊重，被称为茶界"亚圣"。

三、宋代茶诗名作

（一）苏轼《次韵曹辅寄壑源试焙新茶》

茶诗发展至宋代，首屈一指的人物当属苏东坡。苏东坡对茶一往情深，一生写过茶诗数以百计，经典之作颇多。以下这首诗就是至今仍被世人津津乐道的《次韵曹辅寄壑源试焙新茶》（图3-3）。

图3-3　苏轼《次韵曹辅寄壑源试焙新茶》

仙山灵草湿行云，洗遍香肌粉未匀。

明月来投玉川子，清风吹破武林春。

要知冰雪心肠好，不是膏油首面新。

戏作小诗君勿笑，从来佳茗似佳人。

诗中苏轼把壑源新茶赞为仙山灵草，并且强调这种茶是不加膏油的。苏轼用他独特的审美眼光和感受，将茶之美和人之美相提并论，写出了"从来佳茗似佳人"的名句，这是苏轼品茶美学意境的最高体现，也成为后人品评佳茗的最好注解。后人常把苏轼另一首诗的名句"欲把西湖比西子"与之相对成联。

（二）范仲淹《和章岷从事斗茶歌》

北宋政治家、文学家范仲淹留下的茶诗并不多，仅有两首，而其中的一首《和章岷从事斗茶歌》却是宋代茶诗中可与唐代卢全《七碗茶歌》相媲美。

年年春自东南来，建溪先暖水微开。

溪边奇茗冠天下，武夷仙人从古栽。

新雷昨夜发何处，家家嬉笑穿云去。

露芽错落一番荣，缀玉含珠散嘉树。

终朝采摘未盈襜，唯求精粹不敢贪。

研膏焙乳有雅制，方中圭兮圆中蟾。

北苑将期献天子，林下雄豪先斗美。

鼎磨云外首山铜，瓶携江上中泠水。

黄金碾畔绿尘飞，碧玉瓯中翠涛起。

斗茶味兮轻醍醐，斗茶香兮薄兰芷。

其间品第胡能欺，十目视而十手指。

胜若登仙不可攀，输同降将无穷耻。

吁嗟天产石上英，论功不愧阶前蓂。

众人之浊我可清，千日之醉我可醒。

屈原试与招魂魄，刘伶却得闻雷霆。

卢全敢不歌，陆羽须作经。

森然万象中，焉知无茶星。

商山丈人休茹芝，首阳先生休采薇。

长安酒价减百万，成都药市无光辉。

不如仙山一啜好，泠然便欲乘风飞。

君莫羡花间女郎只斗草，赢得珠玑满斗归。

斗茶又叫"茗战"，源于唐代，兴于宋代。这是一首描写斗茶场面的诗作。"林下雄豪先斗美"，从茶的争奇、茶器斗妍到水的品鉴、技艺的切磋，呈现的是一种高雅的斗茶赛。水美、茶美、器美、艺美、境美，直至味美，入眼处，斗茶场面无处不美。这种美还体现人在斗茶氛围中的反差心态，获胜者往往喜气洋洋，高高在上，宛如天山之石英不可及。失败者往往垂头丧气，哭笑不得，犹如战败降将，深感耻辱。正因为有了茶，屈原可招魂，刘伶亦得声，商山四皓不用食林芝，首阳山上伯夷、叔齐也无须去采薇；正因为有了茶，长安酒市疲软，成都药市不景气。世人无须羡慕芳龄少女只因为斗茶，所得财富满箱而归。不过，斗茶若能达到蓬莱山仙人的境界，便会有卢仝那样乘此清风欲归去的感觉。

这首诗写得夸张而又浪漫，似行云流水，诗中有不少为后人反复传颂的佳句，的确可与卢仝《七碗茶歌》比肩。

四、明清茶诗名作

（一）文徵明《次夜会茶于家兄处》

文徵明是明代成化隆庆期间诗坛成名人物，他写的茶诗和与茶相关茶叙诗等约在150多首，为明代写茶诗最多的诗人。除诗作外，文徵明还是一位出色的书画家，绘画造诣深厚，有代表作《惠山茶会图》等。据蔡羽序记，正德十三年（1518年）二月十九日，文徵明与好友蔡羽、王守、王宠、汤珍等人至无锡惠山游览，品茗饮茶，吟诗唱和，十分相得，事后便创作了《惠山茶会图》。文徵明的诗歌主要描写平静闲适的生活，诗风也显得疏淡平和。在悠闲的光阴中赏泉、煮茶、品茗是他平静生活中不可或缺的部分，因而有了大量茶诗的诞生。

图3-4 文徵明《次夜会茶于家兄处》

慧泉珍重著茶经，出品旗枪自义兴。

寒夜清谈思雪乳。小炉活火煮溪冰。

生涯且复同兄弟，口腹深惭累友朋。

诗兴扰人眠不得，更呼童子起烧灯。

　　这首诗描写了在一个寒冷的冬夜，诗人与自己的家兄围坐在小火炉旁，长夜清淡，促膝相叙。他们一边敲冰煮水，一边欣赏煮茶时泛起的雪白乳花散发着阵阵茶香。回想当年陆羽为了写《茶经》考察无锡的惠泉，以及宜兴产的"一旗一枪"的阳羡茶。当下，相伴唯香茗，沟通了脉脉亲情。茶烟飘馨，温暖了寒冷的冬夜，为了口腹之欲，不但打扰了家兄，同样也感念诸多朋友相助。于是诗人夜不能寐，诗兴大发，忙呼茶童起灯写下了这首充满茶香亲情的诗篇（图3-4）。

　　（二）乾隆《坐龙井上烹茶偶成》

龙井新茶龙井泉，一家风味称烹煎。

寸芽生自烂石上，时节焙成谷雨前。

何必团凤夸御茗，聊因雀舌润心莲。

呼之欲出辨才在，笑我依然文字禅。

　　乾隆皇帝爱新觉罗·弘历一生嗜茶，常与群臣茶宴，并别出心裁地以松子、佛手、梅花烹茶，发明了"三清茶"。在茶宴时，他用摹有御制诗的茶碗，盛上"三清茶"，赐予众臣。君臣一起品茶、作联、赋诗，其乐融融。茶宴过后，众臣还可携碗而归，留作纪念。他还是一位鉴水大家，他曾自制银斗，精量全国各地名泉名水，以轻重定优劣，并作《玉泉山天下第一泉记》，记录了各地泉水的重量，认定北京玉泉山的泉水是最好的。

图 3-5　乾隆画像

　　这首茶诗是乾隆巡视江南期间，在杭州西子湖畔品味龙井茶时的即兴之作。乾隆在诗的开头便一语道破好茶需要好水冲泡的真谛，认为用龙井泉水烹煎龙井茶是极为独特的且韵味尤佳的"一家风味"。每到了谷雨节气前，把肥沃土地里茶树上露出的寸寸茶芽，采下制作成品质特殊的龙井茶（陆羽认为茶生于烂石者为上。所谓烂石是指风化比较完全、土质肥沃的土壤）。此景此情，不由让乾隆感叹道，看看眼前雀舌（像麻雀舌头形状）般的绝妙香茗，如佛心加持，入口甘甜，滋润本性，又何必常常去颂扬宋代宫廷里的"龙团"和"凤饼"贡茶呢。乾隆在此句中的"心莲"，巧妙地点出了莲花佛意，照见本来面目的当下的一种禅悦，为后句引出辨才禅师做一有效的铺垫。这句话同时也道出了乾隆所品用龙井茶是用龙井茶坯制成的"雀舌茶"。

　　乾隆一生嗜茶如命，留下了不少与茶有关的传说。浙江杭

州的"十八棵御茶"树,是他敕封的;福建安溪的"铁观音"茶,是他赐名的;福建崇安的"大红袍"茶,他曾为之题匾。相传乾隆南巡,微服游苏州时,曾在一茶馆饮茶休息。茶馆中春意融融,茶香袅袅,乾隆一时兴起,不自觉地拿起茶壶给自己和随从们斟起茶来。这下可难坏了众随从,下跪谢主隆恩吧,只恐暴露了皇帝身份;不跪呢,又是大逆不道。幸好有一位随从十分机灵,他连忙躬身下步,面朝皇上,在桌子上用右手的中、食二指轻叩三下,以示双膝下跪,三谢龙恩。其他随从心领神会,纷纷效仿。乾隆见状,也十分高兴,轻声夸道:"以手代脚,诚意可嘉!"这一动作,既简单,又深含寓意,后被民间流传下来,成为现在人们常用的手法。

第二节 茶 画

1972年,湖南长沙马王堆出土的西汉墓葬中,有一幅敬茶仕女帛画,反映了汉代皇室贵族已经烹用茶饮,足见茶韵融入画意由来久远。我国历代都有茶画名作,如唐代的《调琴啜茗图卷》,宋代钱选的《卢仝烹茶图》,刘松年的《斗茶图》,元代赵孟頫的《斗茶图》,明代唐伯虎的《事茗图》,清代薛怀的《山窗清供图》等等。

(一)唐代茶画欣赏

1. (唐)阎立本《萧翼赚兰亭图》

图3-6 【唐】阎立本《萧翼赚兰亭图》

阎立本，唐代早期画家，擅长画人物肖像和人物故事画。台北故宫博物院收藏南宋摹本；辽宁省博物馆收藏北宋摹本。

画面有 5 位人物，中间坐着一位和尚即辨才，对面为萧翼，左下有二人煮茶。画面上，机智而狡猾的萧翼和疑虑为难的辨才和尚，其神态惟妙惟肖。画面左下有一老仆人蹲在风炉旁，炉上置一锅，锅中水已煮沸，茶末刚刚放入，老仆人手持"茶夹子"欲搅动"茶汤"，另一旁，有一童子弯腰，手持茶托盘，小心翼翼地准备"分茶"。矮几上，放置着其他茶碗、茶罐等用具。这幅画不仅记载了古代僧人以茶待客的史实，而且再现了唐代烹茶、饮茶所用的茶器茶具，以及烹茶方法和过程（图 3-6）。

该画描绘了唐太宗遣萧翼赚兰亭序的史事。古籍记载：东晋大书法家王羲之于穆帝永和九年（353 年）三月三日同当时名士谢安等 41 人会于会稽山阴（今浙江绍兴）之兰亭，修被禊之礼（在水边举行的除去所谓不祥的祭祀）。当时王羲之用绢纸、鼠须笔作兰亭序，计 28 行，324 字，世称兰亭帖。王羲之死后，兰亭序由其子孙收藏，后传至其七世孙僧智永，智永圆寂后，又传与弟子辨才和尚，辨才得序后在梁上凿暗槛藏之。唐贞观年间，太宗喜欢书法，酷爱王羲之的字，唯得不到兰亭序而遗憾；后听说辨才和尚藏有兰亭序，便召见辨才，可是辨才却说见过此序，但不知下落；太宗苦思冥想，不知如何才能得到；一天尚书右仆射房玄龄奏荐监察御史萧翼，此人有才有谋，由他出面定能取回兰亭序；太宗立即召见萧翼，萧翼建议自己装扮成普通人，带上王羲之杂贴几幅，慢慢接近辨才，可望成功。太宗同意后萧翼便照此计划行事，骗得辨才好感和信任后，在谈论王羲之书法的过程中，辨才拿出了兰亭序，萧翼故意说此字不一定是真货，辨才不再将兰亭序藏在梁上，随便放在几上。一天趁辨才离家后，萧翼借故到辨才家取得兰亭序。后萧翼以御史身份召见辨才，辨才恍然大悟，知道受骗但已恨晚。萧翼得兰亭序后回到长安，太宗予以重赏。

2.（唐）周昉《调琴啜茗图卷》

图 3-7　【唐】周昉《调琴啜茗图卷》

　　周昉，又名景玄，字仲朗、京兆，西安人，唐代著名仕女画家，擅长表现贵族妇女、肖像和佛像。

　　画中描绘五个女性，其中三个系贵族妇女。一女坐在磐石上，正在调琴；左立一侍女，手托木盘；另一女坐在圆凳上，背向外，注视着琴音，作欲饮之态；又一女坐在椅子上，袖手听琴，另一侍女捧茶碗立于右边。画中贵族仕女曲眉丰肌、秾丽多态，反映了唐代尚丰肥的审美观，从画中仕女听琴品茗的姿态也可看出唐代贵族悠闲生活的一个侧面。此画收藏于台北故宫博物院（图 3-7）。

　　3.（唐）《宫乐图》

图 3-8　【唐】《宫乐图》

　　《宫乐图》，又名《会茗图》，纵 48.7cm，横 69.5cm。描绘了宫廷仕女们围坐在长案旁，边品茗，边娱乐。图中共 12 位妇人，或坐或站于长案四周，长案正中置一大茶海，茶海中有一长炳茶勺，一女正执勺，舀茶汤于自己茶碗内。另有正在啜饮品茗者，也有弹琴、吹箫者，神态各异，生动细腻。此画现收藏于台北故宫博物院（图3-8）。

（二）宋辽茶画欣赏

1.（北宋）宋徽宗《文会图》

图 3-9　【北宋】宋徽宗《文会图》

赵佶，宋徽宗皇帝，1101年即位，在朝29年，轻政重文，一生爱茶，嗜茶成癖，常在宫廷以茶宴请群臣、文人，有时兴至还亲自动手烹茗、斗茶取乐。亲自著有茶书《大观茶论》，致使宋人上下品茶盛行。喜欢收藏历代书画，擅长书法、人物花鸟画。该图描绘了文人会集的盛大场面。在一个豪华庭院中，设一巨榻，榻上有各种丰盛的菜肴、果品、杯盏等，九文士围坐其旁，神志各异，潇洒自如，或评论，或举杯，或凝坐；侍者们有的端捧杯盘，往来其间，有的在炭火桌边忙于温酒、备茶；其场面气氛之热烈，其人物神态之逼真，不愧为中国历史上一个"郁郁乎文哉"时代的真实写照。此画现收藏于台北故宫博物院（图3-9）。

2.（南宋）刘松年《茗园赌市图》

刘松年，宋代宫廷画家。浙江杭州人，擅长人物画。宋代刘松年所绘之《茗园赌市图》（图3-10），充分显示了流行于当时宋朝社会点茶之饮茶方式的盛况。整个布景约可分为三部分：手提茶贩、挑担小贩及斗茶会。右侧妇人右手提竹茶炉，左手

图 3-10　【南宋】刘松年《茗园赌市图》

托玉川先生到处卖茶，竹茶炉上有正在煮水的汤瓶，提梁上用绳子绑着分茶罐和茶扇。玉川先生提整套点茶工具，底部是茶盘，上面有茶碗、茶托、茶筅以及汤，上左缘有茶杓。老人经营的挑担茶贩远较手提茶贩完备，左右两只提篮，陈列各式各样茶器，左边篮面斜贴卷标，注明「上等江茶」，江茶指江南茶，以阳羡茶为代表，分团茶、末茶两类。末茶系直接从散茶（干茶叶）研磨而来。茶器比右边妇人的完备，件数多，清洗工具也完备。担子上空用竹架成防雨盖，比较不受天气限制。此画现收藏于台北故宫博物院。

　　3.（南宋）刘松年《卢仝烹茶图》

图 3-11　【南宋】刘松年《卢仝烹茶图》

　　《卢仝烹茶图》生动地描绘了南宋时的烹茶情景（图 3-11）。画面上山石瘦削，松槐交错，枝叶繁茂，下覆茅屋。卢仝拥书而坐，赤脚女婢治茶具，长须肩壶汲泉。

　　4.（南宋）刘松年《撵茶图》

　　《撵茶图》为工笔白描，描绘了宋代从磨茶到烹点的具体过

图 3-12　【南宋】刘松年《撵茶图》

程、用具和点茶场面（图 3-12）。画中左前方一仆设坐在矮几
上，正在转动碾磨磨茶，桌上有筛茶的茶罗、贮茶的茶盒等。
另一人伫立桌边，提着汤瓶点茶（泡茶），他左手边是煮水的
炉、壶和茶巾，右手边是贮水瓮，桌上是茶筅、茶盏和盏托。
一切显得十分安静整洁，专注有序。画面右侧有三人，一僧伏
案执笔作书，传说此高僧就是中国历史上的"书圣"怀素。一
人相对而坐，似在观赏，另一人坐其旁，正展卷欣赏。画面充
分展示了贵族官宦之家讲究品茶的生动场面，是宋代茶叶品饮
的真实写照。此画现收藏于台北故宫博物院。

　　5. 张文藻墓壁画《童嬉图》

图 3-13　【辽代】张文藻墓壁画《童嬉图》

　　张文藻墓壁画规格：纵 170cm，横 145cm。1993 年，河北
省张家口市宣化区下八里村 7 号辽墓出土。壁画图右有四个人
物，四人中间放茶碾一只，船形碾槽中有一碾轴。旁边有一个
黑皮朱里圆形漆盘，盘内放有曲柄锯子、毛刷和绿色茶碾。盘

的上方有茶炉，炉上坐一执壶。画中间的桌子上放着些茶碗、贮茶瓶等物。壁画真切地反映了辽代晚期的烹茶用具和方式，细致真实，具有史料价值（图3-13）。

6.（辽）妇人饮茶听曲图

图3-14 【辽代】《妇人饮茶听曲图》

河北宣化下八里韩师训墓出土。壁画右侧一女人正端杯饮茶，桌上还有几盘茶点，左侧有人弹琴，形象逼真（图3-14）。

7. 辽代壁画

图3-15 辽代壁画

河北宣化下八里村6号墓辽代壁画。壁画中共有6人，一人碾茶，一人煮水，一人点茶，反映了当时的煮茶情景（图3-15）。

8. 张世古墓壁画《瀹茶敬茶图》

张世古墓壁画，河北宣化下八里张世古墓出土。壁画中桌子上放着大碗、茶碗，一人正在将茶汤从壶中注入另一人端着

图 3-16 【辽代】《瀹茶敬茶图》（局部）

的茶碗中，形象逼真（图 3-16）。

（三）元代茶画欣赏

1.（元）赵原《陆羽烹茶图》

图 3-17 【元】赵原《陆羽烹茶图》

元代赵原所作《陆羽烹茶图》，纵 27.0cm，横 78.0cm，为台北故宫博物院收藏（图 3-17）。此画以陆羽烹茶为主题，用水墨画形式勾勒出远山近水，一派闲适恬静的意境呼之欲出。草堂上的陆羽，按膝斜坐于榻上，旁边有一小童，正在拥炉烹茶。图上题诗云："山中茅屋是谁家，兀会闲吟到日斜，俗客不来山鸟散，呼童汲水煮新茶。"

2.（元）赵孟頫《斗茶图》

赵孟頫（1254—1322），字子昂，号松雪，水晶宫道人，湖

图 3-18　【元】赵孟頫《斗茶图》

州人，元代著名书画大家。他是宋太祖赵匡胤的第 11 世孙、秦
王赵德芳的嫡派子孙。他善篆、隶、真、行、草书，尤以楷、
行书著称于世，其书风遒媚、秀逸，结体严整、笔法圆熟、世
称"赵体"。与颜真卿、柳公权、欧阳询并称为楷书"四大家"。

　　赵孟頫的《斗茶图》从人物的设计及其道具等的安排，较
多地吸取自刘松年的《茗园赌市图》的形式，图中设四位人物，
两位为一组，左右相对，每组中的有长髯者皆为斗茶营垒的主
战者，各自身后的年轻人在构图上都远远小于长者，他们是
"侍泡"或徒弟一类的人物，属于配角。图中左面这组，年轻者
执壶注茶，身子前倾，两小手臂向内，两肘部向外挑起，姿态
健壮优美有活力。年长者左手持杯，右手拎炭炉，昂首挺胸，
面带自信的微笑，好像已是胜券在握。右边一组，两人的目光
全部聚焦于对垒营中，其长者左手持已尽之杯，右手将最后一
杯茶品尽，并向杯底嗅香，年轻人则在注视对方的目光时将头
稍稍昂起，似乎并没有被对方的踌躇满志压倒，大有一股"鹿
死谁手"还未知的神情。图中的这两组人物动静结合，交叉构
图，人物的神情顾盼相呼，栩栩如生。人物与器具的线条十分
细腻洁净（图 3-18）。

　　赵孟頫的《斗茶图》是绘画中以斗茶为题材的影响最大的
作品。整个画面用笔细腻遒劲，人物神情的刻画充满戏剧性张
力，动静结合，将斗茶的趣味性、紧张感表现得淋漓尽致。《斗
茶图》展现的是一副充满生活气息的风俗画。画面比较简单，

只画了四个人物和几幅盛有茶具的茶担。与一般茶画不同的是，画中的人物模样看起来不像文人墨客，而像走街串巷的货郎，说明当时"斗茶"活动已经广泛流行于民间。

（四）明清茶画欣赏

1.（明）丁云鹏《煮茶图》

故宫博物院收藏的一幅明代画家丁云鹏所作《煮茶图》，就生动地描绘了卢仝饮茶的画面（图 3-19、图 3-20）。丁云鹏（1547—1628 年），字南羽，号圣华居士，安徽休宁人。此图正是描绘了卢仝《走笔谢孟谏议寄新茶》诗中的意境。画中卢仝坐在芭蕉蕉林下、假山之旁，手执团扇，目视茶炉，正在聚精会神地煨煮茶汤。图下一长须仆捡壶而行，似是汲泉而去，左边一位赤脚婢女，双手捧果盘而来。画面人物神态生动，描绘出了煮泉品茗的真实情景。

图 3-19　【明】丁云鹏《煮茶图》　图 3-20　【明】丁云鹏《煮茶图》

无锡市博物馆收藏有丁云鹏的另一幅《煮茶图》。全图纵140.5cm，横 57.8cm。图中描绘了卢仝坐榻上，背后开放的白玉兰花和假山生动雅致。卢仝双手置于膝上，榻边置一煮茶炉，炉上茶瓶正在煮水，榻前几上有茶罐、茶壶，置茶托上的茶碗等，旁有一须仆正蹲地取水。榻旁有一老婢双手端果盘正走过来。

2.（明）唐寅《事茗图》

图 3-21 【明】唐寅《事茗图》(局部)

《事茗图》是唐寅所著茶画中一幅体现明代茶文化的名作(图 3-21)。此画左上角,唐伯虎自作题诗:"日常何所事?茗碗自矜持。料得南窗下,清风满鬓丝。"《事茗图》,不管是画还是书,都是明代书画中的上乘佳作。画的正中,一条溪水正从云雾缭绕的山间潺潺流下,朦胧有韵;近处,巨石苍松,清晰生动。在小溪的左面,几间房屋在松林掩映下犹如世外桃源。饱含"采菊东篱下,悠然见南山"的清雅意境。

3.(清)汪承需《群仙集祝图》

图 3-22 【清】汪承需《群仙集祝图》

清代汪承需《群仙集祝图》。此画纵 27cm,横 235.1cm,为中国台北故宫博物院所藏。以工笔方式描绘了斗茶会上的各种人物形象,他们有的在准备茶碗,有的自己先饮为快,有的评头论足,有的在察言观色。人物造型写实,神态各异,极富生活气息(图 3-22)。

(五)近现代茶画欣赏

齐白石《煮茶图》

图 3-23　齐白石《煮茶图》

近代名家齐白石的作品《煮茶图》。图中蒲扇一把斜置于火炉一旁，一把长柄茶壶正安放在火炉之上，似乎正在煮水准备沏茶。恬淡悠然，自在安详，跃然纸上（图 3-23）。

第三节　茶　文

茶与文的关系有两点值得注意：一是茶的意象，如娴静、清雅、慧真、冲淡、平和，君子容度、隐者情怀、士子境界等最终在茶文中形成；二是从唐代陆羽的《茶经》开始就有了将茶文独立出来的自觉，形成了"茶《文选》"的传统。

一、晋代茶文

杜育的《荈赋》

杜育的《荈赋》是中国茶文的开山之作。杜育，西晋末年人，先后任汝南太守、右将军、国子监祭酒。所作《荈赋》如下：

灵山惟岳，奇产所钟。瞻彼卷阿，实曰夕阳。厥生荈草，弥谷被岗。承丰壤之滋润，受甘霖之霄降。月惟初秋，农功少休，结偶同旅，是采是求。水则岷方之注，挹彼清流。器择陶简，出自东隅；酌之以匏，取式公刘。惟兹初成，沫成华浮，焕如积雪，晔若春敷。

——（《艺文类聚》卷 82）

61

《荈赋》第一次全面地叙述了中国历史上有关茶树种植、培育、采摘、器具、冲泡等茶事活动。赋文开头描述了茶树的生长环境：高耸入云的灵山，是"物华天宝"的钟情之地；看那山麓西侧的卷耳岭，茶树生长在长年云雾缭绕，日月钟情的地方。接着便写茶的种植环境：漫山遍野的茶树，享受着肥沃土壤的滋润，晚上雾露茶树，清新鲜嫩。初秋时节，农事稍闲，可以邀诸友，结伴来到这样美丽的灵山采茶制茶。而对于烹茶用水和品饮的茶器，则大有讲究。择水取流经岷江之地的清澈山泉，择器则选东瓯越州的精致陶器。品茶方式则效仿先贤公刘之法（公刘是古代周族首领，传为后稷的曾孙，夏代末年率周族迁居到豳——今陕西彬县一带安定居住）。"酌之以匏，取式公刘"，盛茶用具是用葫芦剖开做的。待茶煮好，茶汤呈现一种积雪般的耀眼，犹如春天般的草木亮丽灿烂。

二、唐代茶文

（一）吕温的《三月三日茶宴序》

茶宴活动是唐代茶文化的盛况之一。唐代的文人、士大夫们已经不把酒作为宴会的主要饮料，而是以茶的素雅之意取代酒的世俗味道，体现了文人之间的清雅之趣。茶宴乃是古人用茶来宴请宾客、会聚友朋之举，也是唐代社会的一种风尚和流行元素。吕温的《三月三日茶宴序》对唐代茶宴作了全面而细腻的描绘：

> 三月三日，上巳祓饮之日也。诸子议以茶酌而代焉。乃拔花砌，憩庭阴，清风逐人，日色留兴。卧指青霭，坐攀香枝。闻莺近席而未飞，红蕊拂衣而不散。乃命酌香沫，浮素杯，殷凝琥珀之色，不令人醉。微觉清思，虽五云仙浆，无复加也。座右才子南阳邹子、高阳许侯，与二三子顷为尘外之赏，而曷不言诗矣。

文章开头，交代了时间、缘由。接着对现场景色作了生动的描绘，在花香撩人，庭下花坛和清风拂面环境下参加茶宴和歇息，红日助兴，花草清荫，杨柳依依，一派天人合一的情调，那种神醉情驰、风韵无比的野趣还体现在有人"卧指青霭"，有人"坐攀香枝"，各种散漫姿态都毫无拘束地释放出来，而近在咫尺的黄莺也加入到这大好的春光之中，迟迟不肯飞去；再看枝头的红色花蕊洒在了人的身上，为茶宴增添了情趣，让人陶醉其中。正所谓"万事俱备，只欠东风"情趣之下，快，上茶，上好茶，沏上一壶琥珀之色的香茶，分注乳色素杯，闻之令人神清气爽，品之令人芳香满怀。于此迷人春色中让一杯茶拉近我们与天地距离，与天地对话。不说羽化登仙，此景此情，杯中之茶，其珍贵程度就连五云仙浆（唐代名酒，现成都望江公园内有五云仙馆。白居易、杜牧、薛涛等人常在此饮酒）也无法比拟。身边的至交好友均为红尘外的高雅之士，面对此情此景，已然忘言。

（二）顾况《茶赋》

顾况，别号华阳山人，晚字逋翁。中唐才子，与茶相知相交。此《茶赋》与杜育《荈赋》颇多异曲同工之妙——

稽天地之不平兮，兰何为兮早秀，菊为何兮迟荣。皇天既孕此物兮，厚地复糅之而萌。惜下国之偏多，嗟上林之不至。如珢筵，展瑶席，凝藻思，间灵液，赐名臣，留上客，谷莺啭，泛浓华，漱芳津，出恒品，先众珍，君门九重，圣寿万春，此茶上达于天子也；滋饭蔬之精素，攻肉食之膻腻。发当暑之清吟，涤通宵之昏寐。杏树桃花之深洞，竹林草堂之古寺。乘槎海上来，飞赐云中至，此茶下被于幽人也。《雅》曰："不知我者，谓我何求？"可怜翠涧阴，中有碧泉流。舒铁如金之鼎，越泥似玉之瓯。轻烟细沫霭然浮，爽气淡云风雨秋。梦里还钱，怀中赠袖。虽神妙而焉求。

天地之大，尚有诸多不平事，譬如为何兰花早吐芳而菊花却迟迟绽放呢？上天造化，孕育出茶这样一种极具灵性的作物，但同样也有其他作物生长在沃土而萌芽。文章假借天地不公平实则在赞叹自然界赐给人类这等灵物的同时，也告诉人们自然界的季节性是何等分明啊。接着，文章以带有一种令人叹惋的

口吻叹道：南国许多地方多有茶树生长，而天子脚下的北国却不见茶树生长。此处的"下国"与"上林"可有多种解读，平民之地与权贵之地，北方与南方，北国与南国等等。接着作者用略带羡慕嫉妒恨的口气描绘着茶的"造化钟神秀"，却又生长在"下国"。

作者以骈文和对比的方法铺陈"上达天子"、"下被幽人"、恩泽四方的魅力——于玳筵瑶席，伴灵液美酒，与名臣上客，贺君门圣寿，这是茶"上达于天子"的隆重展示。滋精素，攻膻腻，发夏日之清吟，涤昏寐，于杏花丛中，桃花洞里，竹林草堂古寺中，这是茶"被于幽人"的深情表演。结尾处则引《诗经·雅》中的"不知我者，谓我何求"之句来表达说，知道我的人说我是喜欢茶心忧，不知道我的人该以为我到底在说什么呀。用正话反说的方式来表明隐逸山林、宁静淡泊才是自己的追求：在"爽气淡云风雨秋"境界里，何须常怀"梦里还钱，怀中赠袖"之叹呢？茶有如此神妙之处，人生还有何求呢？

三、宋代茶文

（一）唐庚《斗茶记》

北宋诗人唐庚，字子西，人称鲁国先生。《斗茶记》作于正和二年（1112 年），反映的是宋代极具盛行的斗茶或"茗战"场面。所谓斗茶，比茶之优劣，论水之等第，可以多人进行，也可一人进行，不抱有任何得失之心为好。唐庚对于饮茶有着自己一套独特的见解，特别是他提出了关于品茶用水高下优劣的观点，对后世产生了深远影响。

政和二年三月壬戌，二三君子相与斗茶于寄傲斋。予为取龙塘水烹之，而第其品。以某为上，某次之，某闽人，其所贵宜尤高，而又次之。然大较皆精绝。盖尝以为天下之物，有宜得而不得，不宜得而得之者。富贵有力之人，或有所不能致；而贫贱穷厄流离迁徙之中，或偶然获焉。所谓尺有所短，寸有所长，良不虚也。唐相李卫公，好饮惠山泉，置驿传送，不远数千里，而近世欧阳少师作《龙茶录序》，称嘉祐七年，亲享明堂，致斋之夕，始以小团分赐二府，人给一饼，不敢碾试，至今藏之。时熙宁元年也。吾闻茶不问团绔，要之贵新；水不问江井，要之贵活。千里致水，真伪固不可知，就令识真，已非活水。自嘉祐七年壬寅，至熙宁元年戊申，首尾七年，更阅三朝，而赐茶犹在，此岂复有茶也哉。今吾提瓶支龙塘，无数十步，此水宜茶，昔人以为不减清远峡。而海道趋建安，不数日可至，故每岁新茶，不过三月至矣。罪戾之余，上宽不诛，得与诸公从容谈笑于此，汲泉煮茗，取一时之适，虽在田野，孰与烹数千里之泉，浇七年之赐茗也哉，此非吾君之力欤。夫耕凿食息，终日蒙福而不知为之者，直愚民耳，岂吾辈谓耶，是宜有所记述，以无忘在上者之泽云。

首先交代了斗茶的时间、地点和人物。虽无直接叙述斗茶的经过，也没有交代斗茶见水次第的依据和标准，但却通过举例唐代李德裕千里取水和宋代欧阳修贡茶七年尚未吃完的事实来告诉人们：不管什么样的茶叶，茶一定是要新茶，不管什么样的水质，水一定要活水。文中对李德裕之水和欧阳修之茶提出了质疑：想那李德裕饮惠山泉水，长途跋涉，以过去运输工具的速度，真正到了他手上，姑且不论其真假，这水质一定很差。千里之遥足以使天下名泉变成一泓死水，以死水煮茶，纯粹糟蹋了茶叶；而欧阳修七年储藏的茶，查找三朝史书，没有说明茶是越久越香。如此长时间的茶要变成何物？唐庚最后说到自己贬谪惠州，但却每天能提着瓶子走龙塘取水。并且每年新茶上市不出三个月就能得到建安茶，以戴罪之身，在乡村与朋友一起煮茶品茗，获取身心快乐，哪怕是一时的快乐。实际上，唐庚虽然处在劣境中，但能以茶为乐，泰然处之，表现了作者随性而适、随意而安的乐观态度。

（二）梅尧臣《南有嘉茗赋》

南有山原兮，不凿不营，乃产嘉茗兮，嚣此众氓。土膏脉动兮雷始发声，万木之气未通兮，此已吐乎纤萌。一之日雀舌露，撷而制之以奉乎王庭。二之日鸟喙长，撷而焙之以备乎公

卿。三之日枪旗耸，寒而炕之将求乎利赢。四之日嫩茎茂，团而范之来充乎赋征。当此时也，女废蚕织，男废农耕，夜不得息，昼不得停。取之由一叶而至一掬，输之若百谷之赴巨溟。华夷蛮貊，固日饮而无厌；富贵贫贱，不时啜而不宁。所以小民冒险而竞鬻，孰谓峻法之与严刑。呜呼！古者圣人为之丝枲缔纻而民始衣，播之禾黍麦菽粟而民不饥，畜之牛羊犬豕而甘脆不遗，调之辛酸咸苦而五味适宜，造之酒醴而宴飨之，树之果蔬而荐羞之，于兹可谓备矣。何彼茗无一胜焉，而竞进于今之时？抑非近世之人，体惰不勤，饱食粱肉，坐以生疾，藉以灵荈而消腑胃之宿陈？若然，则斯茗也，不得不谓之无益于尔身，无功于尔民也哉。

北宋诗人梅尧臣，字圣俞，世称宛陵先生。少时应进士不第，历任州县官属。中年后赐同进士出身，授国子监直讲，官至尚书都官员外郎。梅尧臣的茶诗、茶文尚多，其《南有嘉茗赋》的表现艺术被茶文化界称为上乘之作。赋文的字里行间充满了对茶农的体恤之情，揭露了当时社会矛盾和贫富对立。

四、元代茶文

（一）杨维桢《煮茶梦记》

杨维桢，元代著名文学家、书画家，字廉夫，号铁崖、铁笛道人。他的散文《煮茶梦记》充分表现了饮茶人在茶香的熏陶中，恍惚神游的心境。道出他对道家崇尚自然、飘逸欲仙的生活和思想的心仪。全文如下：

铁龙道人卧石林，移二更，月微明，及纸帐梅影，亦及半窗。鹤孤立不鸣。命小芸童汲白莲泉，燃槁湘竹，授以凌霄芽，为饮供。道人乃游心太虚，若鸿蒙，若皇芒，会天地之未生，适阴阳之若亡。恍兮不知入梦，遂坐清真银晖之堂，堂上香云帘拂地，中著紫桂榻，绿琼几，看太初易一集，集内悉星斗文焕煜熻熠，金流玉错，莫别爻画。若烟云明交丽乎中天，欸玉露凉，月冷如冰，入齿易刻，因作《太虚吟》，吟曰："道无形兮兆无声，妙无心兮一以贞，百象斯融兮太虚以清。"歌已，光飘起林末，激华氛，郁郁霏霏，绚烂淫艳。乃有扈绿衣若仙子者，从容来谒云："名淡香，小字绿花。"乃捧太元杯，酌太清神明之醴，以寿予。侑以词曰："心不行，神不行，无而为。万化清。"寿毕，纡徐而退，复令小玉环，侍笔牍，遂书歌遗之曰："道可受兮不可传，天无形兮四时以言，妙乎天兮天天之先，天天之先，复何仙移间。"白云微消，绿衣化烟，月反明予内间。予亦悟矣，遂冥神合元，月光尚隐隐于梅花间。小芸呼曰："凌霄芽熟矣！"

　　开头交代饮茶的地点、时间、环境。二更时分，作者铁崖道人静卧在山林中的石床，柔弱的月光，投射在纸帐里的梅花的画面上，这真是梅影静而鹤形孤，让人有飘飘欲仙的感觉。在如此美丽夜色中，他让书童小芸从白莲泉汲来清泉水后，开始在茶锅下点一些枯蓼斑竹条和植物枝，烹煮一壶"凌霄茶"为品用。梦，就从煮茶时分开始了——铁崖道人游心太虚，从远古的鸿蒙到皇芒之气，天地间均入向阴阳太极。梦正酣，时坐清真银晖之堂，香雾缭绕；时看太初《易经》，书内一片星斗文焕；时吟静虚之诗，有见绿衣仙子飘然而至，捧来太清神明醴酒；时写感悟之歌，然后冥神合元，回到静静的月夜中……就在冥冥之中，突然隐隐听到书童小芸在铁崖道人身边轻轻呼道："凌霄茶煮熟了！"

　　这篇体现道家思想与茶道相融神和的代表作，以优美的文字把真实的场景加上梦境的虚幻，描绘出一位爱茶人缥缈而美妙的梦，构成了神仙般的美景良辰和虚幻脱俗的境地，充溢着道家思想中的自然之美。"天人合一"，让人在现实意境里与睡梦幻想里，把心交付于飘散着茶香的月光中，神冥于自然的出世境界。想象中的美好与茶交融在一起，现实中的景象与太虚幻境合二为一。景与梦，人与茶，境与思，浑然一体，共融共化在神冥自然的天地阴阳两极之中，不能不让人沉浸在道家所追求的"含道独往，弃智遗身"的精神境界，也不得不让人追随铁崖道人之梦并且遁入羽化登仙的清谧之中。《煮茶梦记》将

饮茶的境界写得高深玄妙，同时也给我们带来一种茶道的空灵虚静。

四、明代茶文

张岱的《闵老子茶》

张岱的《陶庵梦忆》包罗万象，如种植花草、喂养鱼鸟、佳节风尚等，皆辟另境。中有茶文《闵老子茶》，堪称精彩。

周墨农向余道闵汶水茶不置口。戊寅九月，至留都，抵岸，即访闵汶水于桃叶渡。日晡，汶水他出，迟其归，乃婆娑一老。方叙话，遽起曰："杖忘某所。"又去。余曰："今日岂可空去？"迟之又久，汶水返。更定矣。睨余曰："客尚在耶？客在奚为者？"余曰："慕汶老久，今日不畅饮汶老茶，决不去。"汶水喜，自起当炉。茶旋煮，速如风雨。导至一室，明窗净几，荆溪壶、成宣窑瓷瓯十余种，皆精绝。灯下视茶色，与瓷瓯无别而香气逼人，余叫绝。余问汶水曰："此茶何产？"汶水曰："阆苑茶也。"余再啜之，曰："莫绐余。是阆苑制法，而味不似。"汶水匿笑曰："客知是何产？"余再啜之，曰："何其似罗岕甚也？"汶水吐舌曰："奇，奇！"余问水何水，曰惠泉。余又曰："莫绐余！惠泉走千里，水劳而圭角不动，何也？"汶水曰："不复敢隐。其取惠水，必淘井，静夜候新泉至，旋汲之。山石磊磊藉瓮底，舟非风则勿行，放水之生磊。即寻常惠水，犹逊一头地，况他水耶！"又吐舌曰："奇，奇！"言未毕，汶水去。少顷持一壶满斟余曰："客啜此。"余曰："香扑烈，味甚浑厚，此春茶耶。向瀹者的是秋采。"汶水大笑曰："予年七十，精赏鉴者无客比。"遂定交。

作者从友人处听说闵汶水能闻茶识茶，看水识水（即所谓"茶不置口"），决心一往。这位闵汶水神秘非常，先是过了很长时间出现，来了不久出去取拐杖，看似漫不经心。待张岱说明来意，汶水这才神采勃发，于是，亲手支起炉子煮茶。不一会，只见茶在容器中沸速旋转，如风如雨一般。老人把客人引到一处窗明几净的幽雅所在，室内有宜兴紫砂壶和成宣窑制作的瓷瓯十多种，都是精品、名贵的茶器（晚明已把紫砂壶称为荆溪壶，清初的制壶艺人落款时有"荆溪华凤翔制"）。这些茶器精妙绝伦，看得张岱连连叫好。灯下观茶汤，汤色居然与茶器颜色没有区别而且茶香味好，张岱连连叫绝。并询问汶水老人："这茶产在什么地方？"汶水老人回答："阆苑茶"（阆苑茶，史书无记载。此处可能神仙茶统称。阆风：传说中在昆仑山之巅，是西王母居住的地方。在诗词中常用来泛指神仙居住的地方，有时也代指帝王宫苑）。当张岱再次拿起茶杯轻啜一口后说："老人家别打马虎眼了，这茶看似是阆苑的制法，但茶的味道相差甚远。"汶水老人暗中偷笑说："那你说是什么茶呢？"张岱又一次拿起茶杯轻啜一口道："这茶应该像罗岕茶（长兴一带）"。汶水老人一听不得不吐舌连声称奇。接着张岱又问汶水老人所泡之茶是用什么水，老人回答是惠山泉。张岱却坚定说："老人家不要骗我了（绐：古同'诒'，欺骗、欺诈之意）。惠山泉在千里之外（惠山泉从无锡到南京并无千里，这里泛指路途遥远）如果运到这里，一定会有水疲劳（变质）的痕迹（主角：原指锋芒之意，此文指痕迹，迹象），但这水鲜爽不损，明显不是，这是为何？"汶水老人回答："不敢再隐瞒你了，要取惠泉水，一定要淘新井，在宁静的夜晚等待涌出的新泉，然后就马上取水。把山上的石子铺在水瓮底部，既可以保证泉水的鲜活度，又可以加重船的重量，不是有风的时候不能行船吗？大凡鲜活的泉水是离不开磊石中的矿物质（'放水之生磊'之意其实是磊生鲜活之水，此处之'放'意指水的流动性），这样运来的鲜活泉水，其清冽程度远比寻常而普通的惠泉水要好得多（而寻常惠泉比之'犹逊一头地'：形容'矮一截'），更何况是其他的水呢！"闵老人回答完，不得不再一次对张岱佩服有加，欣赏他的鉴水能力，并口中称奇。闵老人话还未说完，接着就出去了。待一会儿，拿了一把斟满茶的壶回来，对张岱说："你品尝一下这款茶吧。"张岱品之回道："这茶香气浓烈，味道醇厚，这茶是春茶，但刚才煮的茶却是秋天里采摘的。"汶水老人一听喜笑

颜开说："我已七十岁，见到许多赏茶鉴水品评之人，但没有一个能及得上你的鉴赏能力。"于是，汶水老人决定与张岱相交为友、结为知己。

实际上，张岱在写此文前，就已断定自己能够与闵汶水成为好朋友。挚友周墨农曾担心脾气倔强的闵老头不会理会张岱，故在张岱去之前已经嘱咐道："南京桃叶渡的闵汶水你一定要去拜访，就说是我周墨农的挚友，不然的话，闵老怕是不理睬你。"而张岱却很淡然，他说："闵老善烹茶我善品鉴，我与他定然一见如故。"从《闵老子茶》一文可以看出张岱与汶水老人的对话让人有一种"茶虽平而道却深"的感觉，同时让我们联想到俞伯牙与钟子期那般高山流水遇知音的感知，令人叫绝。

五、清代茶文

梁章钜《归田琐记·品泉》

梁章钜，字茞中、闳林，号茞邻，晚年自号退庵，祖籍长乐，后迁居福州。其《品泉》一文，是一篇题赞北京玉泉山的佳作——

唐、宋以还，古人多讲求茗饮。一切汤火之候，瓶盏之细，无不考索周详，著之为书。然所谓龙团、凤饼，皆须碾碎方可入饮，非惟烦琐弗便，即茶之真味，恐亦无存。其直取茗芽，投以瀹水即饮者，不知始自何时。沈德符《野获编》云："国初四方供茶，以建宁、阳羡为上，时犹仍宋制，所进者俱碾而揉之为大小龙团，至洪武二十四年九月，上以重劳民力，罢造龙团，惟采茶芽以进，其品有四：曰采春，曰先春，曰次春，曰紫笋。置茶户五百，充其徭役。"乃知今法实自明祖创之，真可令陆鸿渐、蔡君谟心服。忆余尝再游武夷，在各山顶寺观中取上品者，以岩中瀑水烹之，其芳甘百倍于常。时固由茶佳，亦由泉胜也。按品泉始于陆鸿渐，然不及我朝之精。记在京师，恭读纯庙御制《玉泉山天下第一泉记》云："尝制银斗较之，京师玉泉之水斗重一两，塞上伊逊之水亦斗重一两，济南珍珠泉斗重一两二厘，扬子金山泉斗重一两三厘，则较玉泉重二厘或三厘矣。至惠山、虎跑，则各重玉泉四厘，平山重六厘，清凉山、白沙、虎邱及西山之碧云寺各重玉泉一分。然则更无轻于玉泉者乎？曰有，乃雪水也。常收积素而烹之，轻玉泉斗轻三厘，雪水不可恒得。则凡出山下而有冽者，诚无过京师之玉泉，故定为天下第一泉。"

文章考述了明清代撮茶法的来历以及用此法品茶时对水的讲究。大致可分为两部分。

先说唐宋以来古人的饮茶之道，对团茶捣碎后再煮饮的做法表示质疑，认为其烦琐不便，而且失去了茶的真味。而新兴的采摘茶芽做茶，"旋瀹旋饮"的撮茶法（即今天的绿茶冲泡方法），则便利异常。于是考述该法的来历，认为这种撮茶法应该源自明代朱元璋"罢造龙团"之事，肯定了朱元璋对制茶的革新之功。然后谈到用水的标准问题，认为唐代陆羽以来对泉水的分类，不如清代精确。继而引出乾隆的《玉泉山天下第一泉记》的鉴水观点。

 小贴士

《红楼梦》里的茶文化

《红楼梦》是中华民族优秀文化的结晶，也是研究和了解中国18世纪中叶的风俗画卷。细看《红楼梦》，凡是写到饮宴或待客之处，总要或多或少的写到茶，统计达273处之多。所写之处，各有异趣，耐人品味，给作品平添了许多艺术魅力。《红楼梦》满纸茶香，甚至无酒有茶，以茶代酒，其中涉及各种饮茶场面、情景，还有对茶的鉴赏、沏茶、水质、盛茶的器具等，所以说《红楼梦》从一个小侧面，也是一本形象化的《茶经》。

一、红楼梦里的茶品

中国茶的名目繁多，千姿百态，所以民间有"茶叶学到老，茶名记不少"的俗谚。在饮茶习惯上也各有千秋，正如古人说："千里不同风，百里不同俗"。一般来说，长江以南的人多喜欢

绿茶，而北方大多数人则喜欢红茶和花茶（俗称香片），广东、福建一带喜欢乌龙茶，西南一带又喜欢饮普洱茶。这些不同的饮茶习惯，是因为地理环境不同，加之受不同历史文化的影响。

《红楼梦》里的贾府是京中望族，对饮茶的讲究自然也不同于平民百姓之家。不要说煮茶、饮茶的用具追求奢华，以不失名门望族的身份地位，就是日常用茶的种类上也显示出贵族之家的风范。在《红楼梦》全书中写到的茶名就有好几种，这还不算采自放春山遣香洞的"仙茗"。比如文中贾母不喜吃的"六安茶"、妙玉特备的"老君眉"、暹罗过进贡的"暹罗茶"、怡红院里常备的"普洱茶"（"女儿红"）、茜雪端上的"枫露茶"、黛玉房中的"龙井茶"。此外还有多次提到的"漱口茶"、"茶泡饭"等含茶字的茶。

《红楼梦》中所提到的茶品多，出现茶时也有不同的寓意。

六安茶 "六安茶"首见于小说第41回"栊翠庵茶品梅花雪"，贾母道："我不吃六安茶"。这"六安茶"属于不发酵的绿茶，产于安徽省六安县霍山地区。明人屠隆《考槃余事》中曾列出最为当时人称道的茶有六品，即"虎丘茶"、"天池茶"、"阳羡茶"、"六安茶"、"龙井茶"、"天目茶"。"六安茶"列为六品之一，以茶香醇厚而著称于世。在《红楼梦》诞生时代，"六安茶"与西湖龙井茶同属天下名茶，成为珍贵的贡茶。近人徐珂《清稗类钞》"朝贡类"载有"六安贡茶"之条目。

贾母为何不喜饮这种名贵的"六安茶"呢？究其原因，恐怕有两点：①生活习惯所致，贾府在北方，习惯饮花茶或红茶，而不喜欢饮南方的绿茶。②小说中有所提示，"贾母道：'我们才都吃了酒肉'"这位老祖宗也是饮茶高手，深解茶性，"吃了酒肉"之后油腻太重，倘若饮了绿茶容易停食、闹肚子。所以，精于茶道的妙玉在旁说："知道，这是老君眉"。意思是告诉贾母"这不是绿茶"。

老君眉 时人又称此茶为"寿眉"，属于发酵的红茶中的一种。这是清代颇为时兴的茶叶，所谓"老君"者即"寿星"也。

妙玉为贾母一行人备下的"老君眉",既有茶理上的"吃油腻"不宜饮绿茶的原因,同时也有恭维、讨好"老祖宗"的心理,表现了这位"槛外人"不仅擅于茶道,而且也聪明乖巧,格外招人喜爱。

普洱茶 属于红茶中的一种。小说第 63 回"寿怡红群芳开夜宴",有一段写林之孝家的查夜来到怡红院,与宝玉对话中提到了"普洱茶"。据《清稗类钞》"饮食类"中"孙月泉饮普洱茶"记载说:"醉饱后饮之,能助消化"。宝玉说"今日吃了面,怕停食,所以多玩了一会",又喝"普洱茶",就是因为它"能助消化"的缘故。《本草纲目拾遗》说,普洱茶"消食化痰,清胃生津,功力尤大也"。这说明宝玉也是一位茶道中人。文中提到"女儿茶",实指普洱茶。清朝张泓《滇南新语》曰:"普茶珍品,则有毛尖、芽茶、女儿之号"。《红楼梦》时代,宫廷和官宦大家中也很讲究饮普洱茶。清代《养生斋丛录》载云南端阳朝贡品中就有各种普洱茶名目,说明当时普洱茶是非常名贵的,以贾府的地位、贾宝玉的身份,饮此种茶是完全符合情理的。

龙井茶 属绿茶的一种,久负盛名。龙井为地名,属浙江省杭州市西湖西南山地中的一个村庄,有龙井古寺,寺中有井,为龙泉井,水甘冽清凉,故以龙井泉水泡茶最好。江南人喜欢龙井茶直到近代北方达官显贵亦喜欢龙井茶,但因其珍贵价值,加之习俗所限,所以虽声明很高,但饮者并不普遍。

曹雪芹在江南生活过,又生于官宦之家,对龙井茶的珍贵当然知之甚详。《红楼梦》第 82 回写贾宝玉下学回家,到潇湘馆看望林妹妹,黛玉忙吩咐丫鬟紫鹃道:"把我的龙井茶给二爷沏一碗,二爷如今念书了,比不的头里"。宝黛之间的情谊是无须多叙的,宝玉下学就先到潇湘馆看妹妹,可见妹妹在他心目中的重要,自然妹妹也心领其意,用自己的"龙井茶"招待宝哥哥,从中亦可知宝哥哥在林妹妹心中的位置。作者正是在这种"节骨眼"上大做文章,既表现了宝黛之间的友情,又告诉读者这位生于江南苏州的林妹妹的饮茶习惯。

　　枫露茶 "枫露茶"见于《红楼梦》第8回,贾宝玉在薛姨妈处吃了晚饭后回到自己房中,茜雪端上茶来,宝玉吃了半盏,忽然想起早上的茶来,便问:"早起沏了碗枫露茶,我说过那茶是三四次后才出色,这会子怎么斟上这个茶来?"从宝玉所说的话看,"枫露茶"恐怕不是绿茶,倘若是绿茶泡了一天,到了晚上才吃岂不乏味了,又怎么能饮呢?所以,这"枫露茶"当属红茶一类,否则也不会说"三四次后才出色"。曹雪芹心细如发,以"枫露"名茶,当是费了一番心思。①枫,秋天霜打叶红,突出这个"枫"字,暗合"红"字,与"怡红公子"颇有关系;②"枫露",自然是枫叶之"露",而露水也只能秋天才有的,有可能指茶是秋天采集的;③露,即甘露,古称"天酒",晶莹透明,味道甘冽,欲长生不老者或称神仙者渴饮甘露。大诗人屈原在《离骚》中就写过:"朝饮木兰之坠露兮,夕餐秋菊之落英"。汉武帝为求长生不老,命人在未央宫筑高台,以玉盘取云雾之露,说明"露"之珍贵无比。小说第5回写贾宝玉梦游太虚境,仙姑以"千红一窟"茶款待他,并介绍道:"此茶采自放春山遣香洞,又以仙花灵叶上所带的宿露烹之,名曰千红一窟"。在神仙世界里,用露水烹茶,为"枫露茶"做了一个很巧妙的注解。

　　杏仁茶 脂本《红楼梦》第54回写道:元宵佳节余兴之后吃夜宵,贾母说她不吃油腻的,凤姐忙道:"还有杏仁茶。只怕也甜"。贾母道:"倒是这个还罢了。"说着,又命人撤去残席,外面另设上各种精致小菜,大家便随意吃了些,用过漱口茶,方散。

　　这里的杏仁茶,名曰为茶,实际是一种美味饮料,也叫杏酪。清朝郝懿行《晒书堂笔记》:"取甜杏仁,水浸,去皮,小磨磨细,加水搅拌,入锅内,用糯米屑同煎,如高粱糊法。至糖之多少,随意掺入"。雪印轩主的《燕都小食品杂咏杏仁茶》诗云:"清晨市肆闹喧哗,润肺生津味亦赊。一碗琼浆真适口,香甜莫比杏仁茶。"杏仁茶虽然不是真正意义上的茶,作为保健饮料，也是值得一提的。

二、妙玉妙语话煎茶

茶道讲色、香、味、器、礼，而水则是色、香、味三者的体现者。因此，自从茗饮进入人们的生活和文学艺术领域之后，人们对烹茶所用的水质高低、清浊、甘苦的认识和要求就更前进了一步。唐代以来，随着以"品"为主的饮茶风尚兴起，对品茶三要素的体现者"水"，就有了专门的论述。《茶经》、《煎茶水记》和《茶疏》均重视品茗时的水质；张大复在《梅花草堂笔谈》中说："茶性必发于水，八分之茶，遇十分之水，茶亦十分矣；八分之水，试十分之茶，茶只八分耳"。故近人徐珂在《清稗类钞》"饮食类"中有"烹茶需先验水"之说。

《红楼梦》中写到煎茶用水的情节，煎茶时很讲究水的来源。请看第 41 回：

——贾母接了，因又问是什么水。妙玉笑回："是旧年蠲的雨水"。贾母便吃了半盏，便笑着递与姥姥说："你尝尝这个茶"。刘姥姥便一口吃尽，笑道："好是好，就是淡些，再熬浓些更好了"。贾母众人都笑起来。

用"雨水煎茶"还是见于第 111 回，妙玉到四小姐惜春处，她见惜春可怜而留住，边下棋边饮茶，也是用雨水煎茶。

用"雪水"煎茶，《红楼梦》中也写到两处，一是第 23 回宝玉写了春夏秋冬季即事诗，其中《冬夜即事》诗云"却喜侍儿知试茗，扫将新雪及时烹"说明用"新雪"水来烹茶。第二处仍是第 41 回，是妙玉论茶道最精彩的一段文字：

——妙玉执壶，只向海内斟了约一杯。宝玉细细吃了，果觉轻浮无比（茶味不凡），赞赏不绝。……黛玉因问："这也是旧年蠲的雨水？"妙玉冷笑道："你这么个人，竟是大俗人，连水也尝不出来。这是五年前我在玄墓蟠香寺住着，收的梅花上的雪，共得了那一鬼脸青的花瓮一瓮，总舍不得吃，埋在地下，今年夏天才开了。我只吃过一回，这是第二回了。你怎么尝不出来？隔年蠲的雨水哪有这样轻浮，如何吃得"。

以雨水、雪水煎茶，绝不是曹雪芹故弄玄妙，实乃古人之遗风。唐人陆龟蒙在《煮茶》诗中就有"闲来松间坐，看煮松上雪"之句。宋朝苏轼在《记梦回文二首并叙》诗前"叙"中也说过："梦文以雪水煮小团茶"。

这些古人以"雪水"煎茶的诗文，反映了自唐宋以来"雪水"煎茶的风俗。人们可能要问，古人用"雨水"、"雪水"煎茶的根本原因是什么？仔细考察不难回答这个问题。古时，工业不发达，天空大气没受到污染，所以雨水、雪水要比今天所见的雨水、雪水洁净得多。因此食用雨水、雪水是常见的现象，故古人称雨水、雪水为"天泉"。其实，在21世纪的今天到边远地区或用水困难的地方仍然可以见到用大缸积雨水、雪水食用的现象。近代科学分析证明，自然界中的水只有雨水、雪水为纯软水，而用软水泡茶其汤色清明，香气高雅，滋味鲜爽，自然可贵。古人用"天泉"煎茶，是与科学分析的结果相符合的。曹雪芹没有在人们已经熟悉的泉水、井水、河水上作文章，正是他的高明处，给人以更多的烹茶用水的知识，同时也表现了他在茶道精神方面的深厚修养。

第四章　茶栽培

第一节　茶产区

中国是茶的故乡，种茶、制茶和饮茶的历史悠久。中国茶产区幅员辽阔，南自北纬 18 度附近的海南岛，北自北纬 38 度附近的山东蓬莱山，西自东经 94 度的西藏林芝，东自东经 122 度的台湾地区都有茶的种植。根据生态环境、茶树品种、茶类结构等，中国茶产区可分为华南茶区、西南茶区、江南茶区、江北茶区共四大茶产区。

一、华南茶区

华南茶区包括福建东南部、广东中南部、广西南部、云南南部、海南和台湾，为热带、亚热带季风气候，属于茶树生态适宜性区划的最适宜区。华南茶区气温在四大茶区中是最高的，年平均气温在 20℃ 以上，一月平均气温多高于 10℃，无霜期 300 天以上，台湾、海南等地四季如春，雨水充沛。土壤为红壤和砖红壤，土层深厚，多为疏松粘壤土或者壤质黏土，活性钙含量低，有机质含量在 1％～4％ 之间，肥力高。华南茶区茶树品种资源丰富，主要为乔木型大叶类品种，小乔木型和灌木型中小叶类品种亦有分布，如勐库大叶茶、凤庆大叶茶、海南大叶种、凌云白毛茶、凤凰水仙、英红一号、铁观音、黄棪等。生产茶类品种有乌龙茶、工夫红茶、红碎茶、普洱茶、绿茶、花茶等，以乌龙茶和红茶为主，代表性的茶产品有英德工夫红茶、铁观音等。

二、西南茶区

西南茶区包括云南中北部、广西北部、贵州、四川、重庆及西藏东南部。西南茶区属于高原茶区，大部分茶区海拔在 500

米以上，地形复杂，气候变化较大，无霜期220～340天，雨水充沛，但降雨主要集中在夏季。土壤类型多，主要有红壤、黄红壤、褐红壤、黄壤、红棕壤等，土壤中有机质含量较其他茶区高。西南茶区的茶树品种资源丰富，有乔木型大叶种、小乔木型、灌木型中小叶种，如崇庆枇杷茶、江南大叶茶、早白尖五号、湄潭苔茶、十里香等。生产茶类品种有工夫红茶、红碎茶、绿茶、沱茶、紧压茶、花茶等，代表性的茶产品有滇红、普洱茶、都匀毛尖、竹叶青等。

三、江南茶区

江南茶区包括广东北部、广西北部，湖北南部、安徽南部、江苏南部，福建大部，湖南、江西、浙江，是茶树生态适宜区。江南茶区是全国重点茶区，茶叶产量约占全国总产量的三分之二，产品种类丰富，制茶技术发达。江南茶区地势低缓，四季分明，气候温暖，无霜期230～280天，雨水充足。土壤以红壤、黄壤为主，部分地区有黄褐土、紫色土、山地棕壤和冲积土，含石灰质较多的紫色土不宜种茶，土壤有机质含量较高。江南茶区的茶树品种主要以灌木型品种为主，小乔木型品种也有一定的分布，如福鼎大白茶、祁门种、鸠坑种、上梅洲种、高桥早、龙井43、翠峰、福云六号、浙农12、政和大白茶、水仙、肉桂等。生产茶类品种有绿茶、乌龙茶、白茶、黑茶、花茶等，代表性的茶产品有西湖龙井、君山银针、恩施玉露、太平猴魁、大红袍等。

四、江北茶区

江北茶区包括甘肃南部、陕西南部、河南南部、山东东南部和湖北北部、安徽北部、江苏北部。江北茶区大多数地区年平均气温在15.5℃以下，极端最低温度在－10℃，容易造成茶树严重冻害，无霜期为200～250天。江北茶区的年降雨量相对较少，茶树年生长萌发期仅六七个月，在冬季必须采取防冻措施让茶树安全越冬。江北茶区的土壤以黄棕壤为主，也有黄褐土和山地棕壤等，pH值偏高，质地黏重，常出现黏盘层，肥力较低。江北茶区的茶树品种主要是抗寒性较强的灌木型中小叶种，如信阳群体种、紫阳种、祁门种、黄山种、霍山金鸡种、龙井系列品种等。生产茶类品种有绿茶，近些年新增红茶和黑茶，代表性的茶产品有信阳毛尖、午子绿茶等。

第二节　茶树特性

一、茶树的植物学分类

茶树原产地位于中国的云贵高原，中国是世界上最早种茶、最早利用茶的国家。茶树是一种多年生的叶用、木本、常绿植物，在植物分类系统中属于被子植物门（Angiospermae）、双子叶植物纲（Dicotyledoneae）、原始花被亚纲（Archichlamydeae）、山茶目（Theales）、山茶科（Theaceae）、山茶属（Camellia）、茶种。1950年中国植物学家钱崇澍根据国际命名和茶树特性研究，确定茶树学名为 *Camellia sinensis* (L.) O. Kuntze。

界　植物界（Regnum Vegetabile）

门　种子植物门（Spermatophyta）

亚门　被子植物亚门（Angiospermae）

纲　双子叶植物纲（Dicotyledoneae）

亚纲　原始花被亚纲（Archichlamydeae）

科　山茶科（Theaceae）

亚科　山茶亚科（Theoideae）

族　山茶族（Theeae）

属　山茶属（Camellia）

种　茶种（*Camellia sinensis*）。

图 4-1　茶树的植物分类地位

二、茶树植物学特性

茶树植物是由根、茎、叶、花、果实和种子等器官构成的整体；根、茎、叶为营养器官，担负养料和水分的运输；花、果实、种子等是生殖器官，主要担负繁衍后代的任务。

1. 茶树的根系

茶树根系由主根、侧根、吸收根和根毛组成。主根是由种子的胚根发育而成的，垂直向下生长，呈棕红色，寿命长，起固定、贮存和输导作用，而无性扦插苗没有主根。侧根为主根上生出的根，按螺旋线排列，而无性扦插苗的侧根是直接从愈伤组织处萌发出来的。从主根上直接发生的侧根称为一级侧根，依此类推，功能同主根。侧根的前端生长出乳白色的吸收根，其表面密生根毛。

2. 茶树的茎

茎由主干、分枝、当年生新枝组成。根据分支部位不同，茶树可分为乔木、小乔木和灌木。乔木型茶树，植株高大，有明显主干；小乔木型茶树，植株较高大，基部主干明显；灌木型茶树，植株较矮小，无明显主干。在生产上我国栽培最多的是灌木型和小乔木型茶树。根据分枝角度不同，茶树的树冠分为直立状、半开展状和披张状。茶树幼茎柔软，表皮青绿色，着生茸毛；随着木质化的增加，茶树茎的皮色按以下变化：青绿色→浅黄→红棕→皮孔，有裂纹→二、三年生枝条为浅灰色→老枝条暗灰色。

3. 茶树的芽

茶芽分叶芽（营养芽）和花芽，均着生于叶腋间。叶芽发育为枝条，花芽发育为花。叶芽按发育形成的季节，分为春芽、夏芽、秋芽、冬芽。

4. 茶树的叶

茶树叶片分为鳞片、鱼叶和真叶。鳞片无叶柄，质地较硬，呈棕褐色，表面有茸毛与蜡质，随着叶芽的萌发而逐渐脱落，一般越冬芽才会有鳞片。鱼叶为发育不完全的叶，色较淡，叶柄宽而扁平，叶缘一般无锯齿，侧脉不明显，叶尖圆钝。每轮新梢基部一般有鱼叶一片，多则2～3片，少数无鱼叶。真叶为正常发育成熟的叶片，是茶树最主要的经济部位。

5. 茶树的花

茶树的花为两性花，花芽在一个叶腋间着生的数目为1～5个，甚至更多。茶树花的花轴短而粗，属假总状花序，有单生、对生和丛生等。花芽在6月左右开始分化发育，开花期为10～12月。茶树的花可食，可制作花干、花食品等。

6、茶树的果实和种子

茶树果为蒴果，成熟后为棕绿色或绿褐色，果形可分为球形、肾形、三角形、近方形、梅花形等。茶树果中的茶籽多数为棕褐色或黑褐色，有近球形、半球形、肾形三种形状。茶树的果是2年生，每年的10～12月份开花授粉结果，来年的9～10月份果实成熟。茶树种子与传统榨油的油茶籽一样有高含量的油，可榨油用于食用。

三、茶树生物学特性

茶树总发育周期是从一个受精的卵细胞开始，发育成为种子，种子发芽长成茶苗，茶苗长成茶树，茶树开花结果，逐渐趋于衰老，最终死亡，这个生育的全过程称为茶树的总发育周期，即茶树的一生。

茶树从种子萌发开始，随着时间的推移，在形态、生理机能等方面不断地起着量和质的变化，直至衰老，这种过程称之为茶树的生物学年龄。按照茶树的生育特点和生产实际应用，把茶树的一生划分为四个生物学年龄时期，即幼苗期、幼年期、成年期、衰老期。茶树幼苗期是从种子萌发到茶苗出土，第一次生长休止时为止；长江中下游大约是3月下旬到7月上、中旬，约经过4～5个月。茶树幼年期是茶树从第一次生长休止到茶树正式投产这一时期称为幼年期，时间大约需3～5年。茶树成年期是茶树正式投产到一次进行更新改造为止，这时期称为成年期，时间大约20～30年。茶树衰年期是茶树从第一次更新开始到整个植株死亡为止，这一时期称为衰老期。茶树经济生产年限一般约40～60年，通过改造可以适当延长茶树的经济生长年限。

四、茶树适生环境

茶树生育对气象因子、土壤因子、生物因子和人为因子等环境条件都有一定的要求，下面分别予以介绍。

（一）气象因子与茶树生育的关系

1. 光对茶树生育的影响

茶树喜光耐阴，忌强光直射，属短日照植物。在生育过程中，茶树对光谱成分、光照强度和光照时间等有一定的关系。光影响茶树代谢状况，也影响大气和土壤的温、湿度变化，从而影响到茶叶的产量和品质。茶树叶绿素吸收最多的为红、橙光和蓝、紫光，且不同光质条件对品质成分有不同的影响。蓝、紫光能促进氨基酸、蛋白质的合成，在蓝、紫光下氨基酸总量、叶绿素和水浸出物含量较高，而茶多酚含量相对减少。红光下的光合速率高于蓝、紫光，红光能促进碳水化合物的形成，并有利于茶多酚的形成。在一定海拔高度的山区，雨量充沛，云雾多，空气湿度大，漫射光丰富，蓝、紫光比重增加，是高山云雾茶中氨基酸、叶绿素和含氮芳香物质的含量相对较高以及茶多酚含量相对较低的主要原因，这也是高山云雾出好茶的原因之一。在茶园栽培管理中通过建立复合立体生态茶园，合理种植遮阴树，适度遮阴，可调节光照强度，改善茶园光质，增加散射辐射比例，可明显提高茶叶中氨基酸总量，而且芽梢含水量高、持嫩性强，从而改善茶叶品质。

2. 温度对茶树生育的影响

活动积温是植物在某一生育时期或整个年生长期中高于生物学最低温度的温度总和。茶树生物学最低温度为10℃，全年至少需要≥10℃的活动积温为3000℃，低于3000℃的茶区应当注意冬季防冻。茶树生育最适温度是茶树生育最旺盛、最活跃时的温度，新梢生长最适宜气温为20～25℃，高于25℃或低于20℃时新梢生长速度就较缓慢。成叶一般可耐-8℃左右低温，而根在-5℃就可能受害，茶花在-2℃～-4℃便不开花而脱落。根据不同地区、不同类型茶树品种耐受低温的表现，一般把中、小叶种茶树经济生长最低气温界限定为－8～－10℃，大叶种定为－2～－3℃，生存最低界限气温会更低。茶树能耐受最高温度为 35～40℃，生存临界温度为 45℃。温度对茶树生育带来的变化也影响着茶叶品质的季节性变化，温度高有利于茶树体内的碳代谢，有利于糖类化合物的合成、运送和转化，使糖类较快转化为多酚类化合物，导致茶多酚含量随着气温的增高而增加，氨基酸含量随着气温的增高而减少。温度低，则使叶内氨基酸、蛋白质及一些含氮化合物含量增加。在一定地温（土壤温度）范围内 14～20℃，随地温的升高而新梢生长速度加快，高于 28℃或低于 13℃，则生长缓慢或停止。

3. 水分对茶树生育的影响

茶树性喜湿润，但喜湿怕涝。适宜茶树生长的地区，年降水量必须在 1000mm 以上。适宜茶树生育的大气相对湿度为 80%～90%，若小于 50%新梢生长受抑制；空气湿度大时，新梢叶片大，节间长，新梢持嫩性强，叶质柔软，内含物丰富，茶叶品质好。

（二）土壤条件与茶树生育的关系

1. 土壤物理条件与茶树生育

土壤疏松、土层深厚、排水良好的砾质、砂质壤土适宜茶树生长，土层厚度要求深厚，有效土层应达到 1m 以上。适宜的土壤结构以表层土微团粒、团粒结构，心土层为块状结构较好，松紧度要求表土层 10～15cm 处容重为 1.0～1.3g/cm³，孔隙度为 50%～60%；心土层 35～40cm 处容重为 1.3～1.5g/cm³，孔隙度为 45%～50%。

2. 土壤化学因子对茶树生育的影响

土壤酸碱度、土壤有机质、无机养分和土壤化学环境对茶树生长的影响较大。茶树是喜酸嫌钙的植物，适宜植茶的土壤 pH 大致在 4.0～5.5 之间，高产优质的茶园土壤有机质含量要求达到 2.0%以上。

第三节 茶树品种与繁育

一、茶树主要栽培品种

中国是茶树的原产地，长期的自然选择和人工选择形成了丰富的种质资源。我国现有茶树栽培品种 600 多个，其中国家审（认）定的品种 96 个，省级审（认）定的品种 118 个，其中代表性的品种有宜红早、龙井 43 号、早白尖、铁观音等。

二、茶树品种选用与搭配

在茶树品种选用上，应注意以下几方面：一是充分考虑园地的生态条件，选择与之相适应、抗性强的茶树品种；二是明确企业规划，确定适宜发展茶类的品种，选择适制性好、品质优异且互补的茶树品种进行搭配；三是在满足生态条件和适制茶类的前提下，茶树品种应尽可能多样化，充分利用不同茶树品种多样性提高成茶品质；四是应选用无性系品种作为茶园主栽品种，尽可能少使用种子繁殖茶园（属于有性系良种的例外）。

生产中根据生产的茶类、栽植区的生态条件以及茶树品种的生物学特性，确定主栽品种和搭配品种。不同抗逆性品种间的合理搭配，可增加茶园生态系统的生物多样性，增强抵抗自然灾害的能力。萌芽迟和萌芽早的品种搭配，能在一定程度上避免品种单一造成的病虫害快速蔓延和其他自然灾害的扩散。不同适制性品种间的合理搭配，如同一类茶而品质特色不同的品种间的合理搭配以及适制不同茶产品的品种间的合理搭配，有利于有针对性地开发不同种类的产品。

三、茶树繁殖方法

(一) 无性繁殖

无性繁殖是利用茶树营养器官或体细胞等繁殖后代的繁殖方式，主要有扦插、压条、分株、嫁接、组培等方法。无性繁殖能保持良种的特征特性，使后代性状一致，有利于茶园的管理和机械化作业，保持和提高茶叶加工品质，还有利于迅速扩大良种茶园面积，克服某些不结实良种在繁殖上的困难。但无性繁殖技术要求高，成本较大，母树病虫害容易传给后代，苗木的抗逆能力比实生苗弱。

我国和世界各地主要产茶国茶树良种繁殖主要以扦插繁殖为主，扦插繁殖主要包括以下几个方面：

（1）培育采穗母株。推广无性系良种，首先要建立好采穗母本园，以提供优质插穗。在正常的培育管理条件下，$6 \sim 10$ 年生的母本园，可产穗条 $9000 \sim 18000 kg/hm^2$，可提供 $2 \sim 3 hm^2$ 苗圃扦插，可繁殖苗木 $450 \sim 600$ 万株，可种植 $70 \sim 100 hm^2$ 茶园。为保证良种的纯度和获得多而壮的枝条，需加强培肥管理，在养穗前一年的秋季，用饼肥 $3000 \sim 3750 kg/hm^2$ 或厩肥 $30000 \sim 37500 kg/hm^2$、硫酸钾 $300 \sim 450 kg/hm^2$、过磷酸钙 $450 \sim 600 kg/hm^2$，拌匀后以基肥形式一次施下，养穗当年于春茶前和剪穗后分别追施纯氮 $120 \sim 150 kg/hm^2$。合理修剪青、壮年母树，夏插的宜在早春 $2 \sim 3$ 月份留养，秋冬扦插宜在春茶采摘后及时修剪。及时防治病虫害，要加强病虫害检查和测报，发现病虫及时防治。分期打顶，一般在剪穗前 $10 \sim 15 d$ 进行打顶，即将新梢顶端的一芽一叶或对夹叶摘除，以促进新梢增粗，上部柔软枝条老化，叶腋间的芽体膨大。

（2）建立扦插苗圃。扦插苗圃地一般应选择交通方便，水源条件好，地势平坦，靠近母本园或待建茶园，土壤呈酸性，pH 在 $4.0 \sim 5.5$ 之间，土层深度在 40cm 以上，以壤土为好，肥力中等以上。苗圃地选择好后，进行规划整理，一般 $1 hm^2$ 苗圃所育茶苗，可满足 $30 hm^2$ 单行条列式新茶园苗木的需要。苗圃整理需进行一次全面的土壤翻耕，深度在 $30 \sim 40 cm$。翻耕一般结合施基肥一起进行，按每公顷 $22500 \sim 30000 kg$ 腐熟的厩肥或 $2250 \sim 3000 kg$ 腐熟的茶饼量。整理苗畦，以长 $15 \sim 20 m$，宽 $100 \sim 130 cm$ 为宜，平地和缓坡地畦高 $10 \sim 15 cm$，水田和土质黏重地畦高 $25 \sim 30 cm$。在畦面铺上 $3 \sim 5 cm$ 厚的心土作为扦插

土，心土要求 pH4.0～5.5；铺盖红壤或黄壤心土，可提高育苗成活率，或用 3% 的呋喃丹 45kg/hm² 均匀撒施可替代心土。同时为了避免阳光直射和降低畦面风速，提高插穗的成活率，扦插育苗必须搭棚遮阳；荫棚按高度可分为高棚（100cm 以上）、中棚（70～80cm）和低棚（30～40cm），按结构一般可分为平棚、斜棚和拱形棚，生产上应用较多的是平式低棚和拱形中棚。

（3）扦插技术。茶树一年四季都可以扦插，2～3 月间利用上年秋梢进行春插，6～8 月上旬利用当年春梢和春夏梢进行夏插，8 月中旬至 10 月上旬利用当年夏梢和夏秋梢进行秋插，10 月中旬至 12 月利用当年秋梢或夏秋梢进行冬插。一般从扦插苗木质量来看，以夏插为优；从综合经济效益来看，以早秋扦插更理想。母树经打顶后 10～15d 左右，即可剪穗条，一般要求枝梢长度 25cm 以上，茎粗 3～5mm，2/3 的新梢木质化，呈红色或黄绿色，剪取时间以上午 10 时前或下午 3 时后为宜。穗条剪取后应及时剪穗和扦插，通常一个节间剪取一个插穗，长度约 3～4cm，带有一片成熟叶和一个饱满的腋芽，要求剪口平滑，稍有一定倾斜度，保持与母叶成平行的斜面。扦插前将苗畦充分洒水湿透，经 2～3 小时后，待土壤湿而不黏即可进行扦插。扦插时，行距为 7～10cm，株距以叶片稍有遮叠为宜，深度以插入插穗的 2/3 长度、使叶柄与畦面平齐为宜。为提高插穗的成活率和出苗率，应使气温维持在 20～30℃，25℃左右最为理想，土壤湿度应以持水量 70%～80% 为宜，苗圃遮光度以60%～70% 为宜。

近年来开始出现以穴盘进行的批量化扦插育苗，培养基质为进口或国产的草炭。所育茶苗带基质土移栽，茶苗成活率高。

（二）有性繁殖

有性繁殖是利用茶树种子进行繁殖，所育茶苗主根发达，抗逆能力强，有少数国家级良种如祁门种是以种子进行繁殖的。有性繁殖的采种、育苗和种植方法简单，茶籽运输方便，便于长距离引种，成本低，有利于良种的推广。有性繁殖后代具有复杂的遗传性，有利于引种驯化和提供丰富的育种材料。但有性繁殖的后代差异性大，对机械化采茶有一定的影响，很难保证茶叶加工和产品品质的一致性。当前用于有性繁殖茶园的茶树种子，多数来源于福建省的福鼎大白品种。

第四节　茶园建设

一、茶园选择要求

根据茶树对气候生态条件的要求，我国秦岭、淮河以南约260万 km^2 的地区是适合茶树栽培的。其中秦岭以南、元江、澜沧江中下游的丘陵或山地为最适宜区，适于种植乔木大叶类茶树品种；长江以南、四川盆地周围以及雅鲁藏布江下游和察隅河流域的丘陵和山地为适宜区，适于种植小乔木、灌木型中、小叶类茶树品种。一般选择地势平坦开阔，坡度 25°以下的山坡或丘陵，10°～20°起伏较小的坡地最为理想。此外要求种植区的交通较为便利，拥有良好的技术基础和较充足的劳动力资源。

二、茶园规划与开垦

（一）茶园规划

有一定规模的茶场（10hm² 以上）可按一定比例进行规划：茶园用地 70%～80%，场（厂）生活用房用地 3%～6%，蔬菜、饲料、果树等经济作物用地 5%～10%，道路、水利设施（不包括园内小水沟和步道）用地 4%～5%，绿化及其他用地6%～10%。

（1）茶园土地规划。坡度在 25°以上的作为林地，或用于建设蓄水池、有机肥无害化处理池；土层贫瘠的荒地和碱性强的地块，如原为建筑用地、沟谷地、湿地，可规划为绿化用地；低畦的凹地规划为水池。种茶地块要按照地形分成大小不等的作业区，以 0.3～1.3hm² 为宜。

（2）道路系统的设置。60hm² 以上的茶场需设主干道，路面宽 8～10m，纵坡小于 6°，转弯处曲率半径不小于 15m。小丘

陵地的主干道应设在山脊，16°以上的坡地应为 S 形，梯级道路可采取隔若干梯级、空若干行茶树为道路。机械作业的茶园，应每隔 200～400m 设置一条次干道，路面宽 4～5m，纵坡小于8°，应尽量与主干道垂直相接，与茶行平行。为方便进园作业与运送肥料、鲜叶等，应每隔 50～80m 设置一条步道，路面宽1.5～2.0m，纵坡小于 15°。

（3）水利网的设置。茶园的水利网具有保水、供水和排水三方面的功能。为引水进园，蓄水防冲及排除渍水等，应沿茶园主干道或支道设置，按地形地势可设明渠、暗渠或拱渠，两山之间用渡槽或倒虹吸管连通。按等高线开设的渠道，应有0.2%～0.5%比例的落差。在茶园连接渠道和支沟之间应设主沟，在雨量大时汇集支沟的水，需水时能引水分送支沟。支沟宜开成"竹节"沟，要与茶行平行设置，梯级茶园应设置在梯内坎脚下。在茶园与林地、荒地及其他耕地交界处设隔离沟，以免杂草、树根等侵入，并防止洪水直接冲入茶园，随时注意把隔离沟中的水流引入塘、池或水库中。茶园内应开设塘、池或水库用于贮水待用，每 2～3hm² 茶园应设一个沤粪池或积肥坑。

（4）防护林与遮阴树。以抵御自然灾害为主的防护带，须设主、副林带，在挡风面与风向垂直或成不大于 45°角处设主林带，可安排在山脊、山凹，在茶园内沟渠、道路两旁植树作副林带。若无灾害性风、寒影响，则可在园内主、支沟道两旁植树，在园外迎风口上造林。林带结构有紧密结构、透风结构和稀疏结构，风寒冻害严重地带以紧密结构林带为主，有台风袭击的地带以透风结构或稀疏结构为主。在茶场范围内的道路、沟渠两旁及住宅四周，种植乔木、灌木树种，美化环境，保护茶树，提供绿肥。防护林的树种选择得当，还可以作为茶园病虫害防治的天然屏障。一般在夏季叶温达 30℃以上的地区，须栽植遮阴树；而气温较低的地区，则不必栽遮阴树。

（二）园地开垦

（1）地面清理。在开垦之前，须先对地面进行清理，处理园地内的柴草、树木、乱石、坟堆等，应注意尽量保留园地道路、沟、渠两旁的原有树木。

（2）平地及缓坡地的开垦。平地及15°以内的缓坡地茶园，根据道路、水沟等分段进行，沿等高线横向开垦。若坡面不规则，应按"大弯随势，小弯取直"的原则开垦。生荒地一般经初垦和复垦，初垦以夏、冬季为宜，深度为50cm；复垦在茶树种植前进行，深度为30～40cm。

（3）陡坡梯级开垦。坡度在15°～25°，地形起伏较大，须建立宽幅梯田或窄幅梯田，其目的是改造天然地貌，消除或减缓地面坡度，保水、保土、保肥，引水灌溉。梯级茶园建立的原则是：保证梯田足够的宽度，以便于日常及机械作业，并最大限度地控制水土流失和保水蓄水；梯田长度控制在60～80cm之间，同梯等宽；梯田外高内低（倾斜度2°～3°），外埂内沟，梯梯接路，沟沟相通；尽量保存表土，回沟植树。梯面宽度在坡度最陡的地段不得小于1.5m，梯壁不宜过高，控制在1m以内，不超过1.5m。

三、茶树种植

（一）种植前施基肥

茶树能否快速成园及成园后能否持续高产，与种前深垦和基肥用量有关。开垦后的茶园在种植前，需重施基肥。基肥以土杂肥或厩肥等有机肥和磷肥为主，每公顷用土杂肥或厩肥15～45t，磷肥0.3～3.0t不等。大多丰产的茶园，以土杂肥为基肥，用量不少于37.5t，磷肥1.5t。

（二）茶籽直播

在冬季寒冷的北部茶区，冬季气温较低的高山茶区以及很容易出现干旱缺水的区域，可考虑采用茶籽播种发展茶园。一般春季播种不宜迟于3月，秋冬播种在10～12月。春播时应进行浸种、催芽，在适宜温度与湿度条件下催芽，有利于播种后

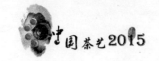

迅速萌发。秋冬播种，种子在土壤中有较长的时间可以吸收水分，开春后就会发根长苗，可不必浸种催芽。每公顷用符合标准的茶籽 75～90kg，每丛播 4～5 粒茶籽，覆土 3cm 左右，不可过厚过薄，再盖上一层糠壳、锯木屑、蕨类、稻草或麦秆等。播种后，在 4 月中旬～5 月上旬陆续出苗，6 月上旬或 7 月份达到齐苗。为补缺用苗，在播种时每隔 10～15 行的茶行间多播种一行种子。

　　(三) 茶苗移栽

　　(1) 移栽时间。当茶树进入休眠阶段，选择空气湿度和土壤含水量均高的时期移栽茶苗最合适。一般长江流域一带以晚秋或早春 (11 月或翌年 2 月) 移栽为宜，云南省以芒种至小暑 (6 月初至 7 月中) 移栽为宜，海南省以 7～9 月移栽为宜。

　　(2) 种植规格。中小叶种茶园一般以双行条列式种植，行距 150～170cm，株距 26～33cm，列距 30cm，每丛 1～3 株。气温寒冷的地区，可适当密植，行距可缩小到 115cm，丛距 26cm 左右。南方若用半乔木型或树势较高的云南大叶种等品种，可放宽至行距 170～190cm，丛距 40～50cm。

　　(3) 移栽技术。起苗前，应开好栽植沟，施入基肥，栽植沟深 33cm 左右。中叶种每丛栽 1～3 株，大叶种单株种植。每丛栽植的茶苗，其规格必须一致，不能大小苗搭配；实生苗主根过长的，要把超过 33cm 以上的部分剪掉，保存侧根多的部位。移栽时应保持根系的原来姿态，使根系舒展。茶苗放入沟中，边覆土边踩紧，待覆土至 2/3～3/4 沟深时，浇安蔸水，水要浇到根部的土壤完全湿润，边栽边浇，待水渗下再覆土，填满踩紧。

　　(4) 提高移栽成活率的方法。浇水抗旱，每隔 1～2 周浇一次水。遮阴防晒，在第 1～2 年的高温季节，进行季节性遮阴。根际覆盖，秋冬季节或旱季在茶苗根颈两旁根系分布区覆盖。间作绿肥，种植紫云英、大豆等。

第五节 茶园管理

一、茶园修剪技术

1. 幼年期的定型修剪

定型修剪是从幼苗种植后，经多次剪采培育，使茶树具有理想的高幅度和分枝结构树冠形状。定期修剪一般需经过 3 次，第一、二次定型修剪关系到一、二级骨干枝是否合理；第三次定型修剪主要为建立上层骨干枝，并在此基础上铺开分枝。第一次定型修剪，在茶苗达到 2 足龄时进行，生长良好的 1 足龄也可进行，有 75％～80％ 的幼苗长到高达 24～30cm，有 1～2 个分枝，茎粗达 0.3～0.5cm 时可进行第一次修剪，在离地面 12～15cm 处剪去主枝，侧枝不剪，剪时注意选留 1～2 个较强分枝。不符合标准的幼苗留待下次再剪。第二次定型修剪，一般在第一次定型修剪后的次年，即 3 足龄时进行；此时要求树高达 40cm，剪口高度为 25～30cm，即在第一次修剪的基础上提高 10～15cm。若茶苗不够要求时，推迟修剪。第三次定型修剪，在第二次定型修剪后一年左右进行，视茶苗长势而定，修剪高度是在第二次剪口的基础上提高 10cm 左右。幼年茶树在进行 3 次定型修剪后，高度一般可达 50～60cm，幅度达 70～80cm，即可开始轻采留养了。

定型修剪中总的要注意定型修剪次数不能过少，高度不能过高，剪期适当。定型修剪时必须选择在茶树体内养分贮存较多的时期，且剪后不能有较持续的干旱。幼苗枝干生长高度是开剪的标准，高度不足会影响骨干枝的健壮度。枝条粗度尤为重要，不粗形成不了强壮骨干枝。不能"以采代剪"，剪口宁低莫高。

2. 投产茶园的轻修剪和深修剪

轻修剪是用于成年茶园修剪方式的一种，修剪程度轻，主要是维持树冠篷面的整齐、平整，便于鲜叶的采摘和茶园的管

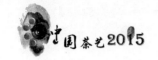

理。轻修剪还可以解除顶芽对侧芽的抑制，刺激茶芽萌发，调节生产枝数量和粗壮度。轻修剪高度是在上次剪口上提高 3～6cm（待树高达 70cm 以上时，可按轻修剪要求控制树高），成年茶园每年需进行轻修剪。轻修剪时必须考虑树冠面保持适合的形状，生长在低纬度的乔木、小乔木茶树修剪成水平采面较合适，高纬度、发芽密度大的灌木型茶树修剪成弧形采面较合适。

深修剪是对成年茶园树冠改造的一种修剪方式，需剪除生长势变弱的枝叶，更新树冠，使茶树重新具有新的生产力，还可使树冠保持一定的高度。深修剪能较好地促进茶树树冠的更新，但对茶树损伤作用大，会影响当年产量，故一般每隔 3～5年深修剪一次。随着茶树树冠高度逐年增加，树冠过高不利于鲜叶采摘和生产管理，或者茶园出现衰老导致减产和鲜叶质量下降等，则可采用深修剪进行树冠更新。深修剪一般可在春茶结束后进行，一般剪去树冠面绿叶层的 1/2～2/3，约为 10～15cm，但把握修剪深度最重要的依据是必须彻底剪除细弱枝、枯枝或鸡爪枝。

3. 衰老茶园的重修剪和台刈

重修剪是对茶树树冠进行较强改造的修剪方式，目的是针对树冠衰老但骨干枝仍有较强的生育能力来进行树冠的重组，促进茶叶产量和品质的提高。重修剪的深度应恰当，过重过深树冠恢复慢，过浅达不到改造的目的。一般重修剪深度是剪去树高的 1/2 或更多，留下 30～45cm 的主枝分枝。重修剪一般在春茶结束后进行，以保证剪后有较长生长期，而不宜在高温干旱季节进行，长江以北应以春茶前修剪为好。

台刈是彻底改造树冠的修剪方式，是对已无法维持产量的衰老茶园进行改造树冠，使树冠全部重新萌发更新，以提高产量。台刈后的树桩不宜太高，一般在离地面 5～10cm 处，剪去全部的枝叶，要求切口平滑。茶树树冠最佳台刈时间是春茶前，其次是春茶后，生产实践中多选择春茶结束后进行，以尽可能减少对生产的影响。

二、幼年期茶园管理

1. 茶园耕作与除草管理

一般茶园生产季节应进行 3～5 次耕作，其中以春茶前中耕、春茶后及夏茶后浅耕为必不可少。春茶前中耕主要是为了积蓄雨水，提高地温，深度一般为 10～15cm；春茶后浅耕，在春茶采摘结束后进行，深度为 10cm 左右；夏茶后浅耕，在夏茶结束后立即进行，可减少水分蒸发，消灭杂草，深度为 7～8cm。幼龄茶园，由于覆盖度小，行间空隙大，杂草容易滋生，茶苗易受到杂草的侵害，浅耕次数可增加 1～2 次。秋季茶叶采摘结束后再进行一次深耕（15cm 以上），对于种植前已经深垦过的茶园，行间深耕一般只是结合挖施基肥沟进行，基肥沟深30cm 左右，种茶后第一年基肥沟部位要距离茶树 20～30cm，随着茶树的长大基肥沟离茶树的距离也要加大。

2. 茶园施肥管理

每年 4～10 月，结合浅耕除草施肥 2～3 次。幼龄茶园一般在 10 月上、中旬施基肥，以有机肥为主，每公顷施 15～30t 堆、厩肥，或 1.5～2.25t 左右饼肥，加上 225～375kg 过磷酸钙，112.5～150kg 硫酸钾。1～2 年生茶苗在距根颈 10～15cm 处开宽约 15cm、深 15～20cm 平行于茶行的施肥沟施入，3～4 年生的茶树在距根颈 35～40cm 处开深 20～25cm 的沟施入基肥。每轮新梢生长间隙期间都是追肥的适宜时间，第一次追肥在春茶前，第二次追肥在春茶结束后或春梢生长基本停止时进行，第三次追肥在夏季采摘后或夏梢基本停止生长后进行。追肥施用位置为垂直于树冠外沿的下方处，施肥深度 10～15cm，施肥后覆土盖实。随着茶树的生长，施肥量需适当增加，以重施有机肥、配施化肥为原则。

3. 茶叶采摘

幼龄茶树是树冠培养阶段，1～3 树龄的茶树基本不采，以培养粗壮的骨干枝。3～5 树龄的茶树，为扩大茶树冠面，结合

修剪，实行"打顶养"，从成熟新梢上采下顶芽。5 树龄以后的茶树，视生长势采取不同的措施，如树势良好可多采，树势较弱则应注意留养。

三、成年期茶园管理

1. 茶园耕作与除草管理

成年茶园一般只采用浅耕和深耕两种耕作方法，在耕作过程中结合除草。8 月份宜浅耕，深度 10～15cm。11 月中旬至 12 月中旬宜深耕，深度 20～25cm，结合修剪，深耕施肥。平地茶园沿茶行耕锄，坡地茶园沿等高台面水平耕锄。

2. 茶园施肥管理

每年施一次基肥，每公顷不少于 7500kg 有机肥，施肥深度 20～25cm；施肥时需开沟施入，施后盖土。施基肥结合冬耕进行，一般在每年 11 月中下旬至翌年 1 月上旬，最迟不能超过 1 月中旬。在生产中还有必要施追肥，施追肥是季节性的，因此以速效肥为主。追肥分为根内追肥和根外追肥（叶面施肥）两种。根内追肥一年进行两次：第一次在 5 月下旬，方法是沿树冠面滴水线的地面开沟施入，沟深 15～20cm，肥料以茶园专用速效肥或复合肥为主，辅以磷肥、钾肥；第二次在 8 月中、下旬，结合浅耕施入，方法和第一次一样。根外追肥即叶面施肥，据生产情况和经济条件在生产季节进行，可同时结合进行病虫害防治；叶面追肥以速效氮肥为主，辅以各种微量元素肥料和各种生长调节剂，选择晴天下午 4 时以后喷施。

3. 鲜叶采摘

成年茶园茶树生长良好，树冠高幅度已达到一定程度，可按生产茶类要求采摘。若生长势衰弱、树龄大、正常新梢少、对夹叶多的，应注意留养。应坚持"以采为主，采留结合，按标准及时采摘"的原则，多采少留，分批多次采摘，正确处理好采与留的关系，使茶园既能高产、稳产，又不影响质量，达到高产、优质的目的。

四、衰老茶园管理

1. 更新树冠

衰老茶树最基本的特征是树势衰老，老枝灰白，新枝细弱，节间短，芽叶瘦薄细小，叶质硬，蓬面上出现大量的"鸡爪枝"，应采取重修剪或台刈的修剪方式更新树冠。如果茶园因品种、过于衰老等因素导致丧失修剪改造价值时，则需要进行换种改造。

2. 增施肥料

修剪改造后的茶园需增施适当的氮、磷、钾和有机肥料，一般每亩施入堆肥、厩肥 50～60 担或发酵处理后的饼肥 250kg、尿素 20～25kg，以保证足够的肥力促进新蓬的形成和新梢的生育。

3. 修剪疏枝

改造后的茶树树冠，树高应控制在 70～90cm，树幅以100cm 以上较为适宜。重修剪或台刈第二年 2～3 月间可离地40cm 处进行定型修剪，以促进分枝。以后每年春季提高 10～15cm 进行轻剪，直到树冠定型为止。

4. 茶叶采摘

更新改造了的茶树，以养为主，采养结合。当年夏秋时期应视茶树生长与树势恢复情况，进行打顶，以增加分枝层次和分枝数，打顶高度可在剪枝面上 15～20cm 处，掌握"采高养低，采顶护边"的原则，第二年春前剪平，剪后在春末打顶，夏留 2 叶，第三年春留 1～2 叶、夏留 1 叶。台刈更新的茶树树高不到 40cm 时只养不采，当年生长超过这一高度时可适当打顶，第二年春修剪后再养高 20cm 打顶；夏季的新梢留 2～3 叶采，秋季留 1～2 叶采。

5. 换种改造茶园管理

茶园换种改造时间一般安排在第 4 轮茶采摘后的 9～10 月份进行，也可根据各地的气候条件来选择进行，茶苗栽植时间在 11 月中、下旬或翌年 3 月前。对换种改造后茶园的管理，类

同于新建茶园。

五、茶园病虫害防治

茶树病虫害分为茶树病害和茶树虫害两个部分。茶树病害按其发生部位可分为芽叶病害，如茶饼病、云纹叶枯病、茶白星病、茶芽枯病、茶炭疽病等；茎部病害，如茶黑腐病、茶枝梢黑点病、茶膏药病、地衣苔藓类等；根部病害，如茶苗根结线虫病等。茶树虫害根据危害部位和取食方式，可以将主要害虫分为吸汁型害虫，如叶蝉、粉虱、蚜虫、蓟马、蚧类、网蝽以及螨类等；食叶害虫，如尺蠖类、毒蛾类、刺蛾类、象甲类和蓑蛾、茶卷叶蛾、茶细蛾、茶谷蛾等；钻蛀害虫，如茶枝镰蛾、茶堆砂蛀蛾、茶梢蛾、茶枝木蠹蛾茶天牛、吉丁虫等；地下害虫，如蛴螬、地老虎、白蚁等。

1. 化学防治

茶树与其他作物相比，其产品具有一定的特殊性。首先茶树芽叶的表面积较大，收获部位（嫩梢）就是直接施药部位；其次鲜叶采收时间长、次数多，鲜叶不经洗涤即加工成茶。这就决定了在相同的施药剂量下，茶叶中农药残留水平将高于其他作物，因此茶园科学用药、严格控制农药残留就显得尤为重要。为此，应做到以下五个方面的工作：①建立科学用药体系。充分发挥农药高效、快速的作用，尽可能减少副作用（污染环境、茶叶农药残留和病虫抗药性等），综合考虑农药、防治对象、环境条件三者之间的相互关系。②合理选用农药。根据病虫发生情况优先考虑选用植物源、矿物源农药和生物农药，禁用剧毒、高毒、残留期过长和有强异味的农药。③适时施用农药。充分了解防治对象的发生规律和危害特点，按照防治指标，选择适宜的防治时期，掌握正确的施药方法、使用剂量、次数以及药后安全间隔期，尽可能减少对天敌等有益生物的影响。④合理轮用和混用农药。注意轮换用药和合理混用农药来延缓病虫抗药性的产生，以求达到安全、经济、有效地防治病虫害的目的。⑤农药残留量。对于茶叶出口基地，还应考虑主要茶叶进口国茶叶中农药残留标准来考虑农药的选用。

2. 生物防治

生物防治主要分为两个方面：害虫天敌和生物农药。①害虫天敌。通过设置寄生蜂保护器，将人工采集的茶毛虫卵块等放在保护器内，害虫不能爬出或飞出，而寄生蜂体小能飞出，或是茶树修剪下来的茶枝在茶园附近堆放一段时间，待寄生蜂飞回茶园后烧毁或深埋。同时于秋茶采前，茶叶螨大量增长期，释放一批天敌。②生物农药。生物农药对人畜无毒，不杀伤天敌，不污染茶叶和环境，施入茶园中对茶树病虫害产生抑制或杀伤作用，达到防治病虫害的目的。生物农药有白僵菌、苏云金杆菌、多角体病毒等生物农药防治茶毛虫、茶尺蠖、茶丽纹象甲等害虫，冬季采用波尔多液、石硫合剂等矿物源农药清园。

3. 物理防治

直接捕杀，利用人工或简单器械捕杀害虫。如震落有假死习性的茶黑毒蛾、茶丽纹象甲，用铁丝钩杀天牛幼虫，对茶毛虫卵块、茶蚕、蓑蛾、卷叶蛾虫苞等目标大或危害症状明显的害虫和对局部发生量大的介壳虫、苔藓等可采取人工刮除的方法防治。

物化诱杀，利用昆虫的趋光性、趋化性，对害虫进行诱杀。①灯诱茶虫，使用频振式杀虫灯。每盏灯可控制 $2\sim3.3hm^2$ 连片点灯可有效控制茶小绿叶蝉、茶毛虫、茶尺蠖、茶丽纹象甲等害虫。②色诱害虫，利用茶黑刺粉虱和蚜虫趋黄、茶小绿叶蝉趋绿的特性，按照蓝、黄板 30 张/亩，黄、蓝相间的安放标准，平均分布，垂直插于茶蓬间，底端离茶蓬高度为 10～15cm，以黄色面板诱杀蚜虫和黑刺粉虱成虫，以蓝色面板诱杀小绿叶蝉。③诱捕（杀）害虫，在一定区域内使用足够数量的诱捕器，并使诱得的雄虫多于雌虫，从而使雌虫保持不孕状态，降低下一代虫口数量；或释放性外激素诱杀求偶雄虫。

4. 综合防治

生物多样性的调控。生物多样性优化种植是利用有利于病

菌稳定化选择原理和病虫害生态学原理，通过调整农田生态中病虫种群结构，设置病虫害传播障碍，调整作物受光条件和田间小气候环境，实现减轻作物病虫害压力。生物多样性为多食性害虫提供广泛的食物和补充寄主，丰富了食物链的结构，有利于天敌发挥自然调控作用。植被复杂、结构多样的生态环境，有利于淡化或免除害虫寻找寄主集中产卵繁殖，复杂的环境条件还会改变害虫的运动行为，迁出率高而定殖率低，从而减轻害虫数量。非梯式茶园害虫较梯式茶园的少，是由于非梯式茶园环境优越，有利于天敌繁衍、栖息所致。

农业调控措施。品种选择：种植发展新茶园时，应事先做好统计调查工作，选用适当的、能抵抗当地病虫害或抗性较强的茶树品种进行种植。合理间作：在小绿叶蝉发生严重地区，不宜间作花生、蚕豆等作物。正确施肥：正确施肥可以增进茶树营养，提高抗逆能力；反之，施肥不当会造成茶树病虫害的滋生；适当增施磷、钾肥，可以减轻茶饼病、炭疽病、赤星病、红锈病和茶叶螨类等的危害。合理修剪与采摘：轻修剪对钻蛀害虫、茶树茎病和茶树上的卷叶蛾具有明显的防治作用；台刈能有效地防治长白蚧、黑刺粉虱等病虫害；在采摘季节要及时分批多次采摘，可减轻蚜虫、小绿叶蝉、条细蛾等多种危险性病虫的危害。

六、生态茶园

生态茶园是一种由林、果、花、茶等不同植物种类组成的复合立体式茶园，目的是创造一个生态因子（树、茶、绿肥、微生物等）相互发展协调、稳定的有机整体，使茶园和茶树的物质、能量输入大于输出，保证茶园的生态系统处于良性循环。建立生态茶园，促使茶园实现生态平衡，可减少茶园病虫害的发生，提高鲜叶品质，并可促使特色产品的开发生产。

建立合理的茶园生态系统，首先应合理配置生态位，分乔木层、灌木层和草本层。上层为乔木层，它能遮蔽强光照射，减小茶园内温度和湿度变化幅度，起到调控下层生态因子的作用。中层为茶树、果树，下层可种植香花、绿肥或饲料等草本植物。再者应合理选择生物，选择前期生长较快，叶片多，深根性，冬季落叶的速生树种，不能与茶树激烈竞争水分和养分，与茶树无相同的病虫害。目前已有的生态茶园类型有茶树与林木复合园、茶树与果树复合园、茶树与经济林复合园，其中以与林木和经济林复合园较为合理，能使经济效益和生态效益得到统一。生态茶园中生物种类的搭配，依据各地的植物适应性来选择和搭配。生态茶园，是今后茶园发展建设的趋势。

第五章 茶分类

第一节 茶产品分类

茶加工（tea processing）指将茶树鲜叶、毛茶或成茶加工成各类茶产品的过程。

中国茶产品的种类众多，在此按茶叶加工深度、用途、制法、品质于一体的四位一体分类方法进行介绍。

一、初加工茶产品

茶按发酵与否可分为非发酵茶、前发酵茶、后发酵茶。非发酵茶包括绿茶、黄茶；前发酵茶是指利用鲜叶内含生物酶进行氧化发酵成的，包括白茶、乌龙茶和红茶，其中白茶、乌龙茶为半发酵茶，红茶为全发酵茶；后发酵茶是指由微生物发酵成的，主要是熟茶型普洱茶、安化黑茶、湖北老青砖茶等黑茶产品。茶按发酵程度可分为绿茶、白茶、黄茶、乌龙茶、红茶、黑茶。

1. 绿茶

绿茶具有"三绿（干茶绿、汤色绿、叶底绿）"的品质特征，在加工中鲜叶需经过杀青、揉捻、干燥等工序。杀青工序是采用高温快速钝化酶活性，防止多酚类化合物的氧化，以形成绿叶清汤的品质特点。绿茶在传统上分为炒青、烘青、晒青和蒸青，前三者是按干燥方式分类的，而蒸青是依据蒸汽杀青来分类的。绿茶按产地分类，有安徽的"芜绿"、"屯绿"、"舒绿"，江西的"婺绿"、"饶绿"，浙江的"温绿"、"杭绿"、"遂绿"，湖南的"湘绿"等。名优绿茶依据外形可以分为扁形、片形、条形、针形、卷曲形、圆形、毛尖形等，依据香气可分为嫩香、毫香、清香、栗香、花香等。扁形名优绿茶有西湖龙井、竹叶青、悟道茶等，针形名优绿茶有南京雨花茶、恩施玉露、信阳毛尖、华农绿针，片茶有六安瓜片、太平猴魁，卷曲形茶有碧螺春，条形茶有庐山云雾茶，毛尖形茶有采花毛尖茶等。

2. 白茶

白茶具有"三白（干茶白、汤色白、叶底白）"的品质特征，其加工工艺类似于传统的中药制法，传统只需萎凋至干。白茶传统制法生产周期长、产品香气差、滋味薄，为此新工艺白茶增加了揉捻、干燥等工序，改善了香气、滋味等品质。白茶按鲜叶嫩度分为白芽茶、白叶茶，白芽茶有白毫银针，白叶茶有白牡丹、贡眉、寿眉。

目前市面上有一种广为销售的白茶，是利用白化或黄化茶树鲜叶为原料、按照绿茶加工工艺加工制成的绿茶产品。因这种白化叶中游离氨基酸含量高，成品滋味鲜爽度非常好，受到了人们的喜爱。这种白化（含黄化）茶树品种有安吉白茶、黄金芽、黄金茶等，利用这种原料加工生产的产品有浙江安吉白茶、湖南黄金茶、武汉旧街白茶、江西靖安白茶等。

3. 黄茶

黄茶具有"三黄（干茶黄、汤色黄、叶底黄）"的品质特征，加工工艺类同于绿茶，但有一个绿茶加工所没有的闷黄工序。

黄茶按鲜叶原料的老嫩可分为：

黄芽茶：由单芽制成，有君山银针、蒙顶黄芽。

黄小茶：由一芽一二叶制成，有浙江的平阳黄汤和温州黄汤、安徽的霍山黄芽、湖北的远安鹿苑茶等。

黄大茶：由一芽多叶（二三叶至四五叶）制成，有霍山黄大茶、广东大叶青等。

4. 青茶

青茶又名乌龙茶，主产于福建、广东、台湾三地，亦有闽北乌龙、闽南乌龙、广东乌龙和台湾乌龙之称。乌龙茶根据做青发酵程度可以分为红乌龙和青乌龙，红乌龙是做青发酵重，品质接近于红茶，具有"三红"的品质特征，代表性的有台湾

红乌龙、大红袍、凤凰水仙。青乌龙是做青发酵轻，品质接近于绿茶，具有"三绿"的品质特征，代表性的有铁观音、冻顶乌龙等。近些年乌龙茶生产者为适应消费者的需求，在加工工艺方面进行了很多变革，形成的产品品质特征与传统的相比有比较大的变化。

5. 红茶

红茶具有"三红（干茶红、汤色红、叶底红）"的品质特征，加工工艺具有萎凋、渥红的特殊工序，是借助鲜叶内含生物酶进行酶促氧化发酵。

红茶根据制法和品质的不同，可以分为工夫红茶、红碎茶和小种红茶三类。工夫红茶经过萎凋、揉捻、渥红、干燥而成，红碎茶需将萎凋叶揉切后渥红、干燥而成，小种红茶在工夫红茶加工工艺中用烟熏来干燥。

工夫红茶根据产地分为宜昌工夫红茶（宜红）、祁门工夫红茶（祁红）、宁红工夫红茶（宁红）、滇红工夫红茶（滇红）等，均为条形茶。红碎茶根据萎凋叶揉切的方式不同分为 CTC 红碎茶、LTP 红碎茶等，小种红茶根据产地可以分为正山小种和烟小种（又称假小种）。

6. 黑茶

黑茶具有"三黑（干茶黑、汤色黑、叶底黑）"的品质特征，其加工过程中有专门的微生物发酵渥堆工序。黑茶按产地可以分为湖北老青砖茶、湖南黑茶、四川黑茶、滇桂黑茶，湖南黑茶包括湘尖、茯砖茶、黑砖茶、花砖茶等；四川黑茶俗称四川边茶，按产地分为南路边茶和西路边茶；滇桂黑茶包括云南熟茶型普洱茶和广西六堡茶。初加工黑茶是指经过渥堆发酵后的黑毛茶，而市面上销售的黑茶产品主要是经过筛选、拼配、蒸制、压制、干燥等工序制成的再加工茶产品。

当前发展迅速的普洱茶，分为生普和熟普两大类。生普是利用晒青绿毛茶直接压制而成的，类同于沱茶，属于再加工型绿茶产品。熟普是利用晒青绿毛茶进行渥堆发酵后制成的，有微生物发酵过程，属于黑茶产品。

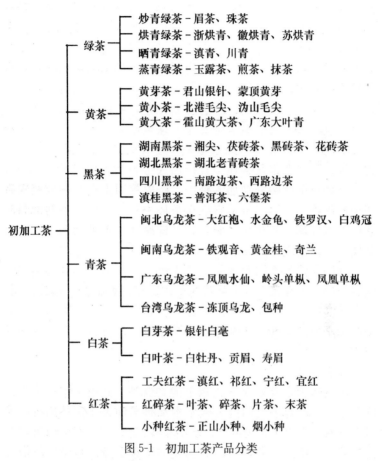

图 5-1 初加工茶产品分类

二、再加工茶产品

再加工茶是以初加工茶为原料经特定工艺加工而成，基本保留茶叶原形态，但与初加工茶品质有明显区别的茶产品。再加工茶可以分为精制茶、着香茶、袋泡茶、调配茶、紧压茶。

1. 精制茶

精制茶是以初加工茶（毛茶）为原料经精制而成的再加工茶产品，精制包括切扎、筛选、风选、拼配等工序。名优茶因原料采摘细嫩、加工精致，只需简单拣剔风选即可包装销售。

依毛茶原料的不同，精制茶可分为精制绿茶、精制红茶、精制乌龙茶等。

2. 着香茶

着香茶是通过一定工序，使茶叶带有外来的特殊香气。根据着香的不同，主要可以分为三大类：第一类是将鲜花与茶坯拌合在一起窨制而成的，称为窨制花茶，依据窨制的鲜花种类分为茉莉花茶、桂花茶、兰花茶、珠兰花茶、柚子花茶等，依据窨制的茶坯种类分为绿茶花茶、红茶花茶、乌龙花茶、黑茶花茶等。第二类是在茶坯中直接加入带香物料而成的，称为调香茶，如在茶坯中分别加入橙皮、桂皮等固态物料制成橙皮香茶、桂皮香茶。第三类是直接在茶坯中添入果汁、香料液等液态物料而成的，称为添香茶，如将柠檬汁、苹果汁等添入茶叶基质中分别制成柠檬香茶、苹果香茶。

我国生产销售的着香茶主要为第一类，又以烘青窨制而成的绿茶型茉莉花茶为主。茉莉花茶主产于广西横县、福建福州、云南元江，以广西横县生产量最大。调香茶和添香茶在我国的生产和销售比较少，近年来英国川宁茶（Twinings）开始在我国有销售。

3. 袋泡茶

占茶叶国际贸易量70％以上的是红茶，其中又绝大部分是红碎茶，而红碎茶饮用的方式基本都是袋泡茶。国外流行饮用袋泡茶，并喜与牛奶等调饮，近些年我国袋泡茶也开始在发展。袋泡茶根据所用的原料可以分为袋泡红茶、袋泡绿茶、袋泡乌龙茶、袋泡黑茶、袋泡花果茶等。

4. 调配茶

调配茶是以传统茶叶为原料，按一定原则加入一种或多种代茶饮品原料，形成一种特殊品质风味的茶产品。调配茶在调配好后，可以直接包装销售，也可以制成袋泡茶销售。调配茶中有名的有八宝茶、白族三道茶，其中在八宝茶中除茶叶外还添加有红枣、冰糖（或白糖）、枸杞、核桃仁、桂圆肉、芝麻、葡萄干等。

5. 紧压茶

　　紧压茶是通过压或筑等方式将散茶压缩成一定形状的茶产品。紧压茶依据所用的原料不同可以分为紧压绿茶、紧压红茶、紧压黑茶、紧压白茶，紧压绿茶有沱茶、生普，紧压红茶有米砖茶，紧压黑茶有熟普、茯砖茶、千两茶、湖北老青砖茶、七子饼茶等，紧压白茶有白茶饼等。紧压茶多为压制而成的，如借助石板、机器等模具来压制的有七子饼、沱茶、米砖茶等，也有借助机器或人力筑制的有千两茶、方包、湘尖等（图 5-2）。

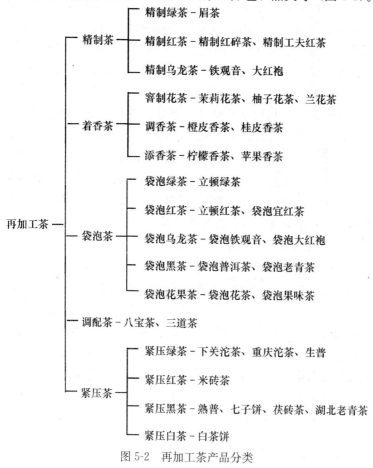

图 5-2　再加工茶产品分类

三、深加工茶产品

深加工茶产品是以茶树鲜叶、初加工茶或再加工茶为原料，经特定工艺加工，原料发生显著变化，不再看见明显茶叶原形态的茶产品。

1. 茶饮料

茶饮料是深加工茶产品中开发非常成功的一种，根据微生物发酵与否可以分为两大类：一类是非发酵型茶饮料，主要有固态的速溶茶、液态的茶水饮料、冰茶、茶汽水等；另一类是发酵型茶饮料，有茶酒、茶醋、茶乳酸菌饮料、红茶菌、茶酸奶等。目前在市面上广为销售的茶饮料产品主要为液态茶饮料，主要是红茶饮料、乌龙茶饮料、花茶饮料、绿茶饮料等。

2. 茶食品

茶食品是指利用茶树鲜叶、茶叶、茶粉或茶水制成的，主要可以分为：一是茶糖果，如红茶奶糖、红茶饴、红茶朱古力、绿茶饴；二是茶点心，如红茶饼干、茶蛋糕、茶面包、茶三明治等；三是茶面食，如茶面条、茶馒头；四是茶菜肴，如龙井虾仁、清蒸茶鲫鱼、绿茶番茄汤等；五是茶冷饮，如茶雪糕、茶冰淇淋、茶果冻；六是其他茶食品，如茶瓜子。

3. 茶提取物及其产品

目前茶叶提取物产品主要为茶多酚、茶多糖、茶氨酸、咖啡因（为管控品）、茶碱、儿茶素单体、茶皂素、茶色素等。茶提取物可以作为添加剂或配料用于生产其他产品，目前有亿福林心脑健胶囊、儿茶酚口服液、茶多酚喉爽、茶多糖含片等药品和保健品，有茶叶洗发水、茶叶牙膏、茶叶防臭剂、茶叶起泡剂等日用化工品，有茶抗氧化剂、茶保鲜剂等食品添加剂茶产品分类见图5-3。

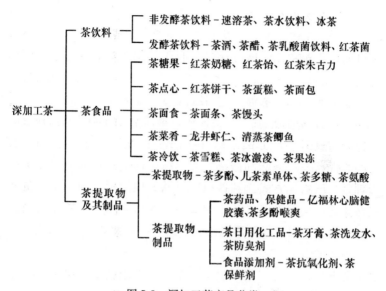

图 5-3　深加工茶产品分类

第二节　茶初加工

一、绿茶加工

绿茶（green tea）是我国最重要的茶类之一，生产面积最广、产量最大，饮用面也最广。大宗绿茶以眉茶为主，但我国当前绿茶生产以名优绿茶为主。

1. 绿茶加工工艺流程

鲜叶采摘→摊放→杀青→揉捻→干燥→成茶。

2. 绿茶加工技术要点

名优绿茶的鲜叶讲究细嫩，以春季的鲜叶为主，而大宗绿茶的鲜叶相对粗老。鲜叶入厂后讲究摊放，摊放至叶色由鲜（翠）绿转为浅暗绿，叶表面光泽基本消失，叶质不硬脆、较柔软，青草气变淡，能嗅到清香或花香、果香，说明摊放叶摊放适度，可进行杀青。杀青是绿茶品质形成最关键的一个工序，

107

要求采取高温短时钝化酶活性。杀青可以采用手工杀青和机械杀青。手工杀青主要是利用斜锅（碧螺春锅）、平锅（龙井锅）来进行，机械杀青一般是采用滚筒杀青机（含热风式滚筒杀青）、蒸汽杀青机、微波杀青机等，微波杀青的香气品质较差。杀青需把握"高温杀青，先高后低"、"抛闷结合，多抛少闷"、"嫩叶老杀，老叶嫩杀"三大原则，待杀青叶的叶色变为暗绿、紧捏叶子成团、无红梗红叶，说明杀青适度。杀青叶进行揉捻，有助于提高茶汤滋味和做形。大宗绿茶需揉捻，部分名优绿茶以理条、压扁等方式达到揉捻的目的。揉捻可分为手工揉捻和机械揉捻，均需采用"轻—重—轻"的加压原则。揉捻叶可以直接干燥，也可以做形后再干燥。茶叶干燥方法有烘干、炒干、半烘炒、晒干等，讲究分次干燥。第一次干燥称为初干或毛火，要求高温短时；第二次干燥称为足干，要求低温长时。在足干后，会有"提香"、"提毫"、"辉锅"等特殊的加工工艺，使不同茶产品具有特殊的品质特征。用手揉捏茶叶即成粉末，说明达到干燥要求，干燥后的绿茶需密封低温保藏。

3. 做形手法

我国名优绿茶一般都具有特殊的外形，源于加工中以特殊手法做形，下面仅介绍三种特色做形手法。

（1）西湖龙井茶（扁形茶）做形手法。西湖龙井茶以"色翠、香郁、味醇、形美"四绝而著称，其做形手法也非常特别，常说的有"抓、抖、搭、拓、捺、推、扣、甩、磨、压"十大手法。①抓：作用是使手中的茶叶里外交换，整理茶叶条索，同时使茶叶条索抓直、抓紧，抓只用于中低级茶的青锅中。②抖：作用是使叶内水分和青草气充分散发，并使所有芽叶都有机会接触锅面，达到炒制均匀的目的。③搭：作用是使茶叶扁平。④拓：也作摄，作用是使锅中茶叶撩起来，便于抖。⑤捺：除有带的作用外，还使茶叶扁平、光洁，主要用在青锅后阶段。⑥推：或称为揿，作用是使茶叶光、扁、平，只用于辉锅。⑦

扣：作用是使茶叶条索紧直均匀，用于中低级茶的青锅和煇锅。⑧甩：作用是使手中的茶叶进行里外交换，整理茶叶条索，主要用于辉锅前期。⑨磨：作用是使茶更加扁平光滑，主要用于辉锅后期。⑩压：作用是使茶叶更加扁平光滑，只用于煇锅。在实践中西湖龙井茶的做形手法远不止这十种，在做形中视加工步骤、加工原料等来选择使用。

（2）洞庭碧螺春茶（卷曲形茶）做形手法。洞庭碧螺春产于江苏省苏州市吴县太湖的洞庭山（今苏州吴中区），具有"芽多、嫩香、汤清、味醇"的品质特征。洞庭碧螺春做形的特点是搓团。将做形叶搓成团后，于锅中放置片刻后，再解散，如此反复。当做形叶含水量较低时，以搓团手法进行提毫，但手势用力需轻。目前碧螺春已有机械做形，类同于加热的揉捻机，一边揉捻做形一边加热失水成形。

（3）恩施玉露茶（针形茶）做形手法。恩施玉露茶产于湖北省恩施市，属于蒸青茶。恩施玉露茶做形手法为整形上光，分搓条和紧条上光两步。搓条是双掌合搓，边理条，边搓条，再抓条。紧条上光是采用"搂（理）、搓、端、扎"四大手法进行，搂是双手把茶条搂拢来理顺茶条，搓是紧直茶条，端是理条作墩，扎是在搂搓端交替中将茶条扎短。

二、白茶加工

白茶是未经过杀青、直接萎凋后干燥而成的，成茶满披白毫，呈白色，第一泡茶汤清淡如水，故称白茶。白茶是福建省外销特种茶之一，性清凉，退热降火，有治病功效，尤以银针最为珍贵。

1. 白茶加工工艺流程

传统工艺：鲜叶采摘→萎凋→干燥

新工艺：鲜叶采摘→轻萎凋→堆放→轻揉捻→干燥

2. 白茶加工技术要点

白茶的鲜叶讲究细嫩，芽叶入厂后进行萎凋，萎凋分为室

内自然萎凋、复式萎凋和加温萎凋三种。萎凋至干，即制得传统白茶。因传统白茶加工耗时长、产品的滋味淡薄和香气差，为此采用轻萎凋、轻揉捻和机械烘干等工艺制成新工艺白茶。

三、黄茶加工

黄茶不仅茶身黄，茶汤也呈浅黄或深黄色，香气清鲜，滋味甜爽，久置滋味不变。

1. 黄茶加工工艺流程

鲜叶采摘→摊放→杀青→揉捻→闷黄→干燥

2. 黄茶加工技术要点

黄茶加工类同于绿茶加工，唯一不同的是黄茶有闷黄工序，而绿茶加工中要求尽可能地减少闷的作用。黄茶闷黄方法不一，形成品质风格有所差异的各种黄茶产品。闷黄方法除闷黄时间长短不同外，突出表现在闷黄的前后顺序不同。湿坯闷黄是在杀青后或热揉后，立即堆闷使之变黄，由于叶子含水量高，黄变快，闷黄时间短；湿坯闷黄工效高，但容易产生闷气，尤其是水气，导致产品的香气品质欠佳。干坯闷黄是在二青后或初干后，立即堆闷使之变黄，由于水分含量低，黄变比较慢，闷黄时间长；干坯闷黄工效低，但不会产生闷气，有利于香气品质的形成。

四、乌龙茶加工

乌龙茶因滋味甘醇和有天然的花果香而受到了人们的欢迎，主产于福建、广东、台湾三地。不同产地的乌龙茶有各自特色的品质，如武夷岩茶有岩骨茶香的岩韵、安溪铁观音有独特兰花香的音韵、凤凰水仙有天然花香的蜜韵。乌龙茶的品质与品种关系极大，因此特别讲究品种香，如肉桂的桂皮香、黄旦的蜜桃香、凤凰单枞的天然花香，因此有名枞之说。

1. 乌龙茶加工工艺流程

鲜叶采摘→晒青→做青→炒青→揉捻→干燥

2. 乌龙茶加工技术要点

乌龙茶综合了绿茶和红茶的制法，其中做青是形成乌龙茶特有品质特征的关键工序。不同产地的乌龙茶制法有所差异，如闽北乌龙茶需重晒、轻摇、重发酵，闽南乌龙茶需轻晒、重摇、轻发酵。

乌龙茶的鲜叶要求有一定成熟度，讲究"开面采"，即正常芽叶生长至形成驻芽时开采。收购入厂的鲜叶需进行"晾青→晒青→晾青"，促使内含物质的转化和水分散发。晒青叶以摇青、晾青多次反复交替的方式进行做青，促使叶组织受损后发生酶促反应，形成特有品质。一般可利用竹匾进行人工碰青，也可利用摇青机进行做青，做青的原则有"看青做青"和"看天做青"。做青后需以高温进行炒青，然后进行揉捻。因为乌龙茶的原料较粗老，需要多步做形，常在干燥中进行揉捻，一般有初揉、初焙、初包揉、复焙、复包揉、足火等工序。干燥好的乌龙茶，还特别讲究焙火，尤其是中低档乌龙茶，以低温慢焙提高滋味醇度和茶香。

五、红茶加工

红茶（black tea）是全发酵的茶类，始称"乌茶"，因成茶的水色和叶底均为红色，故称为红茶。红茶的生产历史达 300多年，而福建武夷山是世界红茶的发源地。红茶是世界茶叶消费的主要品种，红茶约占世界茶叶总贸易量的 70％以上。我国以生产工夫红茶为主，小种红茶和红碎茶的数量较少。近些年，金骏眉热促进了我国红茶生产的恢复与饮用。

1. 红茶加工工艺流程

鲜叶采摘→萎凋→揉捻（揉切）→发酵→干燥

2. 红茶加工技术要点

红茶加工的鲜叶也要求细嫩，采摘入厂后进行萎凋。鲜叶萎凋有室内萎凋和日光萎凋两种，室内萎凋又分为室内自然萎凋和室内加温萎凋（或称为萎凋槽萎凋）。萎凋掌握"嫩叶老萎，老叶嫩萎"的原则，防止萎凋不足或萎凋过度。萎凋适度

后进行揉捻（揉切），工夫红茶、小种红茶仅需揉捻，红碎茶则需揉切。揉捻（揉切）叶需堆积进行发酵，也称"渥红"，使茶多酚进行酶促氧化形成红茶特殊的品质。红茶发酵目前大部分是采用堆积自然发酵，也有利用发酵室或发酵车进行控温控湿发酵。红茶发酵不宜不足或过度，但在实践中可掌握"宁轻勿过"的原则。发酵叶干燥，一般采取"分次干燥，温度先高后低"的原则，初烘高温快速，足火低温慢烘。当前很多红茶产品讲究火功，类似于乌龙茶的焙火，形成明显高锐的焦糖香，但高档红茶产品应尽可能保留发酵中形成的天然花果香。小种红茶则是在鲜叶萎凋或干燥中，利用松烟进行熏焙，使产品具有浓厚而纯正的松烟香气和类似于桂圆汤的滋味，鲜爽活泼。当前市场风行的金骏眉，在加工的最大特点就是发酵偏轻，形成非常好的香气和滋味品质，汤色呈金黄色。金俊眉带动了高档工夫红茶的发展，使工夫红茶的加工也开始讲究做形。

六、黑茶加工

黑茶以边销为主，部分内销、少量侨销，习惯上称黑茶为"边销茶、边茶"，生产历史悠久，花色品种多，主产于湖南、云南、四川、湖北、广西等地。近年来作为工艺品、收藏品以及直接品饮等方式，黑茶的内销发展较快，潜力大。

1. 黑茶加工工艺流程

湿坯渥堆发酵：鲜叶采摘→杀青→揉捻→渥堆→干燥→黑毛茶

干坯渥堆发酵：晒青→泼水渥堆→风干→黑毛茶

2. 黑茶加工技术要点

黑茶的鲜叶原料整体偏老，不讲究细嫩，杀青前应洒水，俗称为打浆或灌浆。杀青叶揉捻后直接渥堆发酵，而收购的晒青需洒水后进行。渥堆发酵是利用微生物进行发酵，形成黑茶独特的品质。渥堆发酵叶很多是以自然晾置风干为主，但也有少数采用机械烘干或炒干的。

第三节　茶再加工

茶再加工包括很多方面，这里重点介绍精制、花茶窨制、袋泡茶加工和紧茶压制。

一、精制

精制是指以毛茶为原料，经过一系列精制程序达到外形整齐、质量分级等目的的过程，主要用于眉茶、乌龙茶、工夫红茶、黑茶等茶产品中。

1. 精制工艺流程

毛茶收购→定级归堆→复火→切扎→筛分→风选→拣梗→补火→半成品→拼配→成品茶。

2. 精制工艺技术要点

精制可以整饰外形、分做花色，可分离老嫩、划分等级，可剔除劣杂、提高净度，可适度干燥、改善品质，可调配品质、稳定产品质量。收购来的毛茶，需先进行审评定级，然后归堆混合。毛茶生做则不需先复火，熟做则需先复火。复火后的毛茶进行切扎，然后通过抖筛和圆筛分出粗细、大小，得到系列筛号茶。各筛号茶分别进行风选、拣梗后，视干度进行补火后，即为半成品。半成品依据实物样进行对样拼配，得到品质相对一致的成品茶，即可包装销售。

二、花茶窨制

花茶，亦称熏花茶、香花茶、香片，是以茶坯与鲜花窨制而成的。花茶生产始于南宋，已有1000余年的历史，产品以内销为主。鲜花散发的香气，能被茶叶吸附储香。利用不同的鲜花和不同的茶坯，可以窨制出品质各异的花茶产品，在此仅介绍茉莉花茶窨制。

1. 茉莉花茶窨制工艺流程

茶坯处理→鲜花维护→拌和窨花→通花散热→收堆续窨→起花→湿坯复火干燥→再窨或提花。

2. 茉莉花茶窨制技术要点

（1）茶坯处理。可供窨制花茶的茶坯有绿茶、红茶、青茶等，其中以绿茶为主，绿茶中又以烘青最多。烘青窨制花茶品质好，红茶一般适宜于窨制玫瑰花茶，青茶一般适宜于窨制桂花茶。传统茉莉花茶窨制前，素茶坯需先复火降低含水量。每次窨制后，在制品需复火降低含水量后，才能进行第二次窨制。采用连窨工艺时，茶坯窨制前不需复火，每窨次后也不需复火。

（2）鲜花养护。茉莉花依生长季节分为春花（也叫梅花）、伏花、秋花，以伏花品质最好，春花品质最差。茉莉花以在晴天的下午采收为宜，要求采摘正花，不采次花。正花花蕾朵朵成熟，朵大饱满均匀，色泽洁白光润，单朵蒂短，无梗叶杂夹物，当晚可以开放。

鲜花刚验收入厂，需及时薄摊降温，然后逐渐增加堆高促进茉莉花开放。茉莉花一般在晚上 8～10 点左右开放，待茉莉花有 80% 左右的花朵将近半开、香气吐露时，应及时付窨。茉莉花开放度随窨次的增加逐渐增高，以用于提花的开放度最高，但切忌完全开放。

（3）茶花拌窨。花茶窨制有箱窨、囤窨、堆窨等，茶坯数量大时多用堆窨。按预先算好的配花量，先铺一层茶坯，然后一层鲜花，一层茶坯；铺完后，进行翻堆，将茶花拌匀成堆，然后在表面撒上一层茶坯进行覆盖，即开始窨制。

（4）通花散热。在窨制过程中茉莉花会释放热量，堆温会逐渐升高，需要翻堆降低堆温。通花散热还可以促进窨制均匀，提高鲜花利用率。一般通花散热时间约在窨花后 4～5 小时。具体通花散热次数，需根据气温、堆温等灵活掌握。

（5）起花。茉莉花在窨制一定时间后，鲜花呈现萎缩状态时，需用筛花机将茶坯和花渣分开，这过程叫起花或出花。起花时间尽量缩短，必须在 1～3 小时内完成。起花后的温坯及时摊晾，以免变质。

（6）湿坯复火。传统窨制工艺在每窨次后都需复火，而连窨工艺则在二窨或三窨后再复火干燥。复火应掌握高温短时，复火后的茶坯必须摊凉至 30～40℃时方可再窨或提花。

（7）提花。提花的目的是增进花茶香气的鲜灵度。提花需用优质茉莉花，茉莉花开放度可达 90％以上。提花用量一般为茶坯重量的 7％～8％，茶花拌匀后需低堆窨制，提花时间 3～4 小时，即出花。出花后的茶坯即为花茶成品，不需再复火干燥，因此必须严格控制提花时间，防止水分含量超标。

（8）打底。茉莉花茶窨制中要求打底，打底的目的是调和香气，使花香更加宜人。一般是用茶坯重量 1％的玉兰花与茶坯和茉莉花一起窨制，但玉兰花需折瓣处理。生产实践中，多用茶坯与高配花量的玉兰花窨制成玉兰花母茶，然后按一定比例拼入单独窨制好的茉莉花茶中。

三、袋泡茶加工

袋泡茶是国际茶品饮用的主流形式，然而在中国目前暂未形成气候。尽管如此，袋泡茶发展前景广阔。

1. 袋泡茶加工工艺流程

原料预处理→粉碎过筛→调配→包装→成品。

2. 袋泡茶加工技术要点

（1）原料的预处理。袋泡茶的原料可以只是茶叶，也可以添加其他许可的原料如荷叶、竹叶等。准备好的原料需分别进行拣剔、筛分，然后分别复火至 5％～6％。

（2）原料粉碎、筛分。经预处理好的原料分别用切碎机或粉碎机进行粉碎，筛分出 14～24 孔（约 1.67～1.0mm）的粉碎料作袋泡茶用，其余的另作他用。筛分后的原料，应注意密封防潮。

（3）配制。按产品设计的配方进行配制。因原料的差异等

各方面的原因，应先按产品配方配制小样，然后进行感官审评和理化测定。结合感官审评和理化测定的结果，针对该批原料适当修改配方，直至试制出合格的样品。根据确定的配方，精确称量各种原料，一层一层地摊放，然后翻拌均匀。翻拌均匀后的原料一时无法进行小包装，可先密封。

（4）包装。用袋泡茶自动包装机包制，这种机器能自动定量充填、制袋封口、贴线、连标签、外袋封装、计数等，生产效率较高。袋泡茶内袋外形有三角包、平面包等多种，内袋包装的净重有1.75g、2.0g、2.2g、2.25g、2.5g、4.0g等多种规格，以2.0～2.2g较多。装好小包装后，分装到中包装，打印生产日期，密封，即为成品。

四、紧压茶压制

当前生产紧压茶的茶类有黑茶（熟普、老青砖茶、茯砖茶等）、绿茶、白茶（白茶饼）、红茶（米砖茶），但以黑茶为主。

1. 紧压茶加工工艺流程

原料预处理→汽蒸→压制→干燥→包装→成品。

2. 紧压茶加工技术要点

（1）原料的预处理。用于压制的茶叶原料，需要进行精制分级。有些紧压产品分面茶、底茶和里茶，如湖北老青砖茶、沱茶，需要在精制分级中提前备好料。

（2）汽蒸压制。通过汽蒸，在短时间内使茶坯变软并具有黏性，然后及时压制。压制后，需待压制品冷却了，再松模具，整理后入烘房。

（3）干燥。紧压茶经汽蒸压制后，水分含量增加，需以缓慢增温、长时间的方式来干燥，否则容易导致压制品开裂、变形。紧压茶产品含水量一般比散茶的要高，多在10%～12%左右。

（4）包装。紧压茶产品多数保留用纸包装的传统风格，但一些新式的紧压产品如巧克力式、微型窝窝头式等多采用铝箔袋包装。

第四节　茶叶变质与保鲜

一、茶叶保质期

茶产品作为一种食品，应该是有产品保质期的，然而茶产品又与一般的食品有着明显的差异。茶产品的感官品质在饮用过程中，对饮用感受起决定性的作用。随着储存时间的增加，茶产品的感官品质会发生变化，或使茶产品感官品质提高，或使茶产品感官品质变劣。目前市售的初加工茶产品中，黑茶是没有明确的保质期，因此产品的保质期一般都未标明；其他茶产品标明的保质期一般为12～24个月，但红茶、乌龙茶在正常保存下几年内都可以饮用，有些销区讲究喝非当年产的红茶、乌龙茶。

二、茶产品变质的原因

导致茶产品变质的因素，主要是温度、光线、氧气、湿度等。因茶叶内含活性成分主要为茶多酚，茶多酚富含酚羟基，这些酚羟基极容易氧化聚合，导致茶叶产品质量发生改变。在高温、光照、富含氧气等条件下，茶叶中的茶多酚、叶绿素等成分均容易发生改变。茶叶具有很强的吸潮性，环境湿度大时，茶叶吸水后会霉变。同时茶叶具有很强的吸附性，环境中有异味物质时，茶叶会吸附而导致变质。

三、茶叶保鲜方法

得到好茶，储存得当才能使其不变质。

1. 密封储存，防氧化和吸附异味

有氧气将加速茶叶变质，通过密封减少或隔离氧气，可明显延缓茶叶变质。可用锡罐、铁罐、陶缸、铝箔袋等装茶叶并

密封，容器中最好内衬无毒塑料膜袋，储存期间应尽量减少容器开启时间。茶叶具有很强的吸附性能，容易吸附异味，但茶叶被密封后可防止吸附异味。尽管如此，密封好的茶叶依然需单独存放，不得与有挥发气味的物品混放。

2. 低温储存，防高温

茶叶在低温时陈化缓慢，温度高时则品质下降快。目前茶叶保质最有效的方法依然是低温储存，一般是在 0～5℃冷库或冰柜中储存，家用冰箱冷藏层也可以。在 0℃以下的低温如－20℃下储存茶叶，茶叶的保质期更长。经低温储存过的茶叶，茶叶香气会低淡，需焙火提香。需低温储存的茶叶种类，主要是绿茶，尤其是名优绿茶，也因此绿茶的保质期偏短。

3. 干燥储存，防潮湿

当茶叶含水量高时，茶叶变质加快，而且容易生长微生物。一般茶叶须在干燥后（含水量在 7％以下）进行储存，在储存茶叶的容器中放入适量的石灰块、干木炭等吸湿剂，以防茶叶吸潮陈化。然而对黑茶产品而言，一般含水量为 10％～12％左右，不能是特别干燥或潮湿的环境，而应该保持通风状态，防止茶叶中水分过低而影响后熟或水分过高而长菌变质。

4. 避光储存，防光照

光照对茶叶有破坏作用，将加速茶叶变质，为此茶叶在储存中尽可能避免光照。茶叶包装或容器需具有很好的遮光性，尤其是能遮挡紫外线的穿透，这样才能起到较好的保质效果。

第六章　茶保健

第一节　茶成分

茶叶中的化学成分到目前为止，经过分离鉴定的已知化合物约有 500 种，其中有机化合物有 450 种以上。构成这些化合物或以无机盐形式的基本元素，主要有 30 种，占自然界存在的 72 种元素的 41.60%，即 H、C、O、N、P、K 等。

一、茶树鲜叶中化学成分的含量

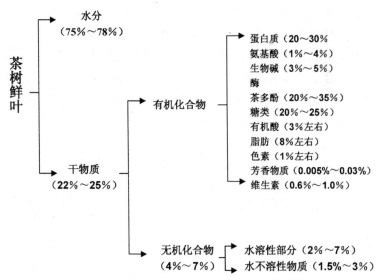

图 6-1　茶树鲜叶中的主要化学成分及其含量

茶树鲜叶的化学成分可分为水分、无机成分、有机成分三部分，化学成分中除糖类、脂类物质（醚溶出物又称粗脂肪）、蛋白质三大自然物质外，其他都是二级代谢产物。在茶树鲜叶

中，水分占 75％，干物质占 25％。三大自然物质在茶树鲜叶干重中，糖类约占干物量的 20％～25％，蛋白质约占 20％～30％，脂肪及类脂物质约为 10％；另外多酚类占 20％～35％，生物碱占 3％～5％，有机酸占 3％，色素占 1％，维生素占 0.24％～1％，无机化合物占 4％～7％。

二、茶叶中主要成分种类

茶叶中的内含成分种类多，现集中介绍主要种类的成分。

1. 茶多酚

茶叶中的多酚类化合物统称为茶多酚（Tea Polyphenols），是茶叶内含可溶性物质中最多的一种，也是茶叶中最主要的功能活性成分。茶多酚按化学结构大致可分为四类：儿茶素类（黄烷醇）、花黄素类（黄酮醇）、酚酸类、花青素类，儿茶素类占茶多酚总量 75％，花黄素类（包括黄酮醇、黄酮）占 10％以上，酚酸类 10％，花青素类含量较少。其中儿茶素又可分为游离型儿茶素、酯型儿茶素两大类，游离型儿茶素分为简单儿茶素、没食子儿茶素，酯型儿茶素分为儿茶素没食子酸酯、没食子儿茶素没食子酸酯（占儿茶素总量的 50％左右）。茶多酚具有抗氧化、治疗心血管疾病、防癌抗癌及抗突变、增强免疫力、杀菌消炎和抗辐射等功能作用。

鲜叶中茶多酚的含量，随着茶树品种、生长地区、采摘季节以及鲜叶老嫩等不同而有很大变化，不仅总量差异很大，而且各类化合物的组成比例也有明显变化。茶多酚在鲜叶内含酶、制茶过程中或自然环境条件下，会发生氧化、聚合、裂解等复杂的生化过程，会形成茶红素、茶黄素、茶褐素等茶色素物质成分，使茶叶的香气、色泽、滋味等品质发生明显改变，也因此形成了品质各异的六大茶类。

2. 生物碱

茶叶中的生物碱有茶叶碱、咖啡碱、可可碱等，在鲜叶中含量一般为 3％～4％。茶叶生物碱以咖啡碱含量最多，其他两种含量甚微，所以茶叶生物碱的含量常以测定咖啡碱的含量为代表。咖啡碱为茶叶的特征物质，是含氮物质，在新梢中分布与蛋白质一样，嫩叶比老叶多，春茶比夏、秋茶多。遮光茶园比露天茶园多，大叶种比小叶种多。咖啡碱能刺激中枢神经系统，特别是刺激支配高级神经活动的大脑，从而促进人感觉的灵敏度，增进肌肉的伸缩能力，具有迅速消除疲劳、加强心脏活动、改善血液循环等生理功能。茶叶碱是可可碱的同分异构体，在茶叶中含量极少，二者均具有刺激胃机能、利尿和扩张血管等作用。

3. 蛋白质与氨基酸

茶叶中蛋白质主要是酪蛋白，约占蛋白质总量的 80%左右，其余 20%左右是白蛋白、球蛋白和精蛋白。茶叶蛋白质一般难溶于水，但其中约 8%的白蛋白能溶于水，有增进茶汤滋味的作用。茶树品种、季节、施肥等因素对茶叶蛋白质含量有一定影响，随新梢发育程度的增加而减少。在制茶过程中，茶叶蛋白质在酶的催化或热作用下，可以水解和热解生成游离氨基酸，也会与茶多酚氧化产物、咖啡因等结合。

氨基酸是一种鲜味物质，是提高茶汤鲜爽度的重要物质。茶叶中发现的氨基酸种类很多，大约有 30 种。但游离氨基酸的含量很少，约占干物质量的 1%～3%。茶叶中主要的氨基酸有茶氨酸（甜鲜味、焦糖香）、谷氨酸（鲜味）、天门冬氨酸（酸味）、精氨酸（苦甜味）、丝氨酸等，其中茶氨酸、天冬氨酸、谷氨酸三种含量较多，占茶叶氨基酸总量的 80%。而茶氨酸约占茶叶氨基酸总量的 60%，是茶叶中特有的氨基酸，也是组成茶汤鲜爽的重要物质之一。当前市场热销的安吉白茶就是因为富含茶氨酸，其含量可达干物质量的 4%以上，使茶汤口感更加鲜爽而具有优异品质。

4. 茶叶糖类

茶叶糖类可分为单糖、双糖、三糖、多糖四种，单糖有葡萄糖、果糖、半乳糖、甘露糖、阿拉伯糖等，双糖有蔗糖、麦芽糖、乳糖等，三糖有棉籽糖，多糖有淀粉、果胶、纤维素、

半纤维素。茶叶可溶性糖类能溶于水且具有甜味，不仅是构成茶汤浓度和滋味的重要物质，而且还参与茶叶香气的形成。茶叶中的板栗香、焦糖香和甜香，就是在加工过程中对火功掌握适当时，糖分本身发生变化及其与氨基酸等物质相互作用的结果。

茶叶中可溶性多糖如果胶是具有黏稠性的胶体物质，对形成紧结的茶条外形和紧压茶压制成形有重要作用，也能增进茶汤浓度和甜醇滋味，同时还具有多种功能活性，如降低血糖、降血脂和抗动脉硬化、抗凝血和抗血栓等功能。

5. 维生素

茶叶中含有多种维生素（vitamin），以 B 族维生素和维生素 C 最为丰富。红、绿茶中维生素 B 的含量大致相同，红茶经发酵后维生素 C 的含量显著下降。另外，茶叶尚含有维生素 P、维生素 A 原（β-胡萝卜素）、维生素 D、维生素 K 和维生素 E 等。茶叶中维生素对人体具有特殊的生理作用，维生素 P 可增强人体微血管壁的弹性，维生素 B_1 可防止脚气病，维生素 C 防治坏血病等。

6. 芳香物质

茶叶芳香物质（tea perfume oil）也叫茶香精，是酯、醇、酮、酸、醛类等有机物的混合物，易挥发，是赋予茶叶香气最主要的成分。茶树鲜叶中芳香物质含量很少，只占 0.002%，茶叶中的芳香物质含量为 0.03%～0.05%。鲜叶中香气成分种类少，仅 50 种香气成分，其中青叶醇、青叶醛占 60%。而成品茶中香气成分种类丰富，如绿茶有 100 多种、红茶有 325 种，大部分是在加工过程中由其他物质氧化变化而来的，这说明制茶技术对茶叶香气品质形成有重要作用。

茶叶芳香物质的组成极为复杂，主要有醇、醛、酸、酯、酮、萜烯类等芳香物质，每一基团物对茶叶香气都有一定的影响，如大多数酯类具有水果香、醛类具有青草香气。鲜叶中青叶醇、青叶醛这些低沸点物质含量最高，具有强烈的青草气，通过杀青、干燥散发出后，才能形成绿茶的清香。鲜叶中除低沸点芳香物质外，还有一类沸点在200℃以上的、具有良好香气的芳香物质，如苯乙醇具有苹果香，苯甲醇具有玫瑰花香，茉莉酮类具有茉莉花香和芳樟醇具有特殊的花香；当低沸点芳香物质大量逸出后，这种良好的香气便显露出来，这些高沸点芳香物质则是构成绿茶香气的主体物质。鲜叶中还含有棕榈酸和高级萜烯类，这两类物质虽然本身没有香气，但都具有很强的吸附性，能吸收香气，但也吸附异味。

第二节　茶保健

唐代诗人卢仝是这样形容茶叶的功效："一碗喉吻润。二碗破孤闷。三碗搜枯肠，唯有文字五千卷。四碗发轻汗，生平不平事，尽向毛孔散。五碗肌骨清。六碗通仙灵。七碗吃不得也，唯觉两腋清风生。"茶叶含有多种功能活性成分，大量现代药理实验均证实长期饮茶对人体具有多种明显的功能保健作用。

一、生津止渴，提神益思

盛夏时节，酷日当空，体热时饮一杯茶，不论是绿茶、红茶、乌龙茶或者其他茶，便能立刻生津解暑，身心俱爽。由于饮茶可以补充体液，从人体的皮肤毛孔里驱走大量热量，所以人们会感到凉爽无比。茶汤入口后，茶汤中的化学成分如糖类、果胶、氨基酸等与唾液发生了化学反应，滋润口腔，因而能生津止渴。

茶叶富含生物碱，尤其含有咖啡因，能促使人体中枢神经兴奋，增强大脑皮层的兴奋过程，起到提神益思、清心的效果。每日常饮茶可以让肌肉中的酸性物质得到中和，不使其积累过多，能够消除疲劳，使人精神清醒，注意力集中，提高工作和学习效率。

二、杀菌消炎，防溃疡

茶有杀菌消炎的作用，主要是因为茶叶里含有茶多酚。茶

多酚有较强的收敛作用，对病原菌、病毒有明显的抑制和杀灭作用，对消炎止泻有明显效果。据研究，茶多酚对伤寒杆菌、大肠杆菌、金黄色葡萄球菌、肺炎菌、痢疾杆菌等的生长繁殖有抑制作用，并且能对发炎因子组胺进行有效的拮抗。在所有茶叶中，以茶单宁类化合物含量最高的绿茶灭菌活性最高，随着茶叶品质等级的增加，活性依次增强。我国有不少医疗单位应用茶叶制剂治疗急性和慢性痢疾、流感等，治愈率达 90% 左右。因茶有收敛作用，可凝固沉淀蛋白质，减轻和抑制大肠杆菌、葡萄球菌的毒性，民间常用陈久茶叶泡茶饮治腹泻。《新修草本》载："茶主治瘘病、利小便……消宿食"。临床上茶能止泻，患溃疡性结肠炎者，可用茶叶煎汤灌肠。

三、防辐射，防癌抗癌

当今社会，辐射对人体的伤害几乎是无处不在。茶叶中含有丰富的茶多酚及其氧化产物、茶多糖、咖啡因和维生素 C 等，均具有吸收放射性物质的能力。长期饮用绿茶可以增强抗辐射能力，使体内的辐射量大大降低。据有关医疗部门临床试验证实，对肿瘤患者在放射治疗过程中引起的轻度放射病，用茶叶提取物进行治疗，有效率可达 90% 以上；对血细胞减少症，茶叶提取物治疗的有效率达 81.7%；对因放射辐射而引起的白细胞减少症，治疗效果更好。据第二次世界大战中日本广岛原子弹辐射地区的幸存者调查，其中常饮绿茶的人群存活率普遍较高。

目前茶叶抗癌抑癌的效果，已经得到国内外广泛的认可，许多国家都已将绿茶列为预防癌症的药物。据有关资料显示，茶叶中的茶多酚（主要是儿茶素类化合物），对胃癌、肠癌等多种癌症的预防和辅助治疗均有裨益。由于茶叶中含有大量的茶多酚，有增强抗氧化酶的作用，可调控、阻断致癌过程中关键酶的信息传递，对癌症和基因突变都有明显的抑制效果。茶叶中的茶多酚还可以阻断亚硝酸铵等多种致癌物质在体内合成，具有直接杀伤癌细胞和提高肌体免疫能力的功效。

四、抑制心血管疾病，降血压和预防糖尿病

茶多酚对人体脂肪代谢有着重要作用。人体的胆固醇、三酸甘油酯等含量高，血管内壁脂肪沉积，血管平滑肌细胞增生后形成动脉粥样化斑块等心血管疾病。茶叶中主要成分之一的茶多酚、咖啡因等，尤其是茶多酚中的儿茶素 ECG 和 EGC 及其氧化产物茶黄素等，能抑制动脉平滑肌细胞的增殖，具有明显抗凝及促进纤维蛋白的溶解，抗血液中斑块的形成，降低毛细管的脆性和血液的黏度，因而有防止高血压、冠心病、动脉粥样硬化，增强血管弹性，改变血液循环，防止血栓形成等作用。据报道，在 60 岁人群中，连续饮茶 3 年以上的人，冠心病患病率仅有 1.4%，偶尔饮茶者患病率为 2.3%，没有饮茶习惯的人，患病率达 3.1%。

由于茶叶中的咖啡因和茶单宁能促使血管壁松弛，增加血管的有效直径，进而使血压有效下降。日本曾经生产过一种治疗糖尿病的药品，该药物就是用茶叶去除咖啡因以后制成，效果和胰岛素相似。茶叶中的维生素 C 和维生素 B_1 能够促进人体内糖分的代谢，糖尿病人可以经常喝茶作为辅助治疗，而正常人常饮茶水也可以有效预防糖尿病。

五、护齿明目

我国古医书早有"食毕用茶（水）含漱，去烦腻，齿不蛀而坚"的记载。茶叶中含有氟和茶多酚等物质，氟在预防龋病中有重要作用。氟离子可将牙齿釉质结构中的羟基磷灰石转化为硬度更高的氟磷灰石，能改善牙釉质的结构，增强牙齿的抗酸能力。茶多酚等物质可抑制龋细菌——变形链球菌的增殖。茶叶干品中含的氟可被浸泡出来，在淡茶水中也含有 1ppm 以上的氟。用茶水防龋，既安全方便，又简而易行，对乳牙、恒牙均有防龋效果，还可以防止牙龈间常出血和脱落，而且有防酸、固齿、镇痛等效果，还对牙周炎、咽炎、喉炎、口腔溃疡等有

消炎作用。另据有关医疗单位调查，在白内障患者中有饮茶习惯的占 28.6%，无饮茶习惯的则占 71.4%，这是因为茶叶中的维生素 C 等成分能降低眼睛晶体混浊度；经常饮茶，对减少眼疾、护眼明目均有积极的作用。

六、消脂减肥，利尿解乏

饮茶还能增进食欲，帮助消化。我国古代许多医书中都提到，喝茶具有去油消食的作用。唐代《本草拾遗》中对茶的功效有"久食令人瘦"的记载。《本草备安》中讲到："茶有解酒食油腻、烧炙之毒，利大小便，多饮消脂肪，去油"。我国边疆少数民族有"不可一日无茶"之说。现代医学研究表明，饮茶帮助促进消化的药理作用，主要是加速人体脂肪的代谢以及提高胃液及其他消化液的分泌量，从而增进食物的消化吸收，增强脂肪的分解，故古代人们都把茶叶作为消食的饮品。另外茶叶中的咖啡因可刺激肾脏，促使尿液迅速排出体外，提高肾脏的滤出率，减少有害物质在肾脏中的滞留时间。咖啡因还可排除尿液中的过量乳酸，有助于使人体尽快消除疲劳。

七、其他保健功能

饮酒后喝上几杯茶，一方面可以补充维生素 C，保证肝脏对酒精的水解，可以中和酒精，防止酒精中毒；另一方面，茶叶中的咖啡因具有强心、利尿作用，能刺激肾脏使血流畅通，增大呼吸量，加快酒精排出体外的过程，所以饮茶的确有解酒的作用。吸烟或二手烟会对人体产生明显的危害，而茶中的咖啡因是烟气中尼古丁的有效抗剂，可以降低烟对人体的伤害程度。茶叶中茶多酚的收敛作用使得肠管蠕动能力增强，故对便秘有很好的治疗效果。茶多酚是水溶性物质，用它洗脸能清除面部的油腻，收敛毛孔，具有消毒、灭菌、抗皮肤老化，减少日光中的紫外线辐射对皮肤的损伤等功效，因此具有美容效果。

总而言之，茶作为一种广受大家喜爱的非醇性天然饮料，它的功效是多种多样。

第三节　茶利用

一、科学饮茶

1.正确选茶

当前消费者对购茶有误区，认为越嫩越好，以至于产区以采单芽茶为主。实际上无论是以茶叶内含物的丰富程度而言，还是以茶叶感官品质的风味而论，都是以一芽二叶的鲜叶原料制成的茶最好。购买偏嫩的茶，不但价格过贵，品质风味也较差，物非所值。而购买大宗优质茶，价格低，品质好，价廉物美。

中医认为人们饮茶，应根据茶的功能、季节气候及个人体质等来选择相应的茶叶。春季，饮用香气浓郁的花茶，以散发冬天在体内的寒邪、促进人体阳气发生。夏季，因为绿茶性苦、寒，可消暑解热，又能促内生津，以饮用绿茶为好。秋季，青茶性味介于红、绿茶之间，不寒不热，既能消除余热，又能恢复津液，饮用青茶最理想；还可用红、绿茶混用，取其两者的功效。冬季，红茶含有较丰富的蛋白质和糖，且有助消化，去油腻的作用，以饮用味甘、性温的红茶为宜，以养人体的阳气。

此外在选购时，还应注意尽量选择品质优良、安全卫生的茶产品。有自主包装、自主品牌的茶产品，加工生产的卫生条件一般都有保障，为此应尽可能购买有品牌的茶，不要购买散茶。

2.正确泡茶

不同的茶需要用不同的茶具、不同的温度、不同的水量来冲泡，还需掌握不同的泡茶时间，这样才能泡出好茶。尤其是绿茶在冲泡时，应尽可能不要闷，否则茶水会劣变。在冲泡中，等级高的茶不需要洗茶，以免浪费茶叶内含物质，而低档茶可以考虑洗茶，但尽可能缩短洗茶的时间。

3. 正确饮茶

对高档茶，除干茶具有较高欣赏价值外，茶叶的冲泡过程也会具有特别的美感，尤其是茶叶在冲泡过程中徐徐展开的茶舞令人联想翩翩。泡好的茶，需及时品饮，否则茶水质量会发生变化。应先闻香，再品味。饮茶讲究品，小口啜饮，徐徐咽下，细细体会茶给人带来的综合感受。

4. 饮茶注意事项

平常生活中不宜饮用过浓的茶，因为浓茶会使人体"兴奋性"过度增高，对人体内的心血管系统、神经系统等造成不利影响。对于初饮者或体质敏感的人群，临睡前最好不饮茶，以免影响睡眠。在进餐前或进餐中可少量饮茶，以解腻消食，但不宜大量饮茶，否则会影响矿质元素的吸收和消化。隔夜茶能否喝一直是人们所关注的问题，从卫生学角度来看，凡放置达4小时以上的茶水一般不宜饮用，尤其是在夏季，而不论是否是隔夜茶。

5. 正确存茶

中国人喝茶讲究泡饮，用茶量不大，为此常需存茶。然而存茶不得当，后续再饮用时，就无法品饮到好茶了。在存茶中容易出现的问题是：一是茶叶没避光，氧化变质加快；二是茶叶受潮变质；三是吸附异味。所有的茶产品，除黑茶和白茶外，都应讲究密封避光储放，而绿茶还应讲究低温储藏。存茶得当，那就可以随时喝到好茶。

二、综合利用茶资源

为促进茶叶消费，提高茶业经济效益，非常有必要综合开发利用茶资源。茶资源包括茶鲜叶、修剪叶、茶枝条、茶花、茶籽、茶根、茶叶及其生产过程中的各种副产品，其开发利用的范围较广。运用现代食品加工技术，以茶树鲜叶、成品茶，乃至茶叶废次品、下脚料、茶树附属资源如茶花、茶籽、茶枝或茶树根等，开发生产为饮料、食品、保健品、药品和日常用品等各种茶制品。茶制品可以茶为主体，也可以茶为辅助物。使大量没有得到利用的低档茶、茶下脚料、废弃物、附属物得到利用，实现茶资源综合开发利用，使茶资源效益最大化。

三、多级开发茶资源

多级开发利用茶资源，将有效解决中低档茶的出路，尤其是大量夏秋茶资源的利用；同时提升茶叶附加值，增加茶产业效益；而且可以延伸茶产业链，进一步拓展茶叶应用领域。一般结合实际情况，茶资源可以进行三级开发：第一产业开发，主要进行初加工和再加工茶产品的加工生产，如六大茶类加工和花茶加工等；第二产业开发，主要是深加工茶产品的开发生产，如速溶茶、茶饮料、功能成分提取、茶药品、茶保健品等；第三产业开发，主要是开展茶文化活动，借助茶旅游，实现茶体验、观光、住宿餐饮、旅游产品等一条龙的产业化服务，以获得最大化的经济效益。

第七章 茶品鉴

第一节 茶叶审评方法

对茶叶感官品质进行评判的过程，称为茶叶审评。要想更好地品鉴茶叶，有必要了解一些茶叶审评知识。

一、审评条件

茶叶感官品质的审评需要具备一些基本条件，才能保证审评结果的准确。

1. 审评室

审评室是用于茶叶感官品质审评的专用场所，要求自然光线均匀充足，避免阳光直射。若室内光线较暗，可用日光灯补充光线。审评室还应保持通风，地面保持干燥，且远离如食堂、卫生间等异味源。

2. 茶叶审评器具

茶叶审评所需的器具一般有干评台、湿评台、样茶盘、评茶杯碗、托盘天平、计时器、茶匙、烧水壶、吐茶桶等。干评台要求为黑色，靠近窗口，用来放置样茶盘和样茶罐，以便利用充足的自然光线来评判干茶外形。湿评台一般为白色，用来冲泡茶叶、审评茶水与叶底。样茶盘也称为审评盘，多为木质，漆成白色；盘的左上方留有缺口，以利于茶叶的倒出。评茶杯碗一般用 150mL 的精茶审评专用杯碗，也可选用 250mL 的毛茶审评专用杯碗。

3. 审评用水

茶叶审评用水选用符合国家饮用水标准的自来水，自来水接取后需放置半天以上，也可选用矿泉水或蒸馏水。在审评同一批茶时，泡茶用水需一致。审评用水需烧沸，做到现沸现泡，不能使用多次沸腾的水，也不宜使用放置过久的沸水。

4. 审评人员

茶叶审评人员需经过专业训练，具有专业的审评知识与技巧，而且身体健康、感官灵敏。在审评时，审评人员不得使用香水等气味大的化妆品，并不得吸烟、饮酒以及食用辛辣等刺激性的食品。每次审评时，一般要求 3～5 人共同进行。

二、审评的程序与内容

茶叶审评主要是进行干评和湿评，称为"两大工序八大因子"。干评是评茶叶的外形、色泽、香气、净度，湿评是评茶叶的香气、汤色、滋味、叶底。一般先将茶样放入样品盘，经把盘后，进行干评；然后称取干样，进行开汤审评；先评香气，再及时审评汤色、滋味，然后审评叶底，最后进行打分评价。在茶叶审评全过程中，主要靠审评人员通过眼、鼻、舌、手对八大因子进行评判。

1. 干评外形

将一定量茶样放入样茶盘中进行把盘，将样茶盘按顺时针方向进行旋转，使茶叶在转动中按上、中、下三段排列，然后根据各段茶的形状、紧结、嫩度、色泽、整碎、净度、匀度以及上、中、下段茶的比例等方面综合评判茶叶的质量。上段茶是指把盘后聚集在最上层中央的粗长轻飘的茶叶，中段茶是指中间紧细重实的茶，下段茶是指在最底层细碎的茶末。一般以中段茶为主，上、下段茶过多的茶叶称为脱档。名优茶以有特定外形、条索紧结、干色正常、匀净为好，但中低档茶和黑茶类产品则对干茶外形要求不高。

2. 湿评内质

（1）取样。从把盘后的样茶盘中用手一次性抓取适量的茶叶进行称量，一般用 150mL 审评杯需 3g 茶样，250mL 审评杯需 5g 茶样。取样时要注意：①每杯的用样一次性抓够，宁可抓

多有剩余的茶叶放回也不宜多次抓取；②用拇指、食指、中指进行抓取，避免茶叶从掌心中滑入称量盘；③动作要轻，避免抓碎茶叶。将称好的茶叶放入审评杯中，将审评杯进行标号，与所称茶叶相对应。中低档茶按照以上方法进行取样，但名优茶可直接从茶样罐中称取。

（2）开汤。开汤是指茶叶冲泡的过程。先将审评杯碗依次排列，将开水倒入杯中，水量应与杯口处相切，避免溢出或不足，及时盖上杯盖，准确计时冲泡5分钟。冲泡时间到后，按照开汤的顺序依次将茶汤倒入审评碗中，茶汤需沥尽。

（3）闻香气。在茶叶审评中，一般是闻叶底（即茶渣）的香气，但审评乌龙茶时是闻杯盖的香气。先将沥尽茶水的审评杯靠近鼻端，将杯盖打开一小斜缝隙，鼻子凑近深嗅一下，然后及时盖上杯盖，同时鼻子远离审评杯，如此反复2~3次。在审评时，需注意审评杯的杯盖开口不宜过大，开口时间不宜过长，每次嗅香时间不宜过长，而且每次嗅香之间需间隔一定时间。

闻香主要是评判香气的纯异、类型、浓度、持久性，以综合评判香气质量。茶叶优良的香型包括绿茶的清香、熟板栗香、红茶的甜香、薯香，乌龙茶的花果香，以及黑茶的陈香等，不太理想的香气有青气、水闷气、高火、焦烟气等。因茶叶香气的组成成分复杂，不同芳香物质的挥发性不一，为此闻香气可以分为热嗅、温嗅和冷嗅。茶叶中不良气味最易在温度较高的时候散发出来，所以热嗅主要辨别香气的纯异。嗅香气的最适宜温度是在55℃左右，所以温嗅的结果较准确，温嗅最能辨别香气的浓度与类型。冷嗅一般在审评汤色、滋味过后再进行，主要是评价香气的持久性。茶叶最优的香气是香型好，香气高而且持久。

（4）看汤色。审评茶汤的汤色，主要从汤色的类型、明亮度、透明度三个方面去判断。汤色的变化受环境因素影响较大，在审评时应注意光线和器具的色度。不同茶类的汤色差异较大，应根据茶类特点分别进行判断。茶汤的汤色类型包括正常色、劣变色和陈变色。茶汤的汤色若具有该茶类的正常色、明亮、清澈，则为优。

（5）尝滋味。茶叶滋味的好坏是茶叶品质优异与否的重要表现，审评茶汤滋味主要是评滋味的纯异，茶汤的浓、淡，口感的爽、涩。浓是指内含物质丰富，淡是指茶汤浸出物少、平淡无味；茶汤品质以浓度适中，爽口醇厚为好。审评滋味以茶汤温度 50℃ 左右最为适宜，审评时茶汤应在舌面上循环流动，使茶汤充分接触舌面不同部位。

（6）评叶底。经冲泡后展开的叶子能反映出该茶叶的嫩度和一些鲜叶特征，主要通过嫩度、色泽、匀度三个方面来进行评判叶底。将审评杯中的叶底翻倒在审评杯盖上，铺开摊平，也可将叶底倒入装有清水的叶底盘中，进而观察叶底的颜色、老嫩、整碎，触摸叶底的质地、软硬等。

三、质量判定方法

茶叶感官质量的判定方法在我国通常采用百分制，商品茶一般以实物标准样的各项因子都定为 100 分，评茶时与商品茶品质相比来增减分数。如无实物标准样时，则依据各茶样之间的区别来以百分制打分。评茶员根据外形、汤色、香气、滋味与叶底五项因子逐项进行打分，一级茶的分数在 90~100 分之间，二级茶的分数在 80~90 分之间，以此类推；一般相差 2~3 分等于标准样一个等间的差距，5 分的差距相当于一个级。对于名优绿茶的百分制，现在全国通用的权数是外形为 30%、汤色 10%、香气 25%、滋味 25%、叶底 10%，最终得分为评茶员给各项因子所打的分数乘以各自的品质权数后相加所得的总和。采用百分制打分后，即可根据所得分数的高低来评判茶叶质量的高低。此外在审评过程中，需用相关专业术语来描述记录下茶叶的各项感官品质。

第二节　绿茶品鉴

我国茶区主要以生产绿茶为主，国内茶叶消费市场也主要是以绿茶为主。

一、绿茶品质特征

绿茶具有干茶绿、汤色绿、叶底绿的"三绿"品质特征。

1. 外形

绿茶的外形品质主要看嫩度、条索、色泽等方面，但以嫩度为主。绿茶的条索有条形、针形、卷曲形、扁形、圆形等，条形茶要求条索紧细、圆直，显锋苗；针形茶要求条索紧细、挺直，卷曲形茶要求条索卷曲；扁形茶要求条索扁平挺直、平整，圆形茶要求颗粒紧结重实。绿茶的干色有翠绿型、嫩绿型、银绿型（白毫多）、苍绿型和墨绿型等，以绿润为好，但西湖龙井茶却以"糙米色"为特色，此外绿茶外形还要求完整、匀齐、净度高。

2. 内质

（1）绿茶香气。绿茶香气的形成受多种因素影响，如茶树品种、产地、季节、工艺等。一般而言，炒青绿茶以熟栗香为主，烘青绿茶以茶叶自然清香为主，蒸青绿茶为海藻香、晒青绿茶带有日晒气味。高档名优绿茶的香气，还有毫香、嫩香、花香等类型。对绿茶香气的评鉴，主要辨别香气的纯异、高低和长短。绿茶要求香气纯正，无青草气、闷味、焦糊味等异气味。香气的高低分为浓、纯、平、粗等，依次由优到劣。而香气的长短是指香气的持久程度，从热嗅到冷嗅的香气变化。

（2）绿茶汤色。绿茶汤色可以分为翠绿、嫩绿、黄绿等多种，不同产区、不同品种以及不同工艺均会影响绿茶汤色。主要依据茶汤颜色的深浅和明亮程度来品鉴绿茶汤色品质，一般以绿、清澈、明亮为佳，而以红、发暗、浑浊等为差。

（3）绿茶滋味。绿茶的滋味由鲜、苦、涩、甘四个层次构成，苦涩味和收敛性主要由多酚类及咖啡因产生，鲜味由氨基酸类产生，甘味由糖类产生。绿茶滋味以浓厚、回甘为好，浓而不爽的稍逊，淡薄、粗涩的差，带烟焦味或其他异味的为劣次品。

（4）绿茶叶底。绿茶叶底以嫩而芽多、厚而柔软、匀整、明亮的为好，以叶质粗老、花杂、色泽不调和等为差。叶底如出现红梗红叶、叶张硬碎、带焦斑、黑条、青张和闷黄叶，说明品质低下。

二、绿茶鉴赏方法

1. 干茶鉴赏

高档名优绿茶讲究做形，一般会有独特的外形，如剑、针、笋、钩等，因此高档名优绿茶的外形会具有特殊的美感，具有欣赏价值。而且一般名优绿茶产品都会有一个具有特殊含义的名称，可与产品外形相结合起来欣赏，更容易领略到每种名优绿茶所具有的文化内涵。

2. 内质赏鉴

不同绿茶的品鉴方法与内容基本一样，但会因外形等品质不同而略有不同。

（1）备具。鉴赏茶叶之前先要创造一个良好的环境，要求环境清幽洁净、布置典雅，在桌面上准备好茶船、茶叶罐、茶荷、茶道六君子、电水壶以及冲泡容器等。对高档名优绿茶一般选用透明玻璃杯进行泡饮，对中低档绿茶可以选用茶壶、盖碗等进行泡饮。鉴赏完干茶后，即可用沸水进行温杯洁具。

（2）投茶。投茶方法主要有上投法、中投法、下投法三种。上投法是指将冲泡茶叶的水倒入茶杯后再放入茶叶的冲泡方法，适用于叶质较嫩、重实的颗粒状名优绿茶。中投法是指在茶杯

中倒入少许水后投入茶叶，使茶叶有一个浸润的过程，再高冲水，以避免细嫩的茶叶被大量高温的热水破坏品质。下投法是指先投入茶叶后用水冲泡的方法，多用于普通绿茶的冲泡。

（3）冲泡。茶叶冲泡的用水很讲究，《茶经》中就有"山水上，江水中，井水下"之说，生活中常用自来水来冲泡。我国北方的自来水一般硬度偏高，不宜用来泡茶。选择纯净水、山泉水等，有利于泡出好茶。绿茶对冲泡的水温有讲究，一般细嫩的名优绿茶的冲泡温度可采用85℃～95℃，普通绿茶可用95℃～100℃的水。冲泡时讲究高冲水，即注水时将茶壶提高，这样有利于茶香以及内含成分的泡出。冲泡手法目前常采用"凤凰三点头"，即茶壶在注水过程中有节奏地三起三落，好像凤凰在点头，表示对客人的尊敬。俗语说"茶满欺客，酒满敬人"，冲泡时注水需七分满，寓意为"三分情、七分意"。

（4）赏茶舞和汤色。赏茶舞和汤色是指欣赏茶叶在水中泡开过程中姿态和水色的变化过程。名优绿茶在热水的浸泡下，形态变化万千。茶芽将慢慢地舒展开来，尖尖的嫩芽为"枪"，展开的叶片为"旗"，一芽一叶的称为旗枪，一芽两叶的称为"雀舌"。有的如笋，在水中竖立，表现出昂扬的气质。有的如绿林，一片生机盎然的翠绿森林。轻轻摇动杯身，可以看见茶叶在水中上下翻滚，犹如在跳动的舞蹈。有些茶叶分布在杯底与液面上，上下游动，又如绿色的山川水景。茶叶在冲泡过程中，茶叶内含物质成分会逐步浸出在茶水中，茶汤汤色不断发生变化。在冲泡初期，茶水会在无色中逐渐出现一丝一丝的绿色，犹如早春缥缥缈缈的春意；慢慢地，茶汤由淡绿色逐渐加深，成为一杯碧绿的春水，犹如浓浓的满园春色；加上如笋如树、上下跳动的绿叶，犹如一件珍贵的艺术品，令人自生美意而不愿品饮。

（5）闻香气。若用玻璃杯冲泡，可一手持杯身，一手托杯底，将茶杯由左向右从鼻前慢慢移过，轻轻吸嗅，感受茶叶香气。若用盖碗冲泡，可一手托杯身，另一手将杯盖稍许移动但不离开杯身，凑近鼻端，感受从杯中逸出的茶香。每嗅一次香气，需及时将茶杯端离鼻端，以充分感受吸入的茶香带来的美感，还可仔细辨识茶香的类型。

（7）品味。品茶需三品，古语有云"一品得趣，二品得神，三品得味"。品茶时，啜入一小口茶汤，当茶汤顺舌部流到舌根部时，倒吸几下，将茶水在舌面充分地回旋片刻，然后徐徐咽下。茶水在口中不同停留的时间中，会产生不同的感觉，用心品味，能充分感受到茶汤的滋味，尤其是饮后的回甘。在茶汤咽下的过程中，还能感受到浓浓的茶香，于茶味、茶香之中感受人心、茶心、天心的融汇、贯通，进入天人合一的境界，实现内在境界的升华。

三、绿茶鉴赏技巧

1. 茶水比

泡茶时的茶水比对茶汤质量有显著的影响，目前多数介绍的茶水比为 1：50，该比例实际上是参照专业审评时的茶水比。专业审评时用茶量大，茶水浓度高，是为了让审评人员充分地将茶叶的内质品鉴出来，但实际上一般的人均难以饮用这么高浓度的茶水。为此在冲泡绿茶的时候，建议采用 1：75～1：100 的茶水比为宜。不常喝茶的人，茶水比低些；常喝茶的人，茶水比高些。对讲究做形的茶叶，茶水比可低些；做形少、甚至没做形的茶叶，茶水比需高些。

2. 泡茶时间

泡茶时间的长短对茶汤质量也有显著的影响。对高档名优茶，注入沸水后，即可端送给客人，以便客人及时观看茶舞、细闻茶香和鉴赏汤色；完成这些内容后，泡出的茶汤浓度正适合于品饮。而对一些中低档茶，因缺少名优绿茶前面的鉴赏内

容，则应在注入沸水后冲泡 2 分钟左右，再端送给客人品饮。对一些不常喝茶的人，泡茶时间可以适当缩短些；而对一些好茶者，则可适当延长泡茶时间。

3. 轻嗅茶香

刚端送上来的茶水在嗅香时，要特别注意防止烫伤。在初嗅时，需轻嗅，而不可一下就深嗅。吸嗅一下后鼻子就及时离开茶杯边，稍停留一下后再吸嗅第二次。一般连续吸嗅不超过 3 次，可在停留十多秒后再闻香。热嗅时挥发出来的香气成分是以沸点高的为主，香气更浓郁、高锐；而温嗅或冷嗅时，挥发出来的香气成分是以低沸点的为主，香气低但非常优雅；分别进行热嗅和温嗅，能品味到不同风格的香气，尤其是在冷嗅时闻到的优雅茶香令人感觉非常特别。

4. 小口品饮

在品鉴茶味时，需小口品饮。一是因为怕茶汤较烫，防止烫伤；二是因为茶水量过多时，无法在舌面充分回旋，自然不能充分品鉴出茶味。但是茶水量如过少，也是无法正确品出茶味的，一般每次以满满一汤匙茶水的量为准。每品饮一下后，不可立马连续品饮第二次，中间可稍微停留一会儿；在停留一会儿之间，可注意品味咽喉之间的回甘感觉，还可以活化味觉细胞，有利于下一次品味。

5. 冲泡次数

绿茶一般可以冲泡 3 次。而高档名优绿茶因原料多偏嫩，不耐泡，为此一般以冲泡两次为宜；对一些芽茶和缺乏揉捻做形的茶叶，以冲泡一次为宜。中低档绿茶比较耐泡，但也以泡三次为限，超过三次茶味明显不足，失去品饮价值。

第三节　白茶和黄茶的品鉴

一、白茶品鉴

白茶经鲜叶萎凋、干燥而成，不炒不揉，可分为银针、白牡丹、贡眉。

1. 白茶品质特征

白茶总体的品质特征为外形完整，显毫，汤色清澈明亮，滋味清淡回甘。

（1）银针。依产地分为北路银针和南路银针。北路银针产于福建福鼎，鲜叶为福鼎大白茶（又名福鼎白毫）；外形优美，芽头壮实，毫毛厚密，富有光泽；汤色碧清，呈杏黄色；香气清淡，滋味醇和。南路银针产于福建政和，鲜叶为政和大白茶；外形粗壮，芽长，毫毛略薄，光泽不如北路银针，但香气清鲜，滋味浓厚。

（2）白牡丹。白牡丹以绿叶夹银白毫芽，形似花朵，冲泡后绿叶托着嫩芽，宛如蓓蕾初绽而得名。外形不成条索，两叶抱一芽，似枯萎花瓣，色泽灰绿或暗青苔色。冲泡后，香气清鲜纯正，滋味鲜醇清甜，汤色杏黄或橙黄、清澈。叶底浅灰，叶脉微红，芽叶连枝。

（3）贡眉。贡眉成品茶毫芯明显，茸毫色白且多，干茶色泽翠绿。冲泡后汤色呈橙色或深黄色，叶底匀整、柔软，鲜亮，迎光看去叶片可透视出主脉的红色。品饮时感觉滋味醇爽，香气鲜醇。

2. 白茶鉴赏方法

以白毫银针为例来介绍白茶的鉴赏。

（1）鉴赏干茶。白毫银针具有极高的欣赏价值，无论是其名其形，还是其姿，都令人耳目一新。白毫银针芽壮毫显，挺直似针，毫白如银，色泽银灰，熠熠闪光人见人爱。

（2）冲泡。冲泡白毫银针常选用无色无花的直筒形透明玻璃杯，也可选用白瓷盖碗，以利于欣赏冲泡过程中茶和茶水的变化。冲泡时，茶水比以 1：40 为宜，冲泡水温以 80℃～90℃为好，采用下投法，先让茶叶浸润 10 秒钟左右，然后用高冲法

冲入沸水。

（3）赏汤。可以欣赏白毫银针在冲泡时上下翻腾、舒展以及冲泡沉静后的姿态。在冲泡白茶时，开始茶叶浮于水面，在热水的浸润下茶叶逐渐舒展开来；5～6分钟后，芽尖向上，部分茶芽徐徐下落沉落于杯底，部分茶芽依然悬浮茶汤上部，此时茶芽条条挺立，上下交错；望之有如石钟乳，也如银丝在水中上下飘动，蔚为奇观。

（4）品饮。白茶内含物质不易浸出，冲泡时间宜较长。一般冲泡约10分钟后，待茶汤显黄时即可取饮。细闻毫香，慢啜茶水。白毫银针满披白毫，毫香浓。白茶的滋味清新甘甜，需细细品味，才能感受到。

3. 白茶鉴赏技巧

因白毫银针冲泡时间较长，可在冲泡后茶芽吸水膨胀这段时间开始进行鉴赏干茶样，并与杯中的相对照，比较吸水后的茶芽，其趣更浓。白茶的香气和滋味均不属于突显的类型，特别是第一泡的茶汤汤色浅淡，近如白开水，真可谓是"君子之交，淡如白茶水"。而常言道茶如人生，人生如茶，品茗如同品味人生一般，品白茶更如品人生，唯有用心品鉴，才能真正品味到白茶的真味。

二、黄茶品鉴

黄茶按原料大小可以分为黄芽茶、黄小茶和黄大茶，著名的有鹿苑茶、君山银针、蒙顶黄芽、霍山黄芽等。

1. 黄茶的品质特征

通过"闷黄"工艺，造就了黄茶"干茶黄、汤色黄、叶底黄"的品质特征。

（1）君山银针。君山银针产于湖南岳阳洞庭湖君山岛，有"三起三落"之美称。其芽头肥壮挺直，满披茸毛，形似针；干茶色泽金黄泛光，茸毛为金色，有"金镶玉"之称。内质汤色浅黄清亮，香气清鲜，滋味鲜爽甘醇；叶底嫩黄明净，芽头匀齐。

（2）鹿苑茶。鹿苑茶产于湖北远安县鹿苑寺一带，外形条索紧结弯曲呈环状，俗称环子脚。干茶色泽金黄，白毫显露，带有浅金黄色爆点，俗称鱼子泡。内质汤色杏黄明亮，香气高爽持久，有栗香，滋味醇厚甘爽，叶底嫩黄明亮、嫩软。

（3）蒙顶黄芽。蒙顶黄芽产于四川雅安名山县的蒙山，外形芽叶扁、较匀齐、似大刀状，肥嫩多毫，干茶色泽嫩黄油润。内质汤色浅黄，清亮；香气清香，带嫩毫香，高爽持久；滋味鲜醇尚厚，甘爽；叶底嫩黄绿、明净，芽较壮、匀、呈雀舌状。

2. 黄茶鉴赏

以君山银针为例来介绍黄茶鉴赏，君山银针茶在品饮时重在欣赏茶姿。

（1）鉴形。将茶叶拨入茶荷中，先欣赏君山银针干茶，看其形察其毫，细赏"金镶玉"。优质的君山银针外形匀齐，满披茸毛，色泽金黄光亮。

（2）冲泡。以玻璃杯泡君山银针为最佳。茶水比以 1：40 为宜，泡茶水温以 85℃～90℃为宜。采用下投法置茶，润湿杯中茶叶后，以高冲法冲入沸水。

（3）赏汤。君山银针在冲泡时的茶姿十分独特，极具美感。用玻璃杯冲泡时，君山银针芽头冲向水面，芽尖朝上、蒂头下垂而悬空直挺竖立于水面，继而徐徐下沉，再竖立于杯底。间或有的芽头从杯底又徐徐升至水面，忽升忽降，蔚成趣观，最多可达三次，故君山银针有"三起三落"之美称。有的芽头包芽之叶略有张口，其间夹有一晶莹气泡，恰似"雀舌含珠"。最后，芽头竖沉于杯底，似群笋出土，又如金枪直立，芽光水色，浑然一体，堆绿叠翠，交相辉映，妙趣横生，极为壮观，十分悦目。待泡至汤色显黄，即可开始品饮。

（4）品饮。端起茶杯，将茶杯在面前左右移动，感受香气的蔓延。细闻，可感受到君山银针明显的毫香。小啜一口，使茶汤在腔中缓缓流动，可充分品味到君山银针的甘醇、鲜爽，使人心旷神怡。

3. 黄茶鉴赏技巧

黄茶鉴赏以赏汤和品味为主。因多数高档黄茶产品缺少专门的揉捻工序，内含物质成分不容易泡出，在冲泡时可加大投叶量和延长冲泡时间。

第四节　乌龙茶品鉴

乌龙茶的品饮能风靡全国，得益于乌龙茶特殊的品质。

一、乌龙茶品质特征

因产区和工艺的不同，不同乌龙茶的品质有所不同。

（一）乌龙茶主要品质特征

乌龙茶总体的品质特征是外形条索粗壮，干茶色泽油润有光，内质香气馥郁芬芳，汤色金黄或翠绿、清澈，滋味浓醇鲜爽。

1. 乌龙茶外形

乌龙茶主要有两种外形：一是颗粒型，以铁观音、冻顶乌龙为代表；颗粒型乌龙茶发酵偏轻，品质接近绿茶；外形要求颗粒紧结、重实，干色翠绿或砂绿、有光泽。二是条形，以武夷岩茶、凤凰水仙为代表；条形乌龙茶发酵偏重，品质接近红茶；外形也要求条索紧结，干色乌褐、有光泽。

2. 乌龙茶香气

乌龙茶突出的品质特征是具有非常浓郁的花果香。一般是春乌龙滋味最好，秋乌龙香气最好，夏乌龙品质最差。高档乌龙茶的花果香更加浓郁，但不同制法的产品在香型、香气高低等方面会有所差异。而中低档乌龙茶尤其是低档的，因天然的香气品质较差，故特别讲究焙火，所以一般都具有焙火香。

3. 乌龙茶汤色

乌龙茶的汤色居于红茶与绿茶之间，发酵偏轻的汤色甚至达到翠绿，发酵偏重的汤色几乎可以达到深红，多数的以金黄或橙黄为主，但均要求茶汤清澈明亮。

4. 乌龙茶滋味

不同原料、不同制法的乌龙茶滋味差异明显，但整体而言滋味以甘醇为主，这也是乌龙茶能够被很多人接受的重要原因之一。茶水滋味随不同冲泡次数的增加，会先浓厚后略淡。

5. 乌龙茶叶底

传统乌龙茶的叶底有"绿叶金镶边"、"三分红七分绿"等显著特征，但常见的乌龙茶叶底为"红边黄腹"或"红边绿腹"，还要求叶底厚薄均一、有光泽。此外，红镶边并不都是在叶边上红，有的红会在叶面中间，但要求红点明亮。

（二）主要乌龙茶的品质特征

1. 武夷岩茶

武夷岩茶属于闽北乌龙，突出代表有大红袍、铁罗汉、白鸡冠、水金龟共"四大名枞"。武夷岩茶的外形为弯条型，条索紧结，干色乌褐或带青褐色。汤色橙黄至金黄、清澈明亮。香气带花、果香型，或似水蜜桃香、兰花香、桂花香、乳香等。滋味醇厚滑润甘爽，带特有的"岩韵"。叶底软亮、呈绿叶红镶边，或叶缘红点泛现。武夷岩茶饮后齿颊留香、喉底回甘，七泡有余香。

2. 铁观音

铁观音是闽南乌龙茶的代表，目前有清香型和浓香型两种。

（1）清香型铁观音。铁观音外形为圆球形，壮实圆结、匀净，干茶色泽翠绿较油润。香高持久，汤色翠绿明亮，滋味醇

厚鲜爽甘滑，耐冲泡，叶底软亮匀整翠绿。

（2）浓香型（传统型）铁观音。铁观音外形为颗粒形，圆结匀净，身骨重实，青蒂绿腹，稍带砂绿色。冲泡后汤色金黄浓艳，似琥珀，有天然馥郁的兰花香，滋味醇厚甘鲜。叶底软亮、匀整，呈青蒂绿腹红镶边。铁观音茶香高而持久，滋味回甘悠久，俗称有"音韵"。

3. 冻顶乌龙茶

冻顶乌龙茶属轻度或中度发酵茶，主产于台湾。冻顶乌龙茶外形卷曲呈半球形，色泽墨绿油润；冲泡后汤色黄绿明亮，香气高，有花香，略带焦糖香，滋味甘醇浓厚，耐冲泡。

4. 凤凰单枞

凤凰单枞是广东乌龙茶中的代表，其茶条挺直肥大，色泽黄褐呈鳝鱼皮色，油润有光。茶汤橙黄清澈，沿碗壁显金黄色彩圈；具天然花香，香味持久；醇爽味甘，耐泡；叶底肥厚柔软，边缘朱红，叶腹黄亮。

二、乌龙茶鉴赏方法

乌龙茶的鉴赏以香气和滋味为主。

1. 干茶鉴赏

外形不是乌龙茶最主要的品质因子，但依然具有一定的鉴赏价值。乌龙茶外形鉴赏时，以鉴赏条索、色泽为主，结合嗅干香。条索主要是看松紧、轻重、壮瘦、挺直、卷曲等。干茶色泽以砂绿或乌褐油润为好，以枯褐、灰褐无光为差。嗅干香可辨别有无杂味，香型是花果香或高火味等。

2. 内质鉴赏

（1）备具。冲泡乌龙茶可选用盖碗或紫砂壶，饮用配品茗杯，还可配公道杯和闻香杯。在泡茶前先用沸水烫洗一遍器具。

（2）置茶。乌龙茶冲泡的用茶量一般很大，以占到泡茶具体积的二分之一到三分之二为宜。将茶置入泡茶具时，如用的是紫砂壶时需注意将茶叶中细小部分远离壶嘴一端,将颗粒粗大的放置壶嘴这边。

(3)冲泡。乌龙茶讲究洗茶,第一泡茶水需倒掉。第一次冲泡时,需及时将茶水倒出。第二次冲泡时,讲究悬壶高冲,使茶叶在壶中翻腾旋转,以利于茶叶内含物的浸出。加盖后,用沸水淋洗壶身表面,以保持浸泡温度,有利于茶水品质的形成。

(4)斟茶。乌龙茶泡茶时间随冲泡次数的增加而延长,但第一次泡茶时间(洗茶除外)为45秒至60秒左右,第二次、第三次分别为90秒、120秒左右为宜。茶水可直接斟入品茗杯或闻香杯,但须注意保持每杯的茶汤浓度尽可能地一致。如有用公道杯的,可先将茶汤注入公道杯中后,再分别斟入品茗杯或闻香杯中。

(5)鉴赏香气。对冲泡者而言,在鉴赏香气时主要嗅杯盖香。在每泡斟完茶后,拿起杯盖,靠近鼻子,嗅盖底随水汽蒸发出来的香气。对品饮者而言,则是用闻香杯或品茗杯直接品鉴香气。将闻香杯中的茶水倒入品茗杯后,将闻香杯置于双手手心间,使闻香杯杯口对准鼻孔,在双手反复搓动闻香杯中将闻香杯口送近鼻端,使杯中香气尽可能地送入鼻腔。或以"三龙护鼎"手法持品茗杯,将杯口送近鼻端嗅香。在嗅香时,第一次嗅香气的高低,是否有异气;第二次辨别香气类型;第三次嗅香气的持久程度。乌龙茶要求香气高爽愉快,以花香或果香细锐、高长的见优。

(6)赏汤色。看汤色要及时,汤色主要可以区别品质的新鲜程度。清香型乌龙茶要求汤色翠绿(浓香型乌龙茶的汤色要求为金黄色)、清澈,闽北岩茶则要求汤色呈橙黄色、清澈。乌龙茶汤色也受火功的影响,一般而言火功轻的汤色浅,火功足的汤色深;高级茶火功轻汤色浅,低级茶火功足汤色深。

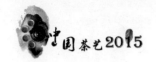

（7）品饮。一品茗杯乌龙茶茶水，可分为三小口品饮。慢慢一啜，留意口腔回旋，气冲鼻出，领悟入口瞬间的茶香，然后体验入口浓而后转甘醇的韵味。乌龙茶能让满嘴生芳，久久犹觉齿颊留香，喉头爽快。

三、乌龙茶鉴赏技巧

1. 乌龙茶的品种香

乌龙茶的产品名称与所用茶树原料的品种名称一般是一致的。因不同品种原料加工的乌龙茶产品会有明显不同的香气，这种独一无二的香气称为品种香，如黄棪具有似水蜜桃香、毛蟹具有似桂花香、武夷肉桂具有似桂皮香、凤凰单枞具有似花蜜香、铁观音具"音韵"的兰花香、金萱具乳香等。正因乌龙茶具有独特的品种香，甚至是同一品种不同树上采摘的鲜叶制成的乌龙茶香气都会有明显的区别，导致现在发展起来了很多香气独特的单枞茶。在进行品鉴时，可以仔细区分不同品种乌龙茶独特的品种香。

2. 乌龙茶品饮的地域差异

品饮讲究"三到"。一是"眼到"，看茶色是否鲜艳纯净；二是"舌到"，小呷细品茶味；三是"鼻到"，呷茶的同时轻闻茶香。乌龙茶的品饮重在闻香和品味，不重赏形鉴色。在实践中，有闻香重于品味的，如在台湾以冲泡当年新茶为佳；有品味更重于闻香的，如在东南亚一带推崇饮用经二三年合理贮存的乌龙茶。另潮汕一带强调热品，而台湾采用的是温品。

3. 冲泡次数

乌龙茶耐泡，很多可泡七次以上，但在实践中一般以冲泡三次为宜。在冲泡中，需努力做到不同泡次的茶水浓度大体一致，这需要注意控制每泡次的冲泡时间。而且，每泡次的茶水必须沥尽，否则对后续的茶汤质量会产生明显的影响。

第五节 红茶品鉴

红茶占世界茶叶销量的 70％以上，其中又以红碎茶为主，而品饮方式又以袋泡红茶为主。

一、红茶品质特征

1. 红茶主要品质特征

红茶主要可分为工夫红茶、小种红茶和红碎茶三大类，各自的品质不一。

（1）工夫红茶。工夫红茶因初制中揉捻工序特别注意条索的紧结完整，精制时颇费工夫而得名。其外形条索细紧平伏匀称，干茶色泽乌润，显金毫。冲泡后香气馥郁，为花果香或甜香。汤色红艳明亮，滋味甜醇，叶底红亮而柔软。

（2）小种红茶。小种红茶外形条索肥壮，紧结圆直，不带芽毫。冲泡后以烟香和桂圆汤、蜜枣味为主，香高持久。汤色红艳浓厚，滋味醇厚回甘。叶底红亮，带紫铜色。

（3）红碎茶。红碎茶外形为细颗粒状，要求匀净、重实，干茶色泽乌黑油润。冲泡后香气高锐持久，汤色红艳，滋味浓强鲜爽，叶底匀嫩。

2. 主要红茶的品质特征

（1）滇红。滇红是云南红茶的统称，以外形肥硕紧实、金毫显露和香高味浓而著称于世。滇红工夫茶芽叶肥壮，紧结重实，匀整；干茶色泽乌润带红褐，金毫显露；内质香气高，汤色红艳带金圈，滋味浓厚、刺激性强，叶底肥厚、红匀嫩亮。高档滇红的金圈和冷后浑均很明显。

（2）宜红。宜红有宜昌工夫红茶、宜宾工夫红茶和宜兴工夫红茶三种，但多当作是宜昌工夫红茶的简称。宜昌工夫茶外形条索紧细有金毫，干茶色泽乌润，香气甜纯高长，滋味醇厚

147

鲜爽，汤色红亮，叶底红亮柔软，冷后浑现象明显。

（3）祁红。祁门红茶产于安徽省祁门以及江西的浮梁一带，以外形苗秀、色有"宝光"和香气浓郁而享有盛誉。祁门工夫茶外形条索紧细，锋苗好，干茶色泽乌黑泛灰光，俗称"宝光"；内质香气浓郁高长，似蜜糖香，又蕴藏有兰花香，在国际市场上被誉为"祁门香"；汤色红艳明亮，滋味醇香，回味隽永，叶底嫩软红亮。

（4）宁红。宁红产于江西省修水、武宁、铜鼓、宜丰等地，其外形条索紧结圆直，锋苗挺拔，干茶色泽灰而带红、光润。内质香高持久似祁红，滋味醇厚甜和，汤色红亮，叶底红匀。

（5）正山小种红茶。正山小种红茶产于福建省武夷山，其外形条索肥壮、紧结圆直，身骨重实，不带芽毫，干茶色泽乌黑油润有光。内质香高持久，带松烟香；汤色呈糖浆状的深金黄色；滋味甜醇回甘，具桂圆汤和蜜枣味，活泼爽口；叶底红亮，带紫铜色；茶汤加牛奶后仍有较浓的茶香味，汤色粉红鲜艳。

二、红茶鉴赏方法

红茶因其色泽红艳油润，滋味甘甜可口，品性温和，人称迷人之茶。红茶可清饮，也可调饮。品饮红茶，重在品香气、汤色和滋味。小种红茶仅限于少数区域饮用，红碎茶多以袋泡茶的形式饮用，工夫红茶以冲泡清饮为主。

1. 干茶鉴赏

高级工夫红茶或油润或泛灰，多显金毫。赏其外形，重在欣赏其色泽，顺光而观，金毫耀眼，显示内质的独特。细闻茶香，带有明显的花香或果香。

2. 内质鉴赏

品饮工夫红茶，可用白瓷杯、盖碗或茶壶冲泡。茶水比以1：75为宜，泡茶水温以90℃～100℃为宜，冲泡时间以茶汤明亮清澈为佳，约泡 2～3 分钟。

（1）闻香。冲泡好后，将茶水分入品茗杯中，端起杯细闻其香，慢慢分辨，感受工夫红茶独特的香型。红茶以浓郁的花果香或甜香而著称，香气以纯正、持久、无异味者为佳。红茶嗅香时，茶汤温度应在 45℃～55℃为宜，过高则烫鼻，影响嗅觉判断，过低则显香气低沉。

（2）赏色。欣赏红茶汤色，重在辨识茶汤的金圈。红茶汤色应为红艳明亮，清澈透明，优质红茶的茶汤与茶碗交界处会有明显的金圈。茶汤在温度降低时会出现浑浊，俗称"冷后浑"，这是红茶品质优良的特征。

（3）品味。细啜茶汤，徐徐品味，并细辨茶汤中蕴含的香味。慢慢一啜，茶水含在舌间回旋数次，体验其浓厚鲜爽的滋味呈现。好的红茶滋味浓厚、强烈而鲜爽，回味甘甜。

三、红茶鉴赏技巧

1. 红茶香气

红茶香气以甜香和花果香为主，一般工夫红茶的香气偏甜香，而红碎茶的香气偏向清鲜的花果香。不同产地的红茶香气品质独特，地域香的特征非常明显，如"祁门香"、"滇韵"等。优质红茶香气浓郁持久，劣质红茶的香气欠爽，有的夹杂有粗涩味。在进行红茶鉴赏时，要尤为专注于红茶香气的鉴赏，才可以充分感受到红茶品质的独特。

2. 冷后浑和金圈

"冷后浑"和"金圈"是鉴别红茶品质优劣的两个重要指标。红茶浑汤即称为"冷后浑"，是茶汤内含物质丰富的标志。同时茶汤贴茶碗或茶杯边缘有一发光的金黄圈，称为"金圈"；"金圈"越厚，颜色越金黄，表明红茶品质就越好。

3. 红茶调饮

红茶的滋味甘甜可口，且品性温和，具较好的兼容性，适

合进行调饮。可以将柠檬等果汁、蔬菜汁、牛奶等分别加入红茶汤中，可配入砂糖、奶酪、盐等调料，还可加入冰块、红酒、白酒等，制成各种个性浪漫的饮料，可以迎合更多不同口味的消费者，使得红茶越来越为人们所喜爱。

第六节　黑茶品鉴

黑茶以往主销我国边疆，故又称为"边销茶"，但非边销区也开始饮用黑茶。

一、黑茶品质特征

黑茶按产地可分为湖北老青砖茶、湖南黑茶、云南普洱茶、广西六堡茶、四川边茶等，按形状可分为砖茶、沱茶、饼茶及篓装茶等。

（一）黑茶主要品质特征

1. 外形

黑茶在外形上总体要求色泽黑而有光泽，散茶条索匀齐，紧压茶砖面完整、模纹清晰，棱角分明，无裂缝。其中压制茶又可分为两种：

（1）分里面茶。如青砖、米砖、康砖、圆茶、饼茶、沱茶等压制茶分里茶和面茶。好的茶叶要求形态端正，棱角整齐，压模纹理清晰，厚薄、大小一致，厚紧适度。洒面包心不外露，无起层脱面，分布均匀。里茶要求梗子嫩度达标，里茶或面茶无腐烂、夹杂物等情况。

（2）不分里面茶。筑制成篓装的成包或成封产品有湘尖、六堡茶、茯砖茶、千两茶等，均不分里茶和面茶。除同样要求形态端正，棱角整齐，模纹清晰外，厚薄、大小一致外，无起层脱面，色泽油黑，无或者只含少量筋梗、片以及其他夹杂物。湘尖、六堡茶要求条索明显，成条。茯砖加评"发花"状况，以金花茂盛、颗粒大为好。

2. 内质

黑茶内质总体要求汤色橙黄、明亮，陈茶红艳明亮。香气纯正，陈茶有特殊的陈香。滋味醇和，润、滑，味厚而不腻，有回甘，无杂味。如果香气有馊酸气，霉味或其他异味，滋味粗涩，汤色发黑或浑浊，都是品质低劣的表现。

（二）主要黑茶的品质特征

1. 湖北老青砖茶

老青砖茶主产于湖北省咸宁，已有百多年历史。历史上老青砖茶砖面有一个内凹的"川"字，是老青砖茶经典的标志。老青砖茶外形为长方砖形，色泽青褐；香气纯正，滋味尚浓无青气，水色红黄尚明，叶底暗黑粗老。

2. 湖南黑茶

湖南黑茶主产于安化，主要为"三尖三砖一花卷"。"三尖"包括天尖、贡尖和生尖，"三砖"为黑砖、花砖和茯砖，"花卷"以千两茶最为出名。不同湖南黑茶的外形不一，但干色一般为黑褐油润；内质香气纯正，多带松烟香；汤色橙黄，滋味较醇和，叶底黑褐。

3. 云南普洱茶

普洱茶以云南大叶种晒青茶为原料，分为普洱生茶与普洱熟茶两类，生普属于绿茶，熟普属于黑茶。熟普外形条索肥壮、重实，色泽褐红、呈猪肝色或灰白色；内质汤色红浓明亮；香气会有陈香；滋味醇和、回甜；叶底厚实呈褐红色。

4. 广西六堡茶

六堡茶因原产于广西壮族自治区苍梧县的六堡乡而得名，已有200多年历史。六堡茶素以"红、浓、醇、陈"四绝而著称，条索粗壮，长整不碎，色泽黑润光泽；内质香气陈醇带松木烟香，汤色红浓亮，滋味较甘醇并带有松烟味和槟榔味，叶

底呈铜褐色。

5. 四川边茶

四川边茶分为西路边茶和南路边茶，生产历史悠久。南路边茶以雅安为制造中心，主销西藏、青海和四川等地；外形砖型平整，洒面均匀，色泽棕褐油润；内质香气纯正，有老茶的香气，汤色尚红亮，叶底棕褐粗老，滋味平和。西路边茶以都江堰市为制造中心，销往四川和甘肃的部分地区。西路边茶的原料比南路边茶更粗老，成熟粗大，梗多，色泽枯黄，分"茯砖"和"方包茶"两类。

二、黑茶鉴赏方法

（一）干茶鉴赏

1. 散茶

黑茶散茶主要鉴别香气，注意区别香气的纯正、高低、有无火候香和悦鼻的松烟香味，以有粗老气、香低微或有日晒气为差；有馊、酸、霉、焦和其他异气为劣。

2. 压制茶

压制茶的形状不一，如砖形、方形、圆饼形、碗形、枕形等，要求外形完整、光滑，压制的标识清晰。细闻无异味，有纯正的黑茶香。

（二）内质鉴赏

黑茶在边疆主要是煮饮，但在非传统销区主要是泡饮。多用紫砂壶或盖碗冲泡黑茶，投叶量约占壶或碗的五分之二。茶冲泡时对水温要求较高，以刚沸的水冲泡为佳。冲泡时间随冲泡次数相应增加，可根据个人口味浓淡调节。

黑茶冲泡后用品茗杯品饮，先闻香，后赏色，再品味。端起品茗杯，细闻茶香，辨识黑茶的陈香，分辨香气是否纯正持久，需无日晒、酸、馊、霉、焦等气味。然后对光赏色，黑茶汤色以橙黄明亮好，但陈茶汤色红亮如琥珀。再抿一口茶汤，将茶汤置于舌根底部并回旋，停留 3～5 秒；黑茶滋味以甘醇为好，粗淡、苦涩为差。

三、黑茶鉴赏技巧

1. 黑茶品饮方式

黑茶可以泡饮和煮饮，也可以清饮和调饮。泡饮的黑茶汤更接近茶的本味，但味相对较淡、泡出时间相对长。煮饮的黑茶汤会更浓，滋味会更加甘醇。黑茶汤除直接饮用外，可以加入牛奶、爆米花、炸花生、葡萄酒、白酒、冰块等调饮。

2. 黑茶洗茶

黑茶泡饮讲究洗茶，但实践中常洗茶过多，多洗 2～3 次，造成茶叶内含物质浪费过大。因此洗茶以 1 次为宜，并尽可能缩短洗茶时间，减少内含物质成分的损失。然而，不同冲泡次数的黑茶汤，品质风味相互之间相差很明显，以第三泡或第四泡的茶汤香气和滋味更纯正、口感更甘醇，这可能是实践中为何洗茶 2～3 次的原因。

3. 黑茶香气

黑茶香气有陈香，但新制黑茶陈香还不明显，陈茶的陈香才明显。同时湖南黑茶和广西六堡茶传统制法均需用松烟熏制，产品会带有松烟香。此外，茯砖茶有金花菌，茶汤会有特殊的金花菌香和金花菌味。

第七节　花茶品鉴

花茶又称熏制茶、香花茶或香片，是我国重要的再加工茶产品。

一、花茶品质特征

用于窨制花茶的茶坯主要是烘青绿茶以及少量的红茶和乌龙茶，香花常用茉莉、白兰、珠兰、玳玳、柚子、栀子、桂花、

玫瑰等。不同香花窨制的花茶，品质各具特色，一般茉莉花茶芬芳隽永，白兰花茶浓烈，珠兰花茶清幽，柚子花茶爽纯，代代花茶浓郁，玫瑰花茶甘甜。尽管不同花茶的品质各有特点，但对高级花茶而言，基本要求是一致的：均要求香气鲜灵、浓厚持久、纯正，滋味浓醇鲜爽，汤色黄绿或淡黄、清澈明亮，叶底嫩匀、明亮。

茉莉花茶约占全国花茶总量的90％，可分为普通茉莉花茶和特种茉莉花茶。

1. 普通茉莉花茶

高档烘青茉莉花茶窨制工艺为四窨及四窨以上，外形多显毫、显锋苗，不得有茉莉花干；汤色嫩绿或嫩黄明亮，香气鲜灵，茉莉花香浓郁、纯正、持久；滋味醇厚甘爽，叶底多芽或成朵、嫩厚匀齐、嫩黄明亮。中低档烘青茉莉花茶窨制工艺为二窨至三窨，外形条索成条、紧结，干色较绿润，可见少量茉莉花干；汤色绿黄明亮，清澈；香气鲜灵度较高，茉莉花香较浓郁、纯正、较持久；滋味醇和，叶底较匀齐、黄绿明亮。

2. 特种茉莉花茶

以高档名优绿茶为原料、以"五窨一提"甚至"七窨一提"窨制而成的茉莉花茶，称为特种茉莉花茶。特种茉莉花茶的茶坯原料一般偏细嫩，外形会具有较特殊的造型，如针、如螺、如笋等；汤色嫩绿或黄绿，明亮清澈；香气鲜灵度高，茉莉花香浓郁纯正、持久；滋味甘醇，鲜爽；叶底嫩绿，匀齐。

二、花茶鉴赏方法

花茶的品饮，重在闻香，其次是品味，对特种花茶可兼赏形。

1. 干茶鉴赏

以特种花茶的外形鉴赏价值更高，一般都会有独特的造型，如绣花针、如绒球、如耳环等。细闻干茶香，能闻到浓浓的花香。

2. 内质鉴赏

特种花茶在冲泡时借鉴名优绿茶的冲泡方法，普通花茶则可借鉴中低档绿茶的冲泡方法。特种花茶在冲泡时可边欣赏"茶舞"，边闻其香，体会冲泡全过程中香气的变化。在嗅香中，感受花香的鲜灵度、浓郁与纯正。优质花茶冷嗅依然可以感受到明显的花香，表明花香持久。冲泡好后，细啜香茗水，水在口中停留，使茶汤在舌面来回流动，以口吸气、鼻呼气相结合，品出茶味，更要品出茶汤中的香味。好的花茶，茶水犹如"香水"，当花茶水能喝出花香味的那一刻，品饮者才会真正感受到花茶无限的魅力。

花茶是融茶叶之美味、鲜花之芬芳于一体的产品，花香是花茶茶汤之灵魂，茶味与花香巧妙地融合成适口、香气芬芳的特有韵味，故花茶被称为诗一般的茶。

三、花茶鉴赏技巧

1. 花香的质量

花茶在品鉴中侧重香气，并突出花香。鉴赏花茶香气着重于香气的鲜灵度、浓度和纯度，以鲜灵度和浓度为主。鲜灵度是指花香敏锐、芬芳悦鼻的程度；浓度则指花香的高低；纯度系指窨入鲜花应有的花香，且不闷不浊，忌异气。好的花茶要求鲜灵度高，花香浓郁、纯正、持久。鲜灵度好的花茶，花香浓郁扑鼻、纯正，热嗅、温嗅、冷嗅时均能闻到明显花香，清新怡人，沁人心脾，使人心旷神怡。

2. 花香的协调

花茶香气还讲究协调、匀和，花香和茶香应很好地融为一体，并以花香为主，茶香不明显。品鉴时，如茶香突出，花香不明显，则说明花茶品质差。有些花茶如用花量过大，会导致香气沉闷，如桂花茶。茉莉花茶在窨制中需使用少量玉兰花协

调香气，如玉兰花用量偏大，会导致玉兰花香明显，破坏茉莉花香的纯正和浓郁，而且也会导致茶汤口感苦涩。

3. 花干

我国茉莉花茶传统窨制过程中，需要将窨后的茉莉花筛除，尤其是高档茉莉花茶产品中不得含有茉莉花干，中低档茉莉花茶中仅允许含少量的茉莉花干。花茶中含有茉莉花干，会对茉莉花茶的香气和滋味均造成负面影响，不利于花茶的品鉴。但桂花、栀子花、代代花、柚子花等具有较高养生功效的花，可以保留在花茶产品中。

第八章　茶之水

第一节　古人泡茶用水

水为茶之父。中国人历来对泡茶用水都非常讲究。明代许次纾在《茶疏》中说："精茗蕴香，借水而发，无水不可与论茶也。"明代张大复在《梅花草堂笔谈》中谈道："茶性必发于水，八分之茶，遇十分之水，茶亦十分矣，八分之水，试十分之茶，茶只八分耳。"历代古茶书中，有不少篇章和专著都论及茶与水的关系，其中代表性的有唐代陆羽《茶经》中的"五之煮"，还有唐代张又新的《煎茶水记》、宋代欧阳修的《大明水记》、叶清臣的《述煮茶小品》、明代徐献忠的《水品》、田艺蘅的《煮泉小品》、清代汤蠹仙的《泉谱》、陆廷灿的《续茶经》"五之煮"等。

一、古人选水泡茶

图 8-1　【明】许次纾《茶疏》

157

（一）择水选源

唐代陆羽《茶经》指出"其水，用山水上，江水中，井水下"。明代陈眉公《试茶》诗"泉从石出情更冽，茶自峰生味更圆"。明人田艺衡《煮泉小品》说，"若不得其水，且煮之不得其宜，虽好（茶）也不好。"都认为试茶水品的优劣，与水源的关系之密切。

1. 山泉水

陆羽对水的要求，首先是要远市井，少污染；重活水，恶死水。故认为山中乳泉为最佳。历代著名茶人往往长途跋涉，专门运输储存。山泉水大多出自岩石重叠的山峦。山上植被繁茂，从山岩断层细流汇集而成的山泉，富含二氧化碳和各种对人体有益的微量元素；而经过砂石过滤的泉水，水质清净晶莹，含氯、铁等化合物极少，用这种泉水泡茶，能使茶的色香味形得到最好发挥。但也并非山泉水都可以用来沏茶，如硫黄矿泉水是不能沏茶的。

2. 江、河、湖水

古人云，"扬子江中水，蒙山顶上茶"，说明了名茶伴美水，才能相得益彰。江河湖水属于地表水，含杂质较多，混浊度较高，一般说来，沏茶难以得到很好的效果。但远离人烟，植被繁茂，没受污染的江、河、湖水，仍不失为沏茶好水。如浙江桐庐的富春江水、淳安的千岛湖水、绍兴的鉴湖水等等。唐代陆羽在《茶经》中说："其江水，取去人远者"，唐代白居易在诗中说："蜀水寄到但惊新，渭水煎来始觉珍"，唐代李群玉曰："吴瓯湘水绿花"，就是例证。明代许次纾在《茶疏》中更进一步说："黄河之水，来自天上。浊者土色，澄之即净，香味自发"（图8-1）。

3. 井水（图8-2）

杭州的"龙井茶，虎跑水"，俗称杭州"双绝"。名泉伴名茶，才能美上加美，相得益彰。井水属地下水，悬浮物含量少，透明度较高。但它又多为浅层地下水，特别是城市井水，易受周围环境污染，用来沏茶，有损茶味。所以，若能汲得活水井的水沏茶，也能泡得一杯好茶。唐代陆羽《茶经》"井取汲多者"，与明代陆树声《煎茶七类》"井取多汲者，汲多则水活"意同。明代焦竑的《玉堂丛语》、清代窦光鼐、朱筠的《日下归闻考》中都提到的京城文华

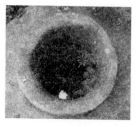

图8-2 井水

殿东大庖井，水质清明，滋味甘洌，曾是明清两代皇宫的饮用水源。福建南安观音井，曾是宋代的斗茶用水，如今犹在。

（二）感官鉴水

1. 水品贵"活"

宋代唐庚《斗茶记》说"水不问江井，要之贵活"，北宋苏东坡《汲江煎茶》说"活水还须活火煎，自临钓石取深清。大瓢贮月归深瓮，小勺分江入夜瓶"，南宋胡仔《苕溪渔隐丛话》说"茶非活水，则不能发其鲜馥"，明代顾元庆《茶谱》的"山水乳泉漫流者为上"，田艺蘅也说"泉不活者，食之有害"，凡此等等，都强调试茶水品应以"活"为贵，茶非活水则不能发挥其固有品质。

2. 水味要"甘"

北宋重臣蔡襄《茶录》说"水泉不甘，能损茶味"。明代田艺蘅《煮泉小品》说"味美者曰甘泉，气氛者曰香泉"，明代罗廪《茶解》主张"梅雨如膏，万物赖以滋养，其味独甘，梅后便不堪饮"。强调的宜茶水品在于"甘"，只有"甘"才能够出"味"。宋代诗人杨万里有"下山汲井得甘冷"之句，可谓一言知之。古人品水味，尤崇甘冷或曰甘洌。所谓甘就是水一入口，舌与两颊之间会产生甜滋滋的感觉，凡泉水甘者能助茶味。

3. 水质需"清"

唐代陆羽《茶经·四之器》所列的漉水囊，就是作为滤水用的。宋代"斗茶"强调茶汤以"白"取胜，更是注重"山泉之清者"。《煮泉水记》云："移水取石子置之瓶中，虽养水，亦

可澄水，令之不淆"。明代熊明遇用石子"养水"，目的也在于滤水。宜茶用水，以"清"为本。古诗里说："在山泉水清，出山泉水浊"。只有源头的泉水最纯净，清，就是要无色透明，无沉淀物。如果水质不清，古人也想方设法使之变清。所谓"正本清源"就是这个道理。

4. 水性应"冽"

冽就是冷、寒。古人认为寒冷的水，尤其是冰水、雪水，滋味最佳。这个看法也自有依据，水在结晶过程中，杂质下沉，结晶的冰相对而言比较纯净。至于雪水，更为宝贵。现代科学证明，自然界中的水，只有雪水、雨水才是纯轻水，宜于泡茶。古人凭感觉获得这条宝贵经验，称雨水、雪水为天泉。陆羽品水，也列出雪水。白居易《晚起》诗中有"融雪煎香茗"之句。宋人丁谓《煎茶》诗记载他得到建安（今福建）名茶，舍不得随便饮用，"痛惜藏书箧，坚留待雪天"。

5. 水品应"轻"

清代乾隆皇帝一生爱茶，是一位品泉评茶的行家。塞北江南，无所不至，在杭州品龙井茶，上峨眉尝蒙顶茶，赴武夷啜岩茶，乾隆一生爱茶，是一位品泉评茶的行家。据清代陆以湉《冷庐杂识》记载，乾隆每次出巡，常喜欢带一只精制银斗，"精量各地泉水"，精心称重，按水的比重从轻到重，排出优次，定北京玉泉山水为"天下第一泉"。宋徽宗赵佶在《大观茶论》中提出：宜茶水品"以清轻甘洁为美"。清人梁章钜在《归田锁记》中指出，只有身入山中，方能真正品尝到"清香甘活"的泉水。在中国饮茶史上，曾有"得佳茗不易，觅美泉尤难"之说。多少爱茶人，为觅得一泓美泉，着实花费过一番功夫。

现代科学运用化学分析的方法，将每毫升含有 8mg 以上钙镁离子的水称为硬水，不到 8mg 的称为软水，硬水重于软水。实验证明，用软水泡茶，色香味俱佳；用硬水泡茶，则茶汤变色，香味也大为逊色。古人凭感觉与长期饮水体验，认为水轻为佳，与现代科学暗合。

二、古人评水论泉

（一）古人论水

陆羽在著《茶经》之前，就十分注重对水的考察研究。《唐才子传》说，陆羽曾与崔国辅"相与较定茶水之品"。此时的陆羽尚未至弱冠之年，可见陆羽幼年已开始在研究茶品的同时注重研究水品。关于宜茶之水，陆羽所著的《茶经》中就曾详加论证："其水，用山水上，江水中，井水下。其山水，拣乳泉石池漫流者上，其瀑涌湍濑勿食之，久食令人有颈疾。又多别流于山谷者，澄浸不泄，自火天至霜郊（降）以前，或潜龙蓄毒于其间。饮者可决之，以流其恶，使新泉涓涓然，酌之。其江水，取去人远者，井水取汲多者。"陆羽对水的要求首先是远市井，少污染；重活水，恶死水。故认为山中乳泉、江中清流为佳。而沟谷之中，水流不畅，又在严夏者，有各种毒虫或细菌繁殖，当然不易饮。那么究竟哪里的水好，哪儿的水劣，还要经过茶人反复实践与品评。后代茶人对水的鉴别一直十分重视，以至出现了许多鉴别水品的专门著述。最著名的有：唐人张又新《煎茶水记》；宋代欧阳修的《大明水记》、叶清臣的《述煮茶小品》；明人徐献忠之《水品》、田艺蘅的《煮泉小品》；清人汤蠹仙还专门鉴别泉水，著有《泉谱》。至于其他茶学专著中也大多兼有对水品的论述。

古人对水的挑选之精致程度，可在《红楼梦》知其一二。《红楼梦》第41回中写道，贾母在栊翠庵喝了妙玉的茶，又问是什么水，妙玉笑回"是旧年蠲的雨水"。之后，妙玉又把宝钗和黛玉领到耳房内喝体己茶，黛玉因问："这也是旧年的雨水？"妙玉冷笑道："你这么个人，竟是大俗人，连水也尝不出来。这是五年前我在玄墓蟠香寺住着，收的梅花上的雪，共得了那一鬼脸青的花瓮一瓮，总舍不得吃，埋在地下，今年夏天才开了。我只吃过一回，这是第二回了。你怎么尝不出来？隔年蠲的雨水那有这样轻浮，如何吃得"。

《警世通言·王安石三难苏学士》中叙述了这样一个故事：

王安石晚年发痰火之症，太医院告之必得阳羡茶与长江瞿塘中峡之水泡之，方可根治。苏东坡因公过三峡，王安石便托他带一瓮瞿塘中峡水。苏东坡因鉴赏三峡风光，船到下峡才想起取中峡水的事，怎耐水流湍急，无法回溯。只好将就汲了一瓮下峡水，充作中峡水。王安石用此水泡茶，见茶色半晌方见，便知是下峡之水。苏东坡感到奇怪，三峡相连，一般样水，何以辨之。王安石说："瞿塘水性，出于《水经补注》。上峡水性太急，下峡太缓，惟中峡缓急相半。太医院官乃明医，知老夫乃中脘变症，故用中峡水引经。此水烹阳羡茶，上峡味浓，下峡味淡，中峡浓淡之间。今见茶色半晌方见，故知是下峡。"苏东坡只得离席谢罪。

（二）古人论泉

根据名诗人温庭筠《采茶录》中记载，李季卿上任湖州刺史，行至维扬（今扬州）遇陆羽，请之上船，因李季卿泊扬子驿，慕名陆羽善煮茶，差人召见。季卿闻扬子江南泠水煮茶最佳，就派士卒去取。士卒自南泠汲水，至岸泼洒一半，乃取近岸之水补充。回来陆羽一尝，说："不对，这是近岸水"。又倒出一半，才说："这才是南泠水"。士兵大惊，乃据实以告。季卿大服，于是陆羽口授，乃列天下二十名水次第："江州庐山康王谷谷帘水第一；常州无锡县惠山石泉第二；蕲州兰溪石下水第三；硖州扇子硖蛤蟆口水第四；苏州虎丘寺石泉第五；江州庐山招贤寺下石桥潭水第六；扬州扬子江中泠水第七；洪州西山瀑布水第八；唐州桐柏县淮水源第九；江州庐山顶龙池水第十；润州丹阳县观音寺井第十二；汉江金州上流中泠水第十三；归州玉虚洞春溪水第十四；商州开关西谷水第十五；苏州吴松江水第十六；如州天台西南峰瀑布水第十七；彬州园泉第十八；严州桐庐江严陵滩水第十九；雪水第二十。"

据唐代张又新《煎茶水记》记载，最早提出鉴水试茶的是唐代的刘伯刍，他"亲挹而比之"，提出宜茶水品七等，开列如下："扬子江南零水第一；无锡惠山寺石水第二；苏州虎丘寺石水第三；丹阳县观音寺水第四；扬州大明寺水第五；吴松江水第六；淮水下第七。"

三、中国十大名泉

我国泉水资源极为丰富，其中比较有名的就有百余处。其中济南趵突泉、江苏镇江中冷泉、浙江杭州虎跑泉、杭州龙井泉和江苏无锡惠山泉等被誉为"中国八大名泉"。

（一）济南趵突泉

趵突泉位居济南"七十二名泉"之首，世界泉水景观之冠（图 8-3）。被誉为"天下第一泉"，位于济南市区中心趵突泉公园。有"游济南不游趵突，不成游也"之盛誉。所谓"趵突"，即跳跃奔突之意，反映了趵突泉三窟迸发，喷涌不息的特点。"趵突"不仅字面古雅，而且音义兼顾。不仅以"趵突"形容泉水"跳跃"之状、喷涌不息之势；同时又以"趵突"模拟泉水喷涌时"卜嘟"、"卜嘟"之声，可谓绝妙绝佳。趵突泉水从地下石灰岩溶洞中涌出，其最大涌量达到 24 万立方米/日，出露标高可达 26.49m。水清澈见底，水质清醇甘洌，含菌量极低，经化验，符合国家饮用水标准，是理想的天然饮用水，可以直接饮用。相传乾隆皇帝下江南，出京时带的是北京玉泉水，到济南品尝了趵突泉水后，便立即改带趵突泉水，并封趵突泉为"天下第一泉"。

图 8-3 济南趵突泉

（二）江苏镇江中冷泉

中冷泉也号称"天下第一泉"，位于江苏镇江金山西侧的塔

影湖畔，原系江心激流中的清泉，又名中零泉、中濡泉、中泠水、南零水，被誉为"江心一朵芙蓉"（图8-4）。据传，唐代法海禅师在此开山得金，遂名金山。"白娘子水漫金山"的神话传说也源出于此。据唐代张又新的《煎茶水记》记载，与陆羽同时代的刘伯刍，把宜茶之水分为七等，中泠泉水被评为第一。南宋民族英雄文天祥品尝了镇江中泠泉泉水煎泡的茶后，写诗一首："扬子江心第一泉，南金来此铸文渊。男儿斩却楼兰首，闲品《茶经》拜羽仙。"千百年来人们尊称它为第一泉而不改。此址历来是品茗、游览的胜地，泉水清香甘冽，涌水沸腾，景色壮观。惟要取中泠泉水，实为困难，需驾轻舟渡江而上。

图8-4　江苏镇江中泠泉

（三）无锡惠山泉

图8-5　无锡惠山泉

惠山泉被誉为天下第二泉，相传经中国唐代陆羽品题而得名，位于江苏省无锡市西郊惠山山麓锡惠公园内（图8-5）。此泉共分上、中、下三池。泉上有"天下第二泉"石刻。上池八角形，水质最好，水过杯口数毫米而茶水不溢。水色透明，甘洌可口。中池呈不规则方形，是从若冰洞浸出，池旁建有泉亭。下池长方形，凿于宋代。泉水从上面暗穴流下，由龙口吐入地下。坐在景徽堂的茶座中，品尝用二泉水泡的香茗，欣赏二泉附近景色，听着泉水的叮咚声，实乃人生一大快事。中国民间音乐家瞎子阿炳曾在此作《二泉映月》二胡名曲，曲调悠扬，如泣如诉，更使二泉美名远播天下。

（四）杭州虎跑泉

素以天下第三泉著称的虎跑泉位于西湖西南隅大慈山白鹤峰麓，在距市中心约5千米的虎跑路上（图8-6）。虎跑梦泉是新西湖十景之一。虎跑泉是一个两尺见方的泉眼，清澈明净的泉水，从山岩石罅间汩汩涌出，泉后壁刻着"虎跑泉"三个大字。虎跑泉水色晶莹，味甘洌而醇厚。明代高濂在他的《四时幽赏录》中说："西湖之泉，以虎跑为最。西山之茶，以龙井为最。"如今，虎跑泉依然澄碧如玉，从池壁石雕龙头喷出的那股水流仍旧涓涓汩汩，不停涌出。坐到轩敞明亮的茶室中，泡上一杯热气腾腾的龙井慢啜细品，一股清香甘洌之味，透于舌间，流遍齿颊，顿感神清气爽。

图 8-6　杭州虎跑泉

（五）苏州观音泉

观音泉，位于苏州虎丘山观音殿后，井口一丈余见方，四旁石壁，泉水终年不断，清澈甘洌，又名陆羽井（图8-7）。陆羽与唐代诗人卢仝评它为"天下第三泉"。此泉园门横楣上刻有"第三泉"三字，每年吸引大量游人前来游览。观音泉有两个泉

眼，同时涌出泉水，一清一浊，两水汇合，泾渭分明，绝不相渗。游人到此观赏无不惊叹两泉之水："奇哉！观音泉"。观音泉既然以观音命名，当然就与观音菩萨的传说有关。民间传说此地有石身观音壁立泉上，手里的净瓶喷出两股水柱，一清一浊，清水赈济人间良善，浊水洗净尘世污垢。清代同治《汉川县志》记载："此泉岁尝一洗，洗出如脂，久始澄清，东清西浊。"

图8-7　苏州观音泉

（六）北京玉泉

玉泉在北京西郊玉泉山东麓，当人们步入风景秀丽的颐和园昆明湖畔之时，那玉泉山上的高峻塔影和波光山色，立刻会映入你的眼帘（图8-8）。泉出石罅间，聚集为池，广三丈许，名玉泉池，池内如明珠万斗，拥起不绝。水色清而碧，细石流沙，绿藻翠荇，一一可辨。池东跨小桥，水经桥下流入西湖，为京师八景之一，曰"玉泉垂虹"。玉泉，这一泓天下名泉，它的名字也同天下诸多名泉佳水一样，往往同古代帝君品茗鉴泉紧密联系在一起。清康熙年间，在玉泉山之阳建澄心园。玉泉即在该园中，自清初即为宫廷帝后茗饮御用泉水。

（七）大理蝴蝶泉

蝴蝶泉位于云南大理苍山脚下，泉水清澈见底（图8-9）。潭底水珠成年累月地往上冒，像一串串珍珠似的。泉边，有一棵大树，叫蝴蝶树，每年四月，树上开满金黄色三小花，散着清香的气味。蝴蝶树上有一根粗大的树枝，横遮的整个水潭上，像一把大雨伞。据说，各色各样的蝴蝶，一个叼着一个的尾巴

图 8-8　北京玉泉

从蝴蝶树的各个枝头上，一串一串，一直垂到水面。在白族人的心中，蝴蝶泉是一个象征爱情忠贞的泉，每年四月二十五日蝴蝶会这天，来自各方的白族青年男女都要来这里，"丢个石头试水深"，用歌声找到自己的意中人。

有人说，蝴蝶泉是因为《五朵金花》而闻名，其实，早在300多年前，徐霞客在他的游记中曾写道："蛱蝶泉之异，余闻之已久"。

图 8-9　大理蝴蝶泉

（八）敦煌月牙泉

图 8-10　敦煌月牙泉

月牙泉处于甘肃敦煌鸣沙山环抱之中,其形酷似一弯新月而得名(图8-10)。月牙泉古称沙井,又名药泉,清代正名月牙泉。面积 $0.9nm^2$,平均水深 $4.2m$。水质甘冽,澄清如镜。泉内生长有眼子草和轮藻植物,南岸有茂密的芦苇,四周被流沙环抱,流沙与泉水之间仅数十米。但虽遇烈风而泉不被流沙所掩没,地处戈壁而泉水不浊不涸。因"泉映月而无尘"、"亘古沙不填泉,泉不涸竭",这种沙泉共生,泉沙共存的独特地貌,确为"天下奇观"。

关于天下第一泉的传说

谈到中国的天下第一泉,有很多种说法。首先要提到的是生平嗜茶如命的乾隆皇帝,他仅一人就封了两个"天下第一泉",这就是北京的玉泉和济南的趵突泉。乾隆皇帝为品茗择水,选取全国多处饮水,用特制的银斗称重,结果表明:玉泉水少,比重最小,同样一银斗水,它的重量轻。于是,乾隆就定北京玉泉水为最好的品茗用水,称玉泉为"天下第一泉"。玉泉水质,实属上等,用来泡茶,确使茶生辉不少。济南历来多泉,素有"泉城"之称,趵突泉是其中的一处名泉。趵突泉,水质清净、甘冽,用于饮用有益于身体健康;用于煮水品茶,香正味醇。宋代文人曾巩,用趵突泉水煮茶品评后,盛赞它是"润泽真茶味更真"。

其次还有宋朝,一位抗金民族英雄扎营于镇江,在多次品尝了镇江中泠泉水后,写道:"扬子江心第一泉,南金来北铸文渊"。中泠泉位于江苏镇江金山以西的石弹山下,属于由地下水沿石灰岩裂滴而成的上升泉。泉水清澈甘冽,滴水沸腾,气泡翻滚,景色壮观。此水煮茶最好,此地为历代名家煮茶品茗之处。明代著名地理学家徐霞客,周游全国名山大川后,来到云南安宁,当他考察了当地的碧玉泉后,认为在所见过的温泉水中碧玉泉可谓第一。

明代诗人杨升庵，前后流放云南 40 多年，根据他的长期实践，也认为碧玉泉实为"四海第一汤"。并题《温泉诗》一首曰："泉水澄清，天然石凹，浮垢自去，不积污垢，温凉适宜。可以沟茶，可以烹饪"。位于云南安宁市以北螳螂川畔的碧玉泉水，为地壳深部的地下水，水质清澈明亮，无色无味，泡茶最好。

此外，清人邢江把四川的玉液泉也誉为"天下第一泉"。玉液泉位于峨眉山金顶之下的定桥边，那里的泉水有"神水"之称，泡茶第一。起码至今日，仍有许多游客来此，以汲水品茗。由此可以说明中国有着许多的天下第一泉，然而这所有的号称天下第一的泉水都与泡茶品茶有着莫大的关联。

第二节　当代泡茶用水

一、当代泡茶用水

水质的好坏对茶汤色泽、香气、滋味影响很大，例如，一杯好的红茶，如用品质好的水，汤色红艳，香味浓强鲜爽；而用含铁量较高的水冲泡，则汤色乌黑，铁腥气重，茶味苦而淡，令人生恶。

泡茶用水，一般都用天然水。天然水按其来源可分为泉水（山水）、溪水、江水（河水）、湖水、井水、雨水、雪水等。泡茶，首先是山泉水或溪水为最好；其次是江（河）水、湖水和井水。自来水是通过工业净化的，也属于天然水。从科学的角度分类，水又可分为硬水和软水，除了蒸馏水、雨水、雪水外，自然界中的泉水均属于硬水，硬水煮沸后可成为软水。水质很大程度上影响着茶水的品质，因此，要想品尝到最好的茶味，首先要了解泡茶用水的特性。

（一）天水类

包括雨、雪、霜、露、雹等。

现代研究认为雨水其中含有大量的负离子，有"空气中的维生素"之美称。饮用雨水应取"和风顺雨，明云甘雨。皆灵雨也"。雨水四季皆可用，但因季节不同而有高下之别，春雨取和风甘雨，亦可沏茶；夏天雷雨阵阵，飞沙走石，水味"走样"，水质不净，泡茶茶汤易浑浊，不宜饮用；秋天天高气爽，空气中的微生物和灰尘少，水味"清冽"，泡茶滋味爽口回甘，是雨水中上品；梅雨季节天气沉闷，淫雨绵绵，水味"甘滑"，较为逊色。

雪水和天落水古人称之为"天泉"，尤其是雪水，更为古人所推崇。唐代白居易的"扫雪煎香茗"，宋代辛弃疾的"细写茶经煮茶雪"，元代谢宗可的"夜扫寒英煮绿尘"，清代曹雪芹的"扫将新雪及时烹"，都是赞美用雪水沏茶的。但现代空气污染严重，雨水多为酸雨，雪水中亦含有诸多杂质，两者皆不宜用于泡茶。

（二）地水类

包括泉水、溪水、江水、河水、池水、井水。

（三）再加工水类

主要指经过再次加工而成的太空水、纯净水和蒸馏水等。

1. 纯净水

现代科学的进步，采用多层过滤和超滤、反渗透技术，可以将一般的饮用水变成不含有任何杂质的纯净水，并使水的酸碱度达到中性。这种水净度好、透明度高，沏出的茶汤晶莹透澈，而且香气滋味纯正，无异杂味，鲜醇爽口。市面上纯净水品牌很多，大多数都宜泡茶。除纯净水外，还有质地优良的矿泉水也是较好的泡茶用水。

2. 矿泉水

矿泉水是采自地下深层流经岩石并经过一定处理的饮用水，

以含有一定的矿物质和微量元素为显著特征，对人体新陈代谢有益，否则水中矿物质易发生沉淀。选择合适的软水类矿泉水不仅有助于茶水品味的提升，而且对身体也有好处。

3. 蒸馏水

人工制造的纯水，水质绝对纯正，但对茶汤的品质无增减作用，泡茶效果并不优于其他水质，而且成本高，不适宜做日常泡茶用水。

4. 自来水

生活中最常见的莫过于自来水。由于自来水含有用来消毒的氯气，不适合直接取用泡茶。在水管中滞留较久的，还含有较多的铁质。当水中的铁离子含量超过万分之五时，会使茶汤呈褐色，氯化物与茶中的多酚类作用，又会使茶汤表面形成一层"锈油"，喝起来有苦涩味。因此，在使用自来水泡茶之前，需经过除氯和过滤。可以直接将自来水煮沸 5 分钟即可除氯。或者将自来水存在无盖无污染的容器中静置 24 小时"养水"，一是沉淀，二是发散氯气、漂白粉。或者采用净水器将水净化。

袁枚说过：水新则味辣，陈则味甘。使用自来水沏茶必须注意：最好避免天亮早起接水，因为夜间用水较少，自来水在水管中停留时间较长，会含有较多的铁离子或其他杂质。如果急需晨起接水，最好适当放掉水龙头一些水后再接水饮用。北方地区的自来水一般硬度较高，不适合沏泡高档名茶（可选用天然水或纯净水）。

在天然水中，雨水和雪水属于软水，泉水、溪水、江（河）水，多为暂时硬水，部分地下水为硬水。蒸馏水为人工加工而成的软水，但成本高，不可能作为一般饮用水。许多茶学工作者，通过物理和化学的手段，用比较对照的方法，根据各地提供的水源，去寻找宜茶用水。上海市的评茶专家，曾用杭州虎

跑泉水、上海市内深井水、自来水以及蒸馏水作比较，先煮沸水评定水质，再冲泡成茶汤后试评。虽方法有二，但比较的结果是一致的，均以虎跑泉水第一，深井水第二，蒸馏水第三，自来水最差。杭州的茶学专家曾做过实验，将虎跑泉山、西湖水、井水、天降水和自来水，分别冲泡同级龙井茶。开汤评审结果：茶叶的汤色、滋味和香气，均以虎跑泉水冲泡的为最好，其次为天降水、西湖水、井水，自来水最差。由于虎跑泉水从石英砂岩中渗出，含矿物质不多，总矿度只有每公斤 $0.02\sim$ 0.1g；又因此泉水中富含二氧化碳，而氯化物极少，故水质优良，极宜冲泡茶叶，素有"龙井茶，虎跑水"之美称。

二、当代科学用水标准

随着现代科学技术的进步，人们对生活饮用水（当然包括泡茶用水），已有条件提出科学的水质标准。我国各地区可以用符合生活用水水质标准（GB 5747－85）的自来水评茶（表 8-1)。

表 8-1　生活用水水质标准 GB 5747－85

项目	标准	项目	标准	项目	标准
色	＜15 度	挥发酚灯	＜0.02mg/L	铬(6 价)	＜0.05mg/L
浑浊度	＜3 度	阴离子合成洗涤剂	＜0.3mg/L	铅	＜0.05mg/L
臭和味	不得有异臭异味	硫酸盐	＜250mg/L	银	＜0.05mg/L
肉眼可见的	不得含有	氯化物	＜250mg/L	硝酸盐(以氮计)	＜20mg/L
pH	6.5～8.5	溶解性总固体	＜1000mg/L	细菌总数	＜100 个/mL
总硬度(以碳到钙计)	＜450mg/L（实际＜100mg/L）	氟化物	1.0mg/L	总大肠菌群	＜3 个/L
铁	＜3.0mg/L	氰化物	＜0.05mg/L		
锰	＜1.0mg/L	砷	＜0.05mg/L		
铜	＜1.0mg/L	汞	＜0.001mg/L		
锌	＜1.0mg/L	镉	＜0.01mg/L		

卫生饮用水的水质标准，主要包括以下四项指标：

第一项为感官指标。色度不得超过 15 度，并不得有其他异色；浑浊度不得超过 5 度；不得有异臭异味，不得含有肉眼可见物。

第二项为化学指标。pH 值为 6.5～8.5，总硬度不高于 25度，要求氧化钙不超过 250mg/L，铁不超过 0.3mg/L，锰不超过 0.1mg/L，铜不超过 1.0mg/L，锌不超过 1.0mg/L，挥发酚类不超过 0.002mg/L，阴离子合成洗涤剂不超过 0.3mg/L。

第三项为毒理学指标。氟化物不超过 1.0mg/L，适宜浓度0.5～1.0mg/L，氰化物不超过 0.05mg/L，砷不超过 0.04mg/L，镉不超过 0.01mg/L，铬（六价）不超过 0.5mg/L，铅不超过0.1mg/L。

第四项为细菌指标。细菌总数在 1mL 水中不得超过 100 个，大肠菌群在 1L 水中不超过 3 个。

小贴士

如何冲泡出一杯好茶？

中国人对茶情有独钟，泡茶似乎人人都会，但并非个个都能泡出一壶好茶。如此才能冲泡出一杯好茶来呢？

（一）水质选择有讲究

水之于茶，犹如水之于酒一样重要。众所周知，凡产名酒之地多因好泉而得之，茶亦如此。可见水质能直接影响茶汤品质。水质不好，就不能正确反映茶叶的色、香、味，尤其对茶汤滋味影响更大。古往今来，凡爱茶之人，对泡茶用水的水质选择都非常讲究。清代学者袁枚就说过："欲治好茶，先藏好水"。可见茶与水的关系至深。谈茶就要论水，再好的茶还需配有好水冲泡，才能将茶的不同味道和汤色发挥得淋漓尽致。

要泡出一杯色香味俱全的好茶，必须了解泡茶用水的特性。中国古代典籍中关于泡茶水质的选择有很多记述。历代鉴水专

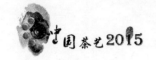

家对水的判别标准归纳起来，就是强调"源清、水甘、品活、质轻"。如唐代茶圣陆羽在《茶经》五之煮中便对水质选择做出了排列："其水，用山水上，江水中，井水下"。这样的说法即便到现在，也同样适用。对于追求口感的人来说，最好的选择是山泉水。山上的泉水因为终日处于流动状态，经过砂石的自然过滤，通常比较干净，味道略带甘美，水质的稳定度高，所以是泡茶用水的最优选择。它与矿泉水、纯净水泡出来的茶等级差别大。因为矿泉水内矿物质可能变质，而纯净水又缺少茶感。但是住在城里的人，要天天用山泉水泡茶也不实际。所以目前大多数人还是选择用纯净水来泡茶。当然，如果条件不允许只能用自来水冲泡，可先将水贮存在罐中，放置24小时后再用火煮沸泡茶。因为自来水是通过净化后的天然水，有时用过量氯化物消毒，会影响茶叶的味道。

（二）水温掌控要得当

俗话说"水是茶之母"，喝茶除了水质非常重要外，水温的控制也影响喝茶的效果。现代人生活节奏加快，不可能像古人那样取初雪之水、朝露之水、清风细雨中的"无根水"。更不可能像妙玉那样专于梅林之中取梅瓣积雪，化水后以瓮储之，深埋地下，来年方以烹茶。但是只要掌握好水温，同样可以泡出一杯好茶来。

想享用一壶好茶，必须掌握泡茶要诀。如果水温控制不当，茶叶也便失去了它的原有味道。泡茶的水温分成低温（75℃～85℃）、中温（85℃～95℃）和高温（95℃～100℃）三种。一般而言，茶叶愈嫩、愈绿，冲泡水温要低。比如由嫩芽嫩叶制成的龙井、碧螺春，它们属于不发酵的绿茶，最接近原始的茶叶，冲泡温度一般以80℃～85℃左右为宜。这样泡出的茶汤才嫩绿明亮，滋味鲜爽，茶叶维生素C也较少破坏。而冲泡白毫银针、毛尖、红茶、白茶以及嫩叶乌龙茶、片叶绿茶等，则以85℃～95℃的沸水冲泡为佳。如水温太低，则渗透性差，茶中有效成分浸出较少，茶味淡薄。但如果水温太高，茶汤又容易

174

变酸涩。乌龙茶、普洱茶和花茶，因每次用茶量较多，而且茶叶较老，所以必须用100℃的沸滚开水冲泡。而不少对泡茶有讲究的人，则会在冲泡前用开水烫热茶具，冲泡后在壶外淋开水，这样可以保持和提高水温。

此外，泡茶烧水时要大火急热，最好用优质的饮用水直接加热至合适温度马上冲泡，泡茶之水不可煮烂，微沸即可。如果用文火慢煮使水沸腾过久或二次加热，溶于水中的二氧化碳挥发殆尽，泡茶鲜爽味便大为逊色。新茶注水后不要加盖，以防将茶叶泡熟。袁枚认为："烹时用武火，用穿心罐，一滚便泡，滚久则水味变矣。停滚再泡，则叶浮矣。一泡便饮，用盖掩之，则味又变矣。此中消息，间不容发也。"这样泡茶，茶汤香味都能达到绝佳。

第九章　茶之具

第一节　泡茶用具

一、茶具的分类

现代人所说的"茶具"，主要指茶壶、茶海、品茗杯、茶盘等饮茶器具。我国的茶具，种类繁多，造型优美，除实用价值外，也有颇高的艺术价值，因而驰名中外，为历代茶爱好者青睐。按其制作材料不同可以分为玻璃茶具、瓷器茶具、搪瓷茶具、漆器茶具、陶土茶具和竹木茶具等几大类。按其使用功能不同也可分为主泡器、辅泡器、备水器、储茶器等。

（一）按材料划分

1. 玻璃茶具

当今的玻璃茶具有较大的发展（图9-1）。玻璃质地透明，光泽夺目。外形可塑性大，形态各异，用途广泛，用玻璃茶具泡茶，可以更好地欣赏到茶汤的色泽以及每一泡汤色之细微变化。而且玻璃杯物美价廉，深受广大消费者的欢迎。玻璃茶具的缺点是容易破碎，导热快，较烫手。

图9-1　现代玻璃茶具

2. 瓷器茶具

瓷器茶具的品种很多，其中主要的有：白瓷茶具、青瓷茶具、黑瓷茶具和彩瓷具。这些茶具在中国茶文化发展史上，都曾有过辉煌的一页。

（1）白瓷。白瓷以色泽洁白如玉而得名，其产地甚多，江西景德镇的瓷器最为著名，是当今最为普及的茶具之一（图9-2）。

图 9-2　现代白器茶具

（2）青瓷茶具。当今的浙江龙泉青瓷茶具又有新的发展，不断有新产品问世。这种茶具除具有瓷器茶具的众多优点外，因色泽青翠，用来冲泡绿茶，更有益汤色之美（图9-3）。不过，用它来冲泡红茶、白茶、黄茶、黑茶，则易使茶汤失去本来面目，似有不足之处。

图 9-3　现代青瓷茶具

（3）黑瓷茶具。虽然现在宋代人的"斗茶法"已无迹可寻，用黑瓷茶具检验茶汤已不具备优势。但黑瓷茶具因造型古色古香，饮茶氛围浓厚，仍然受到很多茶文化爱好者和茶艺表演者的追捧（图9-4）。

图 9-4　现代黑瓷茶具

（4）彩瓷茶具。现当代的彩色茶具的品种花色很多，其中尤以青花瓷茶具最引人注目（图 9-5）。青花瓷茶具，其实是指以氧化钴为呈色剂，在瓷胎上直接描绘图案纹饰，再涂上一层透明釉，尔后在窑内经 1300℃左右高温还原烧制而成的器具。它的特点是：花纹蓝白相映成趣，有赏心悦目之感；色彩淡雅可人，有华而不艳之力。加之彩料之上涂釉，显得滋润明亮，更平添了青花茶具的魅力。

图 9-5　现代青花瓷茶具

3. 陶土茶具

陶器中的佼佼者首推宜兴紫砂茶具，紫砂壶和一般陶器不同，其里外都不敷釉，采用当地的紫泥、红泥、团山泥抟制焙烧而成（图 9-6）。由于成陶火温较高，烧结密致，胎质细腻，既不渗漏，又有肉眼看不见的气孔，经久使用，还能汲附茶汁，蕴蓄茶味；且传热不快，不致烫手；若热天盛茶，不易酸馊；即使冷热剧变，也不会破裂；如有必要，甚至还可直接放在炉灶上煨炖。紫砂茶具还具有造型简练大方，色调淳朴古雅的特点，外形有似竹节、莲藕、松段和仿商周古铜器形状的。

图 9-6　吕氏阴阳太极紫砂壶

4. 竹木茶具

竹编茶具由内胎和外套组成，内胎多为陶瓷类饮茶器具，外套用精选慈竹，经劈、启、揉、匀等多道工序，制成粗细如发的柔软竹丝，经烤色、染色，再按茶具内胎形状、大小编织嵌合，使之成为整体如一的茶具（图9-7）。这种茶具，不但色调和谐，美观大方，而且能保护内胎，减少损坏；同时，泡茶后不易烫手，并富含艺术欣赏价值。因此，多数人购置竹编茶具，不在其用，而重在摆设和收藏。

图 9-7　竹编茶具

5. 搪瓷茶具

由于经久耐用、携带方便，实用性强，于20世纪五六十年代在我国各地广泛流行，以后又为其他茶具所代替，现在已经很少采用了（图9-8）。

图 9-8　搪瓷茶具

6. 漆器茶具（图9-9）

漆器茶具较为出名的有北京雕漆茶具、福州脱胎茶具、江西等地生产的脱胎漆器等，其中以福州漆器茶具最为出名。

图 9-9　漆器茶具

7. 石头茶具

石壶，是 20 世纪 80 年代以来新发掘的制壶新材料，它以完整的天然原石制作而成。通常所用的材料有端石、灵璧石、菊花石、木鱼石、麦饭石等。用这些材料制作而成的石壶，具有透气性强、茶汤不易变质和有益人身健康等优点。

金玉满堂石壶，以菊花石为材料，形 图 9-10　金玉满堂石壶
似一枚带壳的玉米，色泽金黄（图 9-10）。
石壶的嘴、柄用形似玉米棒壳卷曲而成。而壶身一侧及壶盖之侧，露出黄色饱满的玉米穗粒，它们排列有序，显得十分丰满。因此，喻此为"金玉满堂"壶，自然十分贴切。

（二）按使用功能划分

在当今的茶艺活动中，将茶具区分成下列四大类，并分区使用，操作起来比较方便，这四大类分别为：主泡器、辅泡器、备水器、储茶器。

1. 主泡器（图 9-11）

（1）茶壶。茶壶为主要的泡茶容器，一般以陶壶为主，此外尚有瓷壶、石壶等。

上等的茶，强调的是色香味俱全，喉韵甘润且耐泡；而一把好茶壶不仅外观要美雅、质地要匀滑，最重要的是要实用。

（2）茶海。又称茶盅或公道杯。茶壶内之茶汤浸泡至适当浓度后，茶汤倒至茶海，再分倒于各小茶杯内，以求茶汤浓度之均匀。亦可于茶海上覆一滤网，以滤去茶渣、茶末。没有专用的茶海时，也可以用茶壶充当。其大致功用为：盛放泡好的茶汤，再分倒各杯，使各杯茶汤浓度相若。

（3）茶杯。茶杯的种类、大小应有尽有。喝不同的茶用不同的茶杯。近年来更流行边喝茶边闻茶香的闻香杯。根据茶壶的形状、色泽，选择适当的茶杯，搭配起来也颇具美感。为便于欣赏茶汤颜色，及容易清洗，杯子内面最好上釉，而且是白色或浅色。对杯子的要求，最好能做到握、拿舒服，就口舒适，入口顺畅。

（4）盖碗。或称盖杯，分为茶碗、碗盖、托碟三部分，置茶 3g 于碗内，冲水约 150mL，加盖 5～6 分钟后饮用。以此法泡茶，通常喝上一泡已足，至多再加冲一次。

（5）茶船和茶盘。茶船形状有盘形、碗形，茶壶置于其中，盛热水时供暖壶烫杯之用，又可用于养壶。茶盘则是托茶壶茶杯之用。现在常用的是两者合一的茶盘，即有孔隙的茶盘置于茶船之上。这种茶盘的产生，是因为茶的冲泡过程较复杂，从开始的烫杯热壶，以及后来每次冲泡均需热水淋壶，双层茶船，可使水流到下层，不致弄脏台面。茶盘的质地不一，常用的有紫砂和竹器。

茶壶　　　　　　　公道杯　　　　　　　闻香杯

品茗杯　　　　　　　盖碗　　　　　　　茶盘

图 9-11　主泡器

2. 辅泡器（图 9-12）

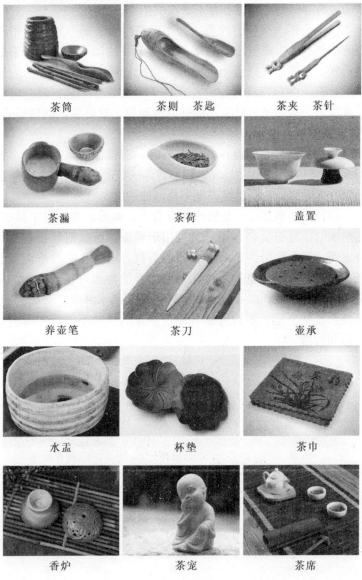

图 9-12　辅泡器

（1）茶筒。形似笔筒，盛放茶夹、茶匙、茶则、茶针，造型有直筒形，方形、瓶形等。

（2）茶荷。茶荷形状多为有引口的半球形，瓷质或竹质，用做盛干茶，供欣赏干茶并投入茶壶之用，好的瓷质荷本身就是工艺品。

（3）茶匙。多为竹质，如今亦有黄杨木质，一端弯曲，用来投茶入壶和自壶内掏出茶渣。

（4）茶则。控制茶叶用量，用以量取盛舀茶叶。

（5）茶夹。也称茶捏，烫杯时夹取杯具，代替手取用茶杯，也可夹取叶底。

（6）茶针。也称茶簪，当壶嘴堵塞不通倒不出水时，用以疏通。

（7）茶漏。扩大壶口的面积，防止茶叶外漏。

（8）滤网。泡茶时放在公道杯口，用来过滤茶渣。

（9）普洱刀。普洱刀也叫茶刀，是用年骨、牛角、硬木、不锈钢等制成刀形状，用于松解紧压茶。冲泡紧压茶时，从侧面将紧压茶撬松，拨散茶叶再进行冲泡，是冲泡压紧茶时不可缺少的工具。普洱茶压制时茶叶是层层压紧的，用普洱刀从侧面撬拆可以减少茶条索的碎裂。

（10）养壶笔。形似毛笔，和紫砂壶配套使用，刷洗紫砂壶的外壁。

（11）杯垫。也称杯托、茶垫，用来放置茶杯、闻香杯和品茗杯。一些瓷器、紫砂杯垫通常和相应的闻品对杯成套使用，也可以搭配不同花色的竹木、布艺等杯垫。有时杯垫和茶道具成套制作，通常六个为一套。

（12）壶承。用来摆放紫砂壶的器皿，用以承接茶壶多出来的水。

（13）盖置。用来垫放壶盖的器皿。

（14）茶巾。擦拭茶具或茶船上的水痕。

（15）水盂。水盂是用来盛装泡茶过程中的废水、茶渣和废茶的，通常如果茶盘太小，就需要用到它，也可以用垃圾桶或者废茶桶代替。

（16）茶宠。茶水滋养的宠物，常见茶宠如金蟾、貔貅、辟邪、小动物、人物等，寓意招财进宝、吉祥如意。养茶宠的方法是不能泡，不换茶。

3. 备水器

指煮水器（随手泡）（图 9-13）、热水瓶等，用来盛放泡茶用水的器具。

图 9-13　随手泡

4. 储茶器

指茶叶罐，盛装茶叶，便于存放保香（图 9-14）。

图 9-14　茶叶罐

第二节　紫砂茶具

一、紫砂壶的结构

现代紫砂茶具的造型多种多样，有瓜轮型的、蝶纹型的，还有梅花型、鹅蛋型、流线型等。艺人们采用传统的篆刻手法，把绘画和正、草、隶、笼、篆各种装饰手法施用在紫砂陶器上，使之成为观赏和实用巧结合的产品。

目前紫砂茶具的品种已由过去的四五十种增加到六百余种。近年来，紫砂茶具有了更大的发展，新品种不断涌现，如专为日本消费者设计的艺术茶具——"横把壶"，按照日本人的爱好，在壶面上倒写精美书法的佛经文字，成为日本消费者的品茗佳具。再如紫砂双层保温杯，具有色香味皆蕴，夏天不易变馊的特性，深受茶客们欢迎。

一把传统的紫砂壶，其完整结构组织包括壶身（壶体），壶嘴，壶盖，壶把，壶底，壶足等方面。其中，壶身是主体，壶嘴，壶盖，壶把，壶底，壶足则是其附件。

（一）壶钮

亦称"的子"，为揭取壶盖而设置。钮虽小，但有"画龙点

185

睛"的作用，变化丰富，是茗壶设计的关键部位。常见有球形钮、桥形钮、仿生钮三种。

（1）球形钮：圆壶中最常用的钮，呈珠形、扁笠、柱形，往往取壶身缩小或倒置造型，简洁快捷。

（2）桥形钮：形似拱桥，有圆柱状、方条状、筋文如意状等。作环形设单环、双环，亦称"串盖"。平缓的盖面，环孔硕大的为牛鼻盖。

（3）仿生钮：花塑器常用的钮式，形象生动，造型精致雅妍，如南瓜柄、西瓜柄、葫芦旁附枝叶、造型生泼。

（二）壶嘴

紫砂茗壶的嘴，喻为人的五官之一，它与壶体连接，有明显界限的称"明接"。无明显界限的称"暗接"。如汉扁壶把，壶嘴与壶身的肩线，侧线贯通，形成舒展流畅的造型特色。

（1）一弯嘴：形似鸟啄，俗称"一啄嘴"，一般为暗接处理。

（2）二弯嘴：嘴根部较大，出水流畅，明接和暗接处理均可。

（3）三弯嘴：源于铜锡壶造型，早期壶式使用较多，明接处理较常见。

（4）直嘴：形制简洁，出水流畅，明接和暗接处理都有。

壶体孔眼：明代多为独孔，清代中后期为多孔，有三孔，七孔，九孔等。20世纪70年代出口日本的紫砂壶一度用球形孔，其孔要求排列整齐，与嘴对正，并依据嘴形而设置。

（三）壶把（柄）

为便于握持而设置。源于古青铜器爵杯的弧形把。源于瓷执壶条形壶把的称"柄"。壶把置于壶肩至壶腹下端，与壶嘴位置对称、均势，具体可分端把、横把、提梁三大类（图9-15）。

（1）端把：亦称"圈把"，其使用方便，变化丰富。把、口、嘴三点呈水平、对称。垂直形式安置，具端庄、安定的效果。

（2）横把：源于砂锅之柄，以圆筒形壶居多。

（3）提梁：从铜器及其他器形吸取而来的壶式，除提梁的大小与壶体协调外，其高度以手提时不碰到壶盖的钮为宜，有硬提梁、软提梁两种，光素器、花塑器都有，变化丰富。

端把　　　　　　　横把　　　　　　　提梁

图 9-15　壶把

(四) 壶盖

紫砂壶以其里外都不施釉的特点，盖与壶体能一起烧制，以达到成品壶盖直紧、通转、仿尘、保温的要求和作用。主要形式有压盖、嵌盖、截盖三种（图 9-16）。

  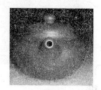

压盖　　　　　　　嵌盖　　　　　　　截盖

图 9-16　壶盖

（1）压盖：亦称"完盖"。壶盖覆压于壶口之上的样式，其边缘有方线和圆线两种，均与壶口相呼应。与口置平的泥片称"座片"，弯起泥片为"虚片"，壶口泥片称"坨子"，壶墙的泥圈为"子口"，几个部位及转折过渡用脂泥镶接，润合贴切、浑然天成。壶盖稍大于壶口之外径的俗称"天压地"，以适应功能和视觉的要求。

（2）嵌盖：嵌盖是壶盖嵌于壶口内的样式，并与壶身融于一体。有平嵌盖与虚嵌盖之分，能达到"准缝如纸、发之隙"者属上品。平嵌盖口与壶口呈同一平面，制作时在同一泥片中切出，故收缩一致，仅有"纸、发之隙"，有圆形、方形、异形、树桩形等。虚嵌盖与壶口呈弧形或其他形状，形制规整。口部以装饰线处理，有直口、瓢口、雌雄片口等结构，与平嵌盖手法相似，以严密、精缝、通转为上。

（3）截盖：这是紫砂壶特有的一种壶盖形式，以壶整体截取一段作壶盖而故名。其特点是简洁、流畅、明快、整体感强。制成后盖与口不仅大小合适，而且外轮廓线互相吻接，丝严合缝，故技术要求较高。有截盖、克截盖、嵌截盖之分。

（五）壶底

壶底足也是构成造型的一个主要部分，底足的尺度和形式处理，直接影响造型视觉的美观。壶底大致可分为一捺底、加底（足圈）、钉足三种（图9-17）。粘接制作方式有明接、暗接两种。直方挺直造型的壶宜用明接，圆韵浑朴的造型宜用暗接处理。

一捺底　　　　　　加底　　　　　　钉足

图9-17　壶底

（1）一捺底：是指壶体自然结束，形成一个平面的器足类型。为了搁放平稳，壶的底部会向内凹进。一捺底多用于圆形紫砂壶。

（2）加底：是指在紫砂壶的底部额外再加制一个圈底的器足类型。加底是为了使壶形更美观、更精致，多见于矮壶。

（3）钉足：是指在紫砂壶底部加制钉形底的器足类型。钉足有三足钉和四足钉之分，适用于口小底大的壶，目的是使器形不呆板，趋向活泼，搁放平稳。

二、紫砂壶经典壶形

（一）西施壶

西施壶是紫砂壶器众多款式中最经典、最传统、最受人喜爱的壶型之一（图9-18）。西施壶壶身圆润，截盖，短嘴，倒把，憨态可掬，实为品茗把玩的佳品。此壶型壶盖与壶身结合为圆球体，壶盖上有圆球形壶钮衬托，再加上特殊的倒把与小短的壶嘴，就形成了世人喜爱的西施壶，西施壶看似简约，实为严谨，好似浑然天成。此壶是紫砂爱好者必收的壶型。

图 9-18　西施壶

（二）仿古如意壶

仿古如意壶的壶把和壶嘴线形流畅，壶盖有拱桥式衬托，特别是壶身有特别的如意花纹，形成了一种特殊的风格，此壶形成于明朝，流传数百年，经典不朽，深受壶友喜爱（图9-19）。

图 9-19　仿古如意壶　　　　图 9-20　报春壶

（三）报春壶

报春原意就是立春前一日以及立春当日，让人扮演成春官、春吏或春神的样子，在街市上高声喧叫"春来了"，将春天来临的消息报告给邻里乡亲（图9-20）。报春民俗的另一层用意在于把春天和句芒神接回来。紫砂工艺师根据这一民间风俗，凭靠大胆的想象和高超的设计水平制作出了报春壶。报春壶的壶盖壶把和壶嘴以树木为形，壶身却为圆坛形，恰恰显示出报春壶美丽逼真。特别是壶嘴像劲松一样向上傲立，代表着松树的顽强生命力和不屈不挠的精神，同时也代表春天的到来和大地复苏，树木伸开枝干迎接春天。报春壶从古至今都受到文人墨客的喜爱。

（四）石瓢壶

石瓢壶是紫砂传统经典造型（图9-21）。溯源历史，有相关资料和实物佐证，当在清代乾、嘉年间。历代名家制作较多，但每人风格各异，其品种主要有高石瓢、矮石瓢、子冶石瓢。

图 9-21　石瓢壶　　　　　图 9-22　井栏壶

（五）井栏壶

井栏壶是水井四壁用"井"字形木架从下而上垒成，用来保护井壁使其不塌陷，而凸出地表的则是井栏（图 9-22）。紫砂工艺师按照井栏的轮廓制作成了井栏壶，井栏壶方中有圆，圆中有方，壶形简约美观，显示流畅大气，深受人们的喜爱。

（六）仿古壶

仿古壶为前人制作，经过数百年后传承到今天，此壶壶颈浑圆、敦实，与下压的壶肩形成缓冲；壶体较大，位置矮、扁、沉。壶口沿宽大，子母线严丝合缝，密不透气。壶盖扁、满，壶钮扁圆，倍受紫砂爱好者的青睐（图 9-23）。

图 9-23　仿古壶　　　　　图 9-24　掇球壶

（七）掇球壶

掇球壶以大、中、小三个球体重叠而成，壶身为大球，壶盖为中球，壶钮为小球，似小球掇于大球上，故称掇球壶，按黄金分割比例巧妙布局安排，三个圆球均衡、和谐、对比、匀正，利用点线面的巧妙组合，利用各种线形的有机结合，达到形体合理，构成后珠圆玉润的完美性。掇球壶是紫砂壶中最受欢迎的款式之一（图 9-24）。

（八）龙旦壶

龙旦（龙蛋）壶是紫砂壶众多款式中一款经典壶型，此壶整个壶身与壶盖结合为椭圆体，最顶点有一小圆球衬托，壶把为传统形态，紫砂工艺师在制作时会在壶身刻绘，显示出一种儒雅品味。龙旦为紫砂壶中一款造型极其简约的传统壶形，显示出光器紫砂壶的美观，一直深受紫砂爱好者的青睐（图 2-25）。

图 9-25　龙旦壶

图 9-26　竹段壶

（九）竹段壶

竹段壶是利用色泥和塑形，营造出竹子的高风亮节精神气质。此壶的创造是艺术思想和精神的完美结合，寓意玩壶之人品位和格调如同竹子一样被人称赞（图 9-26）。

第三节　茶具的组合选配

一、茶具选配的基本原则

（一）因茶制宜

古往今来，大凡讲究品茗情趣的人，都以"壶添品茗情趣，茶增壶艺价值"为泡茶准则，注重对泡茶用具的选配。

（1）茶具随着饮茶方式的变迁而发展。我国历史上有关因茶选具的记述很多，如唐代以饮用饼茶为主，采用烹煮法，茶汤呈淡红色，因此陆羽认为"青则益茶"，以青色的越瓷茶具为上品；宋代饮茶习惯逐渐由烹煮法改为点注法，茶汤以色白为美，这样对茶盏色泽的要求也就有了相应变化，讲究"盏色贵黑青"，认为建安黑釉茶盏才能充分反映出茶汤的色泽；明代由团茶改为散茶，由点注法改为瀹（yuè）饮法，由于茶类的多样，茶汤色泽出现了黄绿色、黄白色、红色、金黄色、橙黄色等，因此茶具色泽也以白色为时尚。在壶的选用上并不过分注重色泽，而是更为注意壶的雅趣，强调以小为贵；清代以后，茶具品种增多，形状多变，再加上茶类的多样化，从而使人们对茶具的种类、色泽、质地、式样、大小等都提出了新的具体要求。

（2）品饮不同的茶叶种类应选用不同的茶具。我国民间有"老茶壶泡，嫩茶杯冲"的说法。如饮用大宗的红茶、绿茶，注重茶的韵味，可选用有盖的壶、杯或碗冲泡；品饮细嫩的名优绿茶，应选用玻璃杯具冲泡或白色的瓷杯冲泡；品饮乌龙茶，宜选用紫砂茶具冲泡；饮用红碎茶或工夫红茶，可选用瓷壶或紫砂壶冲泡，然后将茶汤倒入白瓷杯中饮用；品饮花茶，为保证茶香的散失，可选用壶或有盖的杯冲泡。此外，冲泡红茶、绿茶、黄茶、白茶叶可选用盖碗。

（二）因地制宜

中国地域辽阔，各地的饮茶习俗不同，故对茶具的要求也不一样。长江以北一带，大多喜爱选用有盖瓷杯冲泡花茶，以保持花香，或者用大瓷壶泡茶，尔后将茶汤倾入茶盅杯饮用。在长江三角洲沪杭宁和华北京津等地一些大中城市，人们爱好品细嫩名优茶，既要闻其香，啜其味，还要观其色，赏其形，因此，特别喜欢用玻璃杯或白瓷杯泡茶。在江、浙一带的许多地区，饮茶注重茶叶的滋味和香气，因此喜欢选用紫砂茶具泡茶，或用有盖瓷杯沏茶。福建及广东潮州、汕头一带，习惯于用小杯啜乌龙茶，故选用"烹茶四宝"——潮汕风炉、玉书煨、孟臣罐、若琛瓯泡茶，以鉴赏茶的韵味。潮汕风炉是一只缩小了的粗陶炭炉，专作加热之用；玉书煨是一把缩小了的瓦陶壶，高柄长嘴，架在风炉之上，专作烧水之用；孟臣罐是一把比普通茶壶小一些的紫砂壶，专作泡茶之用；若琛瓯是只有半个乒乓球大小的2～4只小茶杯，每只只能容纳4mL茶汤，专供饮茶之用。小杯啜乌龙，与其说是解渴，还不如说是闻香玩味。这种茶具往往又被看作是一种艺术品。四川人饮茶特别钟情盖碗茶，喝茶时，左手托茶托，不会烫手，右手拿茶碗盖，用以拨去浮在汤面的茶叶。加上盖，能够保香，去掉盖，又可观姿察色。选用这种茶具饮茶，颇有清代遗风。至于我国边疆少数民族地区，至今多习惯于用碗喝茶，古风犹存。

（三）因人制宜

不同的人用不同的茶具，这在很大程度上反映了人们的不同地位与身份。在陕西扶风法门寺地宫出土的茶具表明，唐代皇宫贵族选用金银茶具、秘色瓷茶具和琉璃茶具饮茶；而陆羽在《茶经》中记述的同时代的民间饮茶却用瓷碗。清代的慈禧太后对茶具更加挑剔，她喜用白玉作杯、黄金作托的茶杯饮茶。而历代的文人墨客，都特别强调茶具的"雅"。宋代文豪苏东坡在江苏宜兴蜀山讲学时，自己设计了一种提梁式的紫砂壶，"松风竹炉，提壶相呼"，独自烹茶品赏。这种提梁壶，至今仍为茶人所推崇。清代江苏溧阳知县陈曼生，爱茶尚壶。他工诗文，擅书画、篆刻，于是去宜兴与制壶高手杨彭年合作制壶，由陈曼生设计，杨彭年制作，再由陈曼生镌刻书画，作品人称"曼生壶"，为鉴赏家所珍藏。在脍炙人口的中国古典文学名著《红楼梦》中，对品茶用具更有细致的描写，其第四十一回"贾宝玉品茶栊翠庵"中，写栊翠庵尼姑妙玉在待客选择茶具时，因对象地位和与宾客的亲近程度而异。她亲自手捧"海棠花式雕漆填金"的"云龙献寿"小茶盘，放着沥有"老君眉"名茶的"成窑五彩小盖钟"，奉献给贾母；用镌有"王恺珍玩"的"瓟㼏斝"烹茶，奉与宝钗；用镌有垂珠篆字的"点犀"泡茶，捧给黛玉；用自己常日吃茶的那只"绿玉斗"，后来又换成一只"九曲十环一百二十节蟠虬整雕竹根的一个大盏"斟茶，递给宝玉。给其他众人用茶的是一色的官窑脱胎填白盖碗。而将"刘姥姥吃了"，"嫌腌臜"的茶杯竟弃之不要了。至于下等人用的则是"有油膻之气"的茶碗。现代人饮茶时，对茶具的要求虽然没那么严格，但也根据各自的饮茶习惯，结合自己对壶艺的要求，选择最喜欢的茶具。而一旦宾客登门，则总想把自己最

好的茶具拿出来招待客人。

另外，职业有别，年龄不一，性别不同，对茶具的要求也不一样。如老年人讲求茶的韵味，要求茶叶香高味浓，重在物质享受，因此，多用茶壶泡茶；年轻人以茶会友，要求茶叶香清味醇，重于精神享受，因此，多用茶杯沏茶。男人习惯于用较大素净的壶或杯斟茶；女人爱用小巧精致的壶或杯冲茶。脑力劳动者崇尚雅致的壶或杯细品缓啜；体力劳动者常选用大杯或大碗，大口急饮。

（四）因具制宜

在选用茶具时，尽管人们的爱好多种多样，但以下三个方面却是都需要加以考虑的：一是要有实用性；二是要有欣赏价值；三是有利于茶性的发挥。不同质地的茶具，这三方面的性能是不一样的。一般说来，各种瓷茶具，保温、传热适中，能较好地保持茶叶的色、香、味、形之美，而且洁白卫生，不污染茶汤。如果加上图文装饰，又含艺术欣赏价值。紫砂茶具，用它泡茶，既无熟汤味，又可保持茶的真香。加之保温性能好，即使在盛夏酷暑，茶汤也不易变质发馊。但紫砂茶具色泽多数深暗，用它泡茶，不论是红茶、绿茶、乌龙茶，还是黄茶、白茶和黑茶，对茶叶汤色均不能起衬托作用，对外形美观的茶叶，也难以观姿察色，这是其美中不足之处。玻璃茶具，透明度高，用它冲泡高级细嫩名茶，茶姿汤色历历在目，可增加饮茶情趣，但它传热快，不透气，茶香容易散失，所以，用玻璃杯泡花茶，不是很适合。搪瓷茶具，具有坚固耐用，携带方便等优点，所以在车间、工地、田间，甚至出差旅行，常用它来饮茶，但它易灼手烫口，也不宜用它泡茶待客。塑料茶具，因质地关系，常带有异味，这是饮茶之大忌，最好不用。另外，还有一种无色、无味、透明的一次性塑料软杯，在旅途中用来泡茶也时有所见，那是为了卫生和方便旅客，杯子又经过特殊处理，这与通常的塑料茶具相比，应另当别论了。20 世纪 60 年代以来，在市场上还出现一种保暖茶具，大的如保暖桶，常见于工厂、机关、学校等公共场所。小的如保暖杯，一般为个人独用。用保暖茶具泡茶，会使茶叶因泡熟而使茶汤泛红，茶香低沉，失却鲜爽味。用来冲泡大宗茶或较粗老的茶叶较为合适。至于其他诸如金玉茶具、脱胎漆茶具、竹编茶具等，或因价格昂贵，或因做工精细，或因艺术价值高，平日很少用来泡茶，往往作为一种珍品供人收藏或者作为一种礼品馈赠亲友。

二、茶具选配的基本方法

为了适应不同场合、不同条件、不同目的的茶饮过程，茶具的组合要求也差别很大。

（一）特别配置

这种配置讲究精美、齐全、高品位。按照茶道艺术，乃至某种文化创意选配一个组合，茶具件数多、分工细，使用时一般不使用替代物件，求完备不求简捷，求高雅绝不粗俗，甚至件件器物都能引经据典。

（二）全配

这种配置以齐全、满足各种茶的泡饮需要为目标，只是在器件的精美程度、质地、艺术性等要求上较"特别配置"低些。

（三）常配

常配是一种中等配置原则，以满足日常一般需求为目标。如一个方便倒茶弃水的茶池（茶船），配一大一小两把茶壶，方便依客人人数的多少换用，再配以杯盏、茶叶罐、茶则、茶海（茶盅）即可。在多数饮茶家庭及办公接待场所均可使用。

（四）简配

简配有两种，一种是日常生活需求的茶具简配，一种为方便旅行携带的简配。家用、个人用简配一般在"常配"基础上，省去"茶海""茶池"，杯盏也简略一些，不求与不同茶品的个

性对应，只求方便使用而已。

小贴士

紫砂壶历代款识之特点

紫砂壶在烧制过程中，制壶人在壶上镌刻或钤印的文字、符号、图案，我们称之为紫砂壶的印鉴款识，它便于鉴赏识别名人名作。

紫砂壶的款识与其他陶瓷制品的款识不尽相同，而独具特色。一把不具款识的壶，看上去使人感到很不完整，价值不高；或虽具款识，但款识不美，也会使人感到这把壶欠缺文化内涵。历代制壶高手陶艺名家对印钤

图 9-27　紫砂壶底之款识

款十分讲究，它涉及制作者的文化艺术素养，就像绘画领域内的"画外功夫"一样，我们把它称为"壶外功夫"，是壶艺的组成部分。纵观紫砂壶款识的发展历程，它既与紫砂陶的演变紧密相连，又与当时的书法篆刻同步发展。大体经历了由毛笔题写、竹刀刻划到用印章钤印的工艺演变过程。

从传世的历代紫砂名壶看，见诸于实物的最早是明代万历年间时大彬所制的"时壶"。"供春壶"是没有款识的，钤有"供春"二字的壶，皆历代紫砂艺人所仿制。明代四名家董翰、赵梁、袁锡、时朋目前皆无实物资证。李茂林史载以原书号记自己的作品。

明代流行刀刻款识，周高起《阳羡茗壶系》说："镌壶款识，即时大彬初倩能书者落墨，用竹刀画之，或以印记，后竟运刀成字，书法娴雅，在黄庭乐毅帖间，人不能仿，鉴赏家用以为别"。意思是说，时大彬请人用毛笔预先题写在紫砂胚体上，在紫砂壶将干未干时，自己用竹刀在胚体上依毛笔的提顿

转折逐笔刻划。其后熟练，竟自行以刀代笔，不再请人落墨，赋予款识以个人风格，以致别人无法仿效，并因而成为历代鉴赏家鉴定"时壶"的重要依据。从传世紫砂器上观察，明代紫砂艺人中除时大彬外，尚有李仲芳、徐友泉、陈信卿、沈子澈、项圣思等一批壶艺名家刻划署款。以刀刻署款必须有一定的书法基础和较高的悟性，而一般工匠很难达到，当时宜兴紫砂艺人中有一部分人自己写不了字，只得请人落墨镌款，于是就有"工镌壶款"的专门人才，如明代的陈辰就是其中著名的一位，请他镌壶款的人很多。因此许多作品虽出自不同艺人之手，但所镌壶款均由一人为之，给历代鉴赏家们带来不少困扰。明代紫砂壶刻款字体流行楷书，多为竹刀所刻。竹刀与金属刀刻款不同，易于鉴别。竹刀刻款泥会溢向两边，高出平面，留有痕迹；金属刀刻款是在泥平面以下。

　　大约到明末清初开始逐渐流行印章款，据考许晋候的《六角水仙花壶》壶底有"许晋候制"篆文圆印，乃是我们所见由刻款改用印章的较早实物，此壶现藏旧金山亚洲美术博物馆。不过这个时期的紫砂艺人刻款和印章还是并用的，如惠孟臣、陈鸣远制的壶，"孟臣壶"一般是在诗词或吉祥语章之下镌刻"惠孟臣"三字。陈鸣远可能是最早把书法篆刻艺术施展于壶上的第一人。他的印款浑朴苍劲，笔法绝类褚遂良，行书款识"鸣远"二字时人赞其有晋唐风格。"鸣壶"一般是刻款与钤印并用，且大多是放在一起，这一特征反映由刻款向钤印过渡时期的特点。陈曼生承袭了陈鸣远的路子，在紫砂壶史上他首次把篆刻作为一种装饰手段施于壶上，"曼生壶"因壶铭和篆刻而名扬四海。曼生壶的底印最常见的是"阿曼陀室"方形印，仅少数作品用"桑连理馆"印。像"阿曼陀室"已是专用于曼生壶的印号。

　　紫砂茗壶用印多为两方，一为底印，盖在壶底，多为四方形姓名章；一为盖印，用于盖内，多为体型小的名号印。有些茗壶，在壶的把脚下也用印，称为"脚印"。清代有不少作品有

年号印，如"大清乾隆年制"一类印，还有用商号监制印的，如"吉德昌制"、"陈鼎和"等，此类印鉴民国时期颇多，这一时期款识多集中镌于盖上、盖内、壶底，成为当时流行趋势，用于壶盖上的印章款大多是这种商号款。在壶盖上镌款的茗壶一般都是普通茗壶，极少有精品佳作。

紫砂壶的印章款多数为阴刻，铃在壶上变成了阳文。但阴刻的图章敲打在半干的泥坯上，如果用力过小，字的顶端刀痕往往难以显露，只有用点力才可以将印章的全部刀痕打印出来。所以即使是同一印章，打印力度不同的印痕，字根相同，字尖却是不尽相同的，这样也常给紫砂壶印鉴款识真伪的鉴定带来困惑。

紫砂壶用款识作伪有两种方法，一种是真款假壶，此类大多为名家应酬或市场供不应求时，由学徒或他人代制，盖上自己的印章。还有前代名家的印章身后流传下来，为后人仿制冒真。另一种是假壶假款，此类作伪手法颇多。现代伪造者多是仿制假的印章或镌刻假的款识，如采用照相制版技术，用铜锌版制出印章。也有一些仿制者任意凭空臆造，须加辨识。紫砂壶在烧成后再补款的现象目前尚未发现。

第十章 茶之礼

第一节 茶艺服务礼仪

茶艺礼仪是一门综合性较强的行为科学，是指在为客人服务的过程中所具有的礼节礼貌，包括个人的仪容仪表、迎来送往、互相交流与彼此沟通的要求和技巧等内容。在茶艺服务工作中通过一定的礼节来表达对宾客的尊敬，进而体现了茶艺服务人员的修养（图 10-1）。

图 10-1 茶艺员的仪容仪表

一、茶艺服务人员的仪容礼仪

1. 得体的着装

茶艺服务人员应以各民族特色服装为主，体现出一种风雅的文化内涵和历史渊源。服装式样以中式为宜，袖口不宜过宽，否则会沾到茶具、茶水。服装要经常清洗，保持整洁。颜色不宜太鲜艳，要与环境、茶具相匹配。品茶需要的是一个安静的环境及平和的心态，如果茶艺人员的服饰颜色过于鲜艳，会破坏那种和谐、优雅的气氛，使人感觉躁动不安。

2. 整齐的发型

一般女性的长发需要统一盘起，或用发胶固定，以免散落的头发落到脸上挡住视线、影响操作，如果头发掉落到茶具上

会让客人觉得不卫生。不佩戴怪异的发饰，短发不能遮面，不宜染色。头发不能有异味，应常梳洗，保持干净整洁。

3. 优美的手型

作为茶艺人员，首先要有一双纤细、柔嫩的手。要勤剪指甲，不涂有颜色的指甲油，不能用有香味的护手霜，因为若护手霜有香味，很有可能会污染茶叶和茶具。不佩戴任何饰物，如果佩戴"太出色"的首饰，会有一种喧宾夺主的感觉。茶艺服务人员平时要注意加强手部的保养，保持干净整洁。

4. 干净的面部

茶是淡雅的物品。茶艺服务人员的脸部化妆不要太浓，应为淡妆；也不要喷洒味道浓烈的香水，否则茶香会被破坏，以免与茶叶给人的感觉不一致。

二、茶艺服务人员的仪态礼仪

言谈举止是一个人内在素质修养的外在体现，可以反映出一个人的教育程度、修养水平，乃至良好的素质和个人形象。在招待客人时，茶艺服务人员的言谈举止应庄重得体，落落大方，在茶艺活动中，要走有走相，站有站相，坐有坐相，言谈得当。

（一）优雅的举止

对于茶艺服务人员来讲，泡茶过程中的一个眼神、一个表情、一个微小的手势和体态，都可以传递出丰富的茶文化内容。爱默生曾说："优美的身姿胜过美丽的容貌，而优雅的举止又胜过优美的身姿。优雅的举止是最好的艺术，它比任何雕塑作品和绘画，都更能让人心旷神怡"。总之，茶艺服务人员的优雅举止会让自己充满魅力，也会赢得宾客的尊敬。

1. 站姿

站姿是茶馆服务员最基本的举止。茶艺人员的仪态美，是由优美的形体姿态来体现的，而优美的姿态又以正确的站姿为基础。常言说"站如松"，就是说站立应像松树那样端正挺拔，优美典雅的站姿会给宾客气质高雅、庄重大方、礼貌亲切、精神充沛的印象。规范的站姿应该是头正，肩平，挺胸收腹，两眼平视，嘴微闭，面带微笑，双臂自然下垂或在前体交叉，右手放在左手上。女子站立时双脚呈"v"字形，男子站立双脚与肩同宽。站立时双手不叉腰，不插袋，不抱胸。身体不东倒西歪、依靠他物，不东张西望、摇头晃脑，不两人并立聊天。站着与顾客谈话时，要面向顾客，垂手自然，并保持1m左右的距离。在电梯门口要站立在两翼或客人身后，在电梯内要保持姿态，不可放松无状。前面有客人时，应站在客人身后50 cm外。面对客人时，不可站在高于顾客的位置，如台阶上、物品上，以表示对客人的尊重。

2. 坐姿

茶艺服务人员在工作中有时需要坐着为客人沏茶，因此良好的坐姿也显得尤为重要。端庄优美的坐姿，会给人以文雅、稳重、大方的美感（图10-2）。

规范的坐姿应该是挺胸收腹，沉肩，头部端正，目光平视前方或注视对方，手自然放在双膝上，双膝并拢。坐凳子或椅子时，应端坐于凳子、椅子的2/3处。女子入座时注意两膝不能分开，双脚要并拢，也可以将小腿交叉。如坐姿方向与客人不同，上身与脚要同时轻轻转向客人。不得跷腿或双腿习惯性地抖动，不得将双腿向前伸直、露出鞋底，不东张西望、身

图10-2　优雅的坐姿

体歪斜，不双手抱胸或跷二郎腿、半躺半坐等。女子入座时要娴雅，用双手将裙子往前拢一下，顺势坐下。不斜靠在沙发上。入座后尽量不调整座椅，避免拉椅或动作过猛发出声音。离座时，不推或拖椅子，坐下时身体不歪曲。

3. 行姿

茶艺服务人员稳健优雅的行姿可以给宾客一种自然大方、

庄重的感觉，使自己气度非凡，产生一种动态美。规范的行姿应该是头正，沉肩，双目平视，嘴微闭，下颌微收，面带微笑，挺胸收腹，两臂自然弯曲，身体重心略向前倾，低抬腿，轻落步。行走时步幅适当，步速平稳、均匀。

女士穿旗袍行走时，脚步须成一条直线，上身不可摇摆扭动，保持平衡。走路的幅度不宜大（一般是前脚跟与后脚尖相距为一脚长，约30cm），尽量体现柔和、含蓄、妩媚、典雅的风格；穿长裙时，行走要平稳，步幅可稍大些，转动时要注意头和身体的协调配合，尽量不使头快速转动，以轻柔、大方和优雅为目的。男士穿长衫时，要注意挺拔，保持后背平整，尽量突出直线。

在狭窄地带，迎面来客应缓步，或侧身避让。在引领时，走在客人侧前方，并时时用余光回顾客人是否跟上，遇到转弯或台阶处，应侧身配合手势作引导状，离客人的距离一般在客人前面二三步。与顾客同行至门前时，应主动让他们先行。不以任何借口奔跑、跳跃。

（二）服务姿态要领

茶艺服务人员在茶艺服务工作中，应做到说话声音要轻，走路脚步要轻，取放物品要轻，开门、关门不要用力过猛，尽可能保持茶楼环境的安静。在服务过程中，不得吸烟、吃零食、掏鼻孔、剔牙齿、挖耳朵、打喷嚏、打哈欠、抓头、抓痒、修指甲、伸懒腰、交头接耳，对顾客不指手画脚、评头论足。不能有过分亲热的举动，更不能做有损国格、人格的事。在顾客面前，要正面面对顾客，垂手站立。不可与顾客拍拍打打，不用手指点顾客，不可看手表。在任何情况下，不与顾客争吵或争执。遇到客人激动时，要注意控制自己的情绪，避免与客人发生冲突。要多倾听，表现出诚意和关心，同情和愿意效劳的态度，并告诉顾客会尽快地解决或如实将顾客的意见转达到有关部门。

三、茶艺人员的礼貌礼节

礼貌、礼节是向他人表示敬意的一种仪式，也是表示敬意的统称，茶艺服务人员的礼貌礼节分别体现在两个方面，即语言和行为举止。在服务过程中，茶艺人员的礼仪之美是对宾客的尊重和友好。

（一）语言上的礼貌礼节

茶楼服务用语是服务工作的基本工具，为了使每句话能发挥出其最佳效果，必须讲究语言的艺术性。茶艺服务用语必须使用普通话。这是服务规范的要求，也是衡量服务水平和档次的标准之一。

1. 使用敬语

敬语是表示尊敬和礼貌的用语，是使用者直接向听话者表示敬意的语言。它是服务中使用频率最高的语言。例如，茶艺服务人员常对消费者使用"请"字，"您"字，短语：谢谢您、欢迎您，都是敬语的表达形式。敬语最大的优点是彬彬有礼，热情而庄重。它不仅能满足服务对象的心理需要，而且还能体现出服务人员的修养水平。

2. 使用委婉语

即用好听的、含蓄的、使人不受刺激的用语代替有所禁忌或者不便说穿的词语，用曲折的表达方式来提示双方都知道、但又不愿意点破的话题或事物。例如，某位顾客给茶楼的意见，茶艺服务人员一时难以给予准确的评价，便可以说："您提的意见可以考虑，谢谢您了"。这里"可以考虑"便是委婉语，它既带有赞同的意向，也有保留的意见，但并没有直接表示赞同，也没有直接表示反对。在服务工作和社交活动中注意不要机械、固定地使用委婉语，只要你在语言上注意修饰，人们就会对你的应变能力和个人修养留下很深的印象。在服务工作中，不仅帮助顾客脱离尴尬的局面，同时也能化解一些不愉快的因素。

总之，优秀的茶艺服务人员在服务的过程中一定要言谈得体，使宾客真正感受到饮茶也是一种高雅的享受。首先在为客

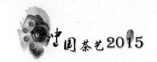

人泡茶时要落落大方不失礼节地自报家门，冲泡前应简单明了地介绍所冲泡的茶叶名称，以及其文化背景、产地、品质特征、冲泡要点等，用词要正确，语句要精炼。在冲泡过程中，对每道程序，特别是对一些带有寓意的操作程序，要用一两句话加以说明，当冲泡完毕，客人还需要继续品茶，而冲泡者得离席时，不妨说："我准备随时为大家服务，现在我可以离开吗?"这样会显示对客人的尊重。

（二）行为举止上的礼貌礼节

1. 迎送礼节

指茶艺服务人员在迎送宾客时的礼节。当宾客到来时，茶艺服务人员要穿戴整洁，热情主动地向客人打招呼问好，笑脸相迎。对老弱病残客人，主动上前搀扶，使客人觉得有一种亲切感；当宾客要走时，主动引领客人到大门口，在引路中提醒客人注意台阶，注意安全，或有意识提醒客人关注楼馆中的环境、饰物等，以便让客人留下更深的印象。茶艺服务人员在茶艺工作中一定要保持微笑，而且微笑永远要真诚，发自内心。

2. 操作礼节

指茶艺服务人员在日常工作中的礼节。茶艺服务人员在日常工作中要穿戴整洁，注意仪容仪表，举止大方，态度和蔼。工作期间不准大声地喧哗，不准哼小曲，要保持工作环境安静。如果遇到宾客有事召唤，距离较远时，就要点头示意客人会马上前来为客人服务。在泡茶的过程中，动作要轻，不要发出杯具碰撞的声音。也不能做些不雅的动作，如打喷嚏等。在泡行茶过程中，身体保持良好的姿态，头要正、肩要平，动作过程中眼神与动作要和谐自然，在泡茶过程中要沉肩、垂肘、提腕，要用手腕的起伏带动手的动作，切忌肘部高高抬起。

（三）茶事服务礼节

1. 鞠躬礼

用在茶艺人员迎宾、茶艺表演始终及送客时。

鞠躬礼分为站式、坐式和跪式三种。行礼时，站式双手自然下垂略向内（不相靠），男性手指伸直，女性微弯。坐式和跪式行礼应将双手放在双膝前面，指尖不要朝正前方。

鞠躬礼按照的角度大小，分为真礼——弯腰90°；行礼——弯腰45°；草礼——弯腰小于45°。通常尊贵客人，长辈用全礼。

2. 伸手礼

用在介绍茶具、茶叶质量、赏茶和请客人传递茶杯或其他物品时用。

行伸手礼时，手指自然并拢，手心向胸前，左手或右手从胸前自然向左或向右前伸，随之手心向上，同时讲"请"、"谢谢"、"请观赏"、"请帮助"。

3. 注目礼和点头礼

在向客人敬茶或奉上某物品时一并使用。注目礼是用眼睛庄重而专注地看着对方；点头礼即点头致意。

4. 叩手礼

即以手指轻轻叩击茶桌行礼。下级和晚辈必须双手指作跪拜状叩击桌子二三下；长辈和上级只需单指叩击桌面二三下表示谢谢。有的地方在平辈之间敬茶或斟茶时，单指叩击表示"我谢谢你"，双指叩击表示"我和我先生（太太）谢谢你"，三指叩击表示"我们全家谢谢你"。

5. 寓意礼

是寓意美好祝福的礼仪动作，最常见的有：

（1）凤凰三点头：用手提壶把，高冲低斟反复三次，寓意向来宾鞠躬三次，以示欢迎。高冲低斟是指右手提壶靠近茶杯口注水，再提腕使开水壶提升，此时水流如"酿泉泄出于两峰之间"，接着仍压腕将开水壶靠近茶杯口继续注水。如此反复三次，恰好注入所需水量，即提腕断流收水。

（2）双手回旋：在进行回转注水、斟茶、温杯、烫壶等动作时用双手回旋。若用右手则必须按逆时针方向，若用左手则必须按顺时针方向，类似于招呼手势，寓意"来、来、来"表示欢迎；反之则变成暗示挥斥"去，去，去"了。

（3）放置茶壶时壶嘴不能正对他人，否则表示请人赶快离开。

（4）斟茶时只斟七分即可，暗寓"七分茶三分情"之意。俗话说："茶满欺客"，茶满不便于握杯啜饮。

（四）茶艺表演的礼仪

在各种茶艺表演里，均有礼仪的规范。如"唐代宫廷茶礼"就有唐代宫廷的礼仪；"禅茶"中有敬茶（奉茶）之后，僧侣向客人所行的礼仪；日本茶道中有主人对客人的礼仪；客人对客人的礼仪；人对器物的礼仪。在"台湾乌龙茶茶艺表演"中，表演者对客人光临的礼，感谢观看的礼，助泡敬茶后向客人鞠躬致意的礼等等。

在行礼时，行礼者应该怀着对对方的真诚敬意进行行礼。行礼应保持适度、谦和，要在礼仪中体现从内心深处发出的敬意，包括眼睛的视角、动作的柔和、连贯、摆动的幅度等。

在茶艺表演中要注意出场、进场的顺序、行走的路线、行走的动作，敬茶、奉茶的顺序、动作，客人的位置、器物进出的顺序，摆放的位置，器物移动的顺序及路线等。人们往往注意移动的目的地，而忽视了移动的过程，而这一过程正是茶艺表演与一般品茶的明显区别之一。这些位置、顺序、动作所遵循的原则是合理性和科学性，符合美学原理及遵循茶道精神，符合中国传统文化的要求。

第二节　我国常见茶礼茶俗

一、汉族的茶俗

汉民族自来有"礼仪之邦"之誉，儒家礼文化构成了中华茶文化的基本精神内里与品性，汉民族茶文化尚礼，而不拘于礼。"礼之用，和为贵"，求仁、贵和是礼文化的本质。这一特征也表现在汉民族的茶礼茶俗上。

1. 客来敬茶

在我国，以茶待客的礼仪由来已久。在两晋、南北朝时"客坐设茶"，在江南一带便已成为普遍的待客礼仪。到唐朝，它发展为全国性的礼俗。如刘禹锡《秋日过鸿举法师寺院便送归江陵》吟："客至茶烟起，禽归讲席收"；白居易《曲生访宿》称："林家何所有，茶果迎来客"；李咸用《访友人不遇》记："短棒应棒杖；稚女学擎茶"；以及杜荀鹤《山居寄同志》所说："垂钓石台依竹垒，待宾茶灶就岩泥"等等。

唐朝刘贞亮赞美茶有"十德"，认为"以茶散郁气，以茶驱睡气，以茶养生气，以茶驱病气，以茶树礼仁，以茶表敬意，以茶尝滋味，以茶养身体，以茶可行道，以茶可雅志。"在中国人的待客之道里，酒饭可以简陋甚至省略，但是茶是必不可少的。

当有客来访时，可征求客人意见，选用最合来客口味的茶叶、使用最佳茶具待客。主人应以双手握杯敬茶，并注意握杯的位置，一般是以左手托杯底，右拇指、食指和中指扶住杯身中下部，躬身用双手敬茶。这样既表达了对客人的尊重，又是注意卫生的表现。如果是使用小品茗杯敬茶，可将品茗杯放置在茶托上，双手端住杯托敬茶，同时注意轻拿轻放，切忌茶杯茶托与桌面碰撞发出很大的声响，影响客人的心情。

中国人敬茶，以敬热茶表示尊重恭敬，斟茶入杯以七分满为礼貌周全。给客人敬茶时，若茶水倒得太满，客人会因杯身太烫而握不住茶杯，或者因茶水太满而容易使茶汤洒落。主人在陪伴客人饮茶时，要注意客人杯、壶中的茶水的残留量。如已喝去一半，就要添加开水，随喝随添，使茶水浓度基本保持前后一致，水温适宜。

"一杯香茗暂留客。"客来敬茶、以茶会友的习俗也间接反映出中华民族千年历史和文化中蕴含的一个"礼"字，体现了中国人民重情好客的传统美德。

2. 叩桌行礼

人们在饮茶时，经常能看到冲泡者给客人奉茶、续水时，

端坐桌前的客人往往会把右手食指、中指并拢，自然弯曲，缓慢地轻轻叩打桌面，以示行礼之举。这一动作俗称为"叩桌行礼"，人们形象地称其为"屈指代跪"。

这种茶俗相传起源于清代乾隆年间。史载，清代乾隆皇帝曾6次微服巡游江南，4次到过杭州龙井茶区，还先后为龙井茶作过4首茶诗。有一次在江南茶馆喝茶，他一时兴起，抓起茶壶起身为随从们续水斟茶，可把大家吓坏了，哪有皇上给奴才斟茶的道理！无论皇帝给的什么东西都属于赏赐，接受者都要跪下谢恩，但在公共场合，又不能暴露身份，情急之下，随从们便以双指弯曲，表示"双腿跪下"；不断叩桌，表示"连连叩头"。这就是叩桌行礼的由来。

此举传到民间，从此以后，民间饮茶者往往用双指叩桌，以示对主人亲自为大家泡茶的一种恭敬之意，沿用至今。

3. 以茶代酒

古代的齐世祖、陆纳等人曾提倡以茶代酒。武夷山民间也一直流传着"客至莫嫌茶当酒"的风俗。客人来的时候，寒暄问候，邀请入座，主人立即洗涤壶盏，升火烹茶，冲沏茶水，敬上一杯香茶。

《三国志·吴书·韦曜传》有着一则史籍中最早关于"以茶代酒"的记载。三国时吴国的末代国君孙皓，有一大癖好就是爱喝酒，这点很像他的祖父孙权，并且有过之而无不及。他每次设宴都要求"座客至少饮酒七升"。朝臣韦曜，博学多闻，深为孙皓所器重。但韦曜不胜酒力，平时饮酒一般不超过两升，孙皓就特别礼待他，常常破例为他减少数量，或者暗中赐给茶水以代酒，这就是孙皓首创的"以茶代酒"的最早来历。

"以茶代酒"，是历史留给后人的宝贵财富。时至今日，"以茶代酒"这句口头语，仍在酒桌上频频使用，成了一件文雅之举。

4. 捂碗谢茶

按中国人的待客习惯，当客人的茶在杯中仅留下三分之一时，就得续水。此时，客人若不想再饮，或已经饮得差不多了，或不再饮茶想起身告辞时，便可以平摊右手掌，手心向下，手背朝上，轻轻移动手臂，用手掌在茶杯（碗）之上捂一下。这个动作所表达的意思是：谢谢你，请不必再续水了！主人见此情景，便明白客人已经喝好了，不需要再续水了。

叩桌谢茶是在主人为客人斟茶或续水后，客人为表示谢意而进行的一种谢礼方式，随斟随谢、再斟再谢。而捂碗谢茶则是客人为表明不需要再喝茶了或者准备离开的一个动作示意，主客双方不言自明，心领神会，无声胜有声。

 小贴士

少数民族的茶俗

1. 藏族：酥油茶、甜茶、奶茶、油茶羹

2. 维吾尔族：奶茶、奶皮茶、清茶、香茶、甜茶、炒面条、茯砖茶

3. 蒙古族：奶茶、砖茶、盐巴茶、黑茶、咸茶

4. 回族：三香碗子茶、糌粑茶、三炮台茶、茯砖茶

5. 哈萨克族：酥油茶、奶茶、清真茶、米砖茶

6. 壮族：打油茶、槟榔代茶

7. 彝族：烤茶、陈茶

8. 满族：红茶、盖碗茶

9. 侗族：豆茶、青茶、打油茶

10. 黎族：黎茶、芎茶

11. 白族：三道茶、烤茶、雷响茶

12. 傣族：竹筒香茶、煨茶、烧茶

13. 瑶族：打油茶、滚郎茶

14. 朝鲜族：人参茶、三珍茶

15. 布依族：青茶、打油茶

16. 土家族：擂茶、油茶汤、打油茶

17. 哈尼族：煨酽茶、煎茶、土锅茶、竹筒茶

18. 苗族：米虫茶、青茶、油茶、茶粥

19. 景颇族：竹筒茶、腌茶

20. 土族：年茶

21. 纳西族：酥油茶、盐巴茶、龙虎斗、糖茶

22. 傈僳族：油盐茶、雷响茶、龙虎斗

23. 佤族：苦茶、煨茶、擂茶、铁板烧茶

24. 畲族：三碗茶、烘青茶

25. 高山族：酸茶、柑茶

26. 仫佬族：打油茶

27. 东乡族：三台茶、三香碗子茶

28. 拉祜族：竹筒香茶、糟茶、烤茶

29. 水族：罐罐茶、打油茶

30. 柯尔克孜族：茯茶、奶茶

31. 达斡尔族：奶茶、荞麦粥茶

32. 羌族：酥油茶、罐罐茶

33. 撒拉族：麦茶、茯茶、奶茶、三香碗子茶

34. 锡伯族：奶茶、茯砖茶

35. 仡佬族：甜茶、煨茶、打油茶

36. 毛南族：青茶、煨茶、打油茶

37. 布朗族：青竹茶、酸茶

38. 塔吉克族：奶茶、清真茶

39. 阿昌族：青竹茶

40. 怒族：酥油茶、盐巴茶

41. 普米族：青茶、酥油茶、打油茶

42. 乌孜别克族：奶茶

43. 俄罗斯族：奶茶、红茶

44. 德昂族：砂罐茶、腌茶

45. 保安族：清真茶、三香碗子茶

46. 鄂温克族：奶茶

47. 裕固族：炒面茶、甩头茶、奶茶、酥油茶、茯砖茶
48. 京 族：青茶、槟榔茶
49. 塔塔尔族：奶茶、茯砖茶
50. 独龙族：煨茶、竹筒打油茶、独龙茶
51. 珞巴族：酥油茶
52. 基诺族：凉拌茶、煮茶
53. 赫哲族：小米茶、青茶
54. 鄂伦春族：黄芹菜
55. 门巴族：酥油茶

第三节　外国茶礼与茶俗

茶文化在传播到世界各地的过程中，同各国人民的生活方式、风土人情，乃至宗教意识相融合，由此呈现出五彩缤纷的世界各民族饮茶习俗。

（一）亚洲茶俗

1. 日本茶道

日本的制茶与饮茶方法，至今还保持着中国唐宋时代的古风。现代日本茶道，一般在大小不一的茶室进行，室内摆设珍贵古玩以及与茶相关的名人书画，中间放着供烧水的陶炭炉、茶釜等，炉前排列着茶碗和各种饮茶用具（图 10-3）。茶道仪式，可分为庆贺、迎送、叙事、叙景等不同内容。友人到达时，主人已在门口敬候。茶道开始，宾客依次行礼后入席，主人先捧出甜点供客人品尝，以调节茶味。之后，主人严格按一定规程泡茶，按照客人的辈分大小，从大到小，依次递给客人品饮。点水、冲茶、递接、品饮都有规范动作。另外，日本茶道非常讲究茶具的选配，一般选用的多是历代珍品或比较贵重的瓷器。品饮时，还须结合对茶碗的欣赏，然后连声赞美，以示敬意。茶道完毕时，女主人还会跪在茶室门侧送客。

日本还有樱花茶、大麦茶、紫苏茶、海带茶、梅花茶等，

但这些实际上不能算茶，类似于中国的菊花茶，只是保健饮料而已。如樱花茶，清水中漂几朵腌渍的樱花，据说元旦饮之，一年无病无灾，最近，日本的年轻人也开始喜欢喝中国茶，很多曾一度痴迷于葡萄酒的二三十岁的男性也成了新的"品茶一族"。

图10-3　日本茶室

2. 韩国茶礼

韩国茶礼的过程包括迎客、茶室陈设、书画和茶具的造型与排列、投茶、注茶、茶点、吃茶等。韩国人喝茶，可以没有茶叶。大麦、玉米茶、柚子茶、大枣茶、人参茶、生姜茶、枸杞茶、桂皮茶、木瓜茶等等，没有一样有茶叶的影子，却赫然都冠着"茶"的名字。韩国人主张医食同源，故形成了独特的饮食茶。韩国有"药膳"的传统，讲究食补，百味皆可入日常饮食，像人参这样的珍贵药材自然可以做菜做茶，而大麦、玉米这类五谷杂粮，在韩国人看来也是上好的"茶叶"。

每年的5月25日是韩国的茶日，这一天会举行大型的茶文化祝祭活动，主要内容有韩国茶道协会的传统茶礼表演，如成人茶礼和高丽五行茶礼以及新罗茶礼、陆羽品茶汤法等。成人茶礼是韩国茶日的重要活动之一。具体是指通过茶礼仪式，对刚满20岁的少男少女进行传统文化和礼仪教育，其程序是会长献烛，副会长献花，冠者（即成年）进场向父母致礼向宾客致礼，司会致成年祝词，进行献茶式，冠者合掌致答词，冠者再拜父母，父母答礼。以此来培养即将步入社会的年轻人的社会责任感。

3. 巴基斯坦茶俗

巴基斯坦是伊斯兰国家，绝大部分为穆斯林，禁止饮酒，但可饮茶。当地气候炎热，居民多食用牛、羊肉和乳制品，缺少蔬菜，因此，长期以来养成了以茶代酒、以茶消腻、以茶解暑、以茶为乐的饮茶习俗。

　　巴基斯坦大多习惯于饮红茶。由于巴基斯坦原为英属印度的一部分，因此饮茶带有英国色彩。饮红茶时，普遍爱好的是牛奶红茶。饮茶方法除机关、工厂、商店等采用冲泡法，大多采用茶炊烹煮法。即先将开水壶中的水煮沸，然后放上红茶，再烹煮 3～5 分钟，随即用滤器滤去茶渣，然后将茶汤注入茶杯，再加上牛奶和糖调匀即饮。另外也有少数不加牛奶而代之以柠檬片的，也叫柠檬红茶。

　　在巴基斯坦的西北高地，以及靠近阿富汗边境的牧民，也有饮绿茶的。饮绿茶时，多数配以白糖，并加几粒小豆蔻，也有清饮，或添加牛奶和糖的。

　　4. 阿富汗茶俗

　　阿富汗，在古时叫"大月氏国"，地处亚洲西南部，还是一个多民族国家，但绝大部分信奉伊斯兰教。由于教义规定禁酒，饮茶就成了阿富汗人的习俗。通常我们会对伊斯兰国家的人为什么热衷于饮茶做出这样一种解读——伊斯兰国家的人饮食习惯多以牛、羊肉为主，难得食用蔬菜，而饮茶恰恰有助于消化，又能补充维生素的不足。而阿富汗人还把茶当作沟通人际关系的桥梁，以培养大家和睦情趣。因此，茶对于阿富汗人民来说，是生活中真正的必需品。在伊斯兰国家，通常人们喜欢用叫作"萨玛瓦勒"的茶炉煮茶（图 10-4）。茶炊多用铜制作而成，圆形，顶宽有盖，底窄，装有茶水龙头，其下还可用来烧炭，中间有烟囱，有点像中国传统火锅似的。说是茶炉，可用烧炭煮之；说是茶壶，可以直接注水，总之，应该说是多功能的茶炉壶具。

　　阿富汗人通常夏季以喝绿茶为主，冬季以喝红茶为多。在阿富汗街上，也有类似于中国的茶馆，或者饮茶与卖茶兼营的茶店。传统的茶店和家庭，茶炊有大有小，茶店用的一般可装 10kg 水；家庭用的，一般用容水 1～2kg。按阿富汗人的习惯，凡有亲朋进门，总喜欢大家一起围着茶炊边煮茶、边叙事、边饮茶，这是一种富含情趣的喝茶方式。在阿富汗乡村，还有喝

奶茶的习惯。这种茶的风味，很有点像中国蒙古族的咸奶茶。煮奶茶时，先用茶饮煮茶，滤去茶渣，浓度视各人需要而定。另用微火将牛奶熬成稠厚状后，再调入在茶汤中，用奶量一般为茶汤的四分之一。最后，重新煮开，加上适量盐巴即可。这种饮茶习惯，多见于阿富汗牧区。

图 10-4　阿富汗茶壶

5. 土耳其茶俗

土耳其人喜欢喝红茶，喝茶用玻璃杯、小匙、小碟（图 10-5）。煮茶时使用一大一小两把铜茶壶：先用大茶壶放置木炭火炉子上煮水，再将小茶壶放在大茶壶上。茶的用量大约按 1g 茶

图 10-5　阿富汗茶具

30～50mL 水的比例投放。待大茶壶中的水煮沸后，就将沸水冲入放有茶的小茶壶中，经 3～5 分钟后，将小茶壶中的浓茶汁按各人对茶浓淡的需求，将数量不等的浓茶汁分别倾入各个小玻璃杯中，再加上一些白糖，用小匙搅拌几下，使茶、水、糖混匀后便可饮用。土耳其人煮茶，讲究调制功夫。认为只有色泽红艳透明、香气扑鼻、滋味甘醇可口的茶才是恰到好处。因此，土耳其人煮茶时，总要夸煮茶的功夫。在一些旅游胜地的茶室里，还有专门的煮茶高手，教游客煮茶的。在这里，既能学到土耳其煮茶技术，又能尝到土耳其茶的滋味，使饮茶变得更有情趣。

（二）欧美茶俗

1. 英国的下午茶

红茶是英国人普遍喜爱的饮料，80％的英国人每天饮红茶，茶叶消费量约占各种饮料总消费量的一半（图 10-6）。英国本土不产红茶，而茶的人均消费量占全球首位，因此，红茶的进口量长期遥居世界第一。

英国饮茶，始于 17 世纪中期。1662 年葡萄牙凯瑟琳公主嫁与英王查查尔斯二世，饮茶风尚带入皇室。凯瑟琳公主使饮茶之风在朝廷盛行起来，继而又扩展到王公贵族和贵豪世家，乃至普通百姓。为此，英国诗人沃勒在凯瑟琳公主结婚一周年之际，特地写了一首有关茶的赞美诗："花神宠秋月，嫦娥矜月桂；月桂与秋色，难与茶比美。"

英国人特别注重午后饮茶，因英国人重视早餐，轻视中餐，直到晚上 8 时以后才进晚餐。由于早、晚两餐之间时间长，使人有疲惫饥饿之感。为此，英国公爵斐德福夫人安娜就在下午 5 时左右，请大家品茗用点，以提神充饥，深得赞许。久而久之，午后茶逐渐成为一种风习，一直延续至今。如今，在英国的饮食场所、公共娱乐场所等，都有供应午后茶的。在英国的火车上，还备有茶蓝，内放茶、面包、饼干、红糖、牛奶、柠檬等，供旅客饮午后茶用。午后茶，实际上是一餐简化了的茶点，一般只供应一杯茶和一碟糕点。只有招待贵宾时，内容才会丰富。饮午后茶，已是当今英国人的重要生活内容，并已开始传向欧洲其他国家，并有扩展之势。

英国人泡茶用的茶具一般为瓷制，富裕家庭也用银制茶壶泡茶。英国家庭习惯一家人坐在饭桌旁一起喝茶。到英国人家中做客，如果不是饮茶时间，主人不会用茶招待。初次来访的客人，主人也不会待之以茶。在英国人家喝茶，一般由女主人倒茶，如果客人喝完还想再喝，千万不能自己倒茶，而应请女主人替你倒茶，否则会被认为没有教养。随着现代工业文明的发展，人们生活节奏的加快，袋泡茶、茶饮料等方便、快捷的

茶饮成为英国人生活中的新内容。

图 10-6　英国红茶

2. 美国冰茶

在美国，无论是茶的沸水冲泡汁，还是速溶茶的冷水溶解液，直至罐装茶水，他们饮用时，多数习惯于在茶汤中投入冰块，或者饮用前预先置于冰柜中冷却为冰茶。冰茶之所以受到美国人的欢迎，是因为冰茶顺应了快节奏的生活方式，消费者还可结合自己的口味，添加糖、柠檬，或其他果汁等。如此饮茶，既有茶的醇味，又有果的清香。尤其是在盛夏，饮之满口生津，暑气顿消。

3. 荷兰茶俗

在欧洲，荷兰是饮茶的先驱。远在 17 世纪初期，荷兰商人凭借在航海方面的优势，远涉重洋，从中国装运绿茶至爪哇，再辗转运至欧洲。最初，茶仅仅是作为宫廷和豪富社交礼仪和养生健身的奢侈品，以后逐渐风行于上层社会。18 世纪初，荷兰上演的喜剧《茶迷贵妇人》就是当时饮茶风潮的写照。

目前荷兰人的饮茶热已不如过去，但尚茶之风犹在。他们不但自己饮茶，也喜欢以茶会友。所以，凡上等家庭，都专门辟有一间茶室。他们饮茶多在午后进行。若是待客，主人还会打开精致的茶叶盒，供客人自己挑选心爱的茶叶，放在茶壶中冲泡，通常一人一壶。

4. 法国茶俗

法国位于欧洲西部，西靠大西洋。自茶作为饮料传到欧洲后，就立即引起法国人民的重视。17 世纪中期的《传教士旅行记》一书中叙述了"中国人之健康与长寿，当归功于茶，此乃东方常用之饮品。"以后，几经宣传和实践，激发了法国人民对"可爱的中国茶"的向往与追求，使法国饮茶从皇室贵族和有闲阶层，逐渐普及到民间，成为人们日常生活和社交不可或缺的内容。

现代法国人最爱饮的是红茶、绿茶、花茶和沱茶。饮红茶时，习惯于采用冲泡或烹煮法，类似英国人饮红茶习俗，通常取一小撮红茶放入杯内，冲上沸水，再配以糖或牛奶。也有在茶中拌以新鲜鸡蛋，再加糖冲饮的。还有在饮茶时加柠檬汁或橘子汁的，更有在茶水中掺入杜松子酒或威士忌酒，做成清凉的鸡尾酒饮用。法国人饮绿茶一般要在茶汤中加入方糖和新鲜薄荷叶，做成甜蜜透香的清凉饮料饮用。20世纪80年代以来，爱茶和香味的法国人，也对花茶发生了浓厚的兴趣。近年来，特别在一些法国青年人中，又对带有花香、果香、叶香的加香红茶发生兴趣，成为时尚。沱茶，主产于中国西南地区，因它具有特殊的药理功能，所以深受法国中、老年消费者的青睐，每年从中国进口量达2000吨。

（三）非洲茶俗

非洲人普遍信仰伊斯兰教，教规禁酒，而饮茶有提神清心、驱睡生津之效，加上非洲地区常年天气炎热，气候干燥，而茶能消暑热，补充水分和营养，另外非洲人常年以食牛、羊肉为主，少食蔬菜，而饮茶能去腻消食，又可以补充维生素类物质，所以饮茶已成为非洲人日常生活的主要内容。无论是亲朋相聚、婚丧嫁娶，还是宗教活动，均以茶待客。

非洲人爱喝绿茶，消费量之大在世界上数一数二。但非洲人的饮茶习惯是在绿茶里放入新鲜的薄荷叶和白糖，熬煮后饮用。非洲人饮茶的冲泡浓度，投茶量至少比中国多出一倍。饮茶次数，至少一天在三次以上，而且一次多杯。而客来敬茶，则与中国相同。主人一般都会走出院门或到帐篷外迎候客人，见面后非常亲热地与客人拥抱。客人进门，宾主席地而坐，交谈之前，一般要请客人饮薄荷茶三杯，以此显示主人的真情。

按照古老的谚语解释，奉茶三杯分别表示"祝福、忠告和提示"。第一杯祝爱情如蜜一样甜美，第二杯要记住生活如薄荷一样清香苦涩，第三杯则提醒生命有限、死亡无情。非洲人常以敬茶三杯作为待客的礼节，故得名"三杯茶"。主人敬"三杯茶"时，客人都应接受，否则会被认为很不礼貌。但如主人敬以第四杯时，客人则不应再接受，否则同样会被视为是一种失礼。三次敬茶礼尚未完，客人不要中途告辞，这是对主人的尊重。

非洲地区国家都在我国派驻有绿茶采购团。不过非洲人不爱喝新绿茶，而喜欢陈年绿茶。即便送给他们最高级的新绿茶，加上薄荷一煮也都成"中药汤"味了。

日本茶道的程序

日本茶道是必须遵照规则程序来进行的喝茶活动，而茶道的精神，就是蕴含在这些看起来烦琐的喝茶程序之中。

进入茶道部，有身穿朴素和服，举止文雅的女茶师礼貌地迎上前来，简短地解说：进入茶室前，必须经过一小段自然景观区。这是为了使茶客在进入茶室前，先静下心来，除去一切凡尘杂念，使身心完全融入自然。开宗明义的一番话，就能领略到正宗茶道的不凡。

然后在茶室门外的一个水缸里用一长柄的水瓢盛水，洗手，然后将水徐徐送入口中漱口，目的是将体内外的凡尘洗净。然后，把一个干净的手绢，放入前胸衣襟内，再取一把小折扇，插在身后的腰带上，稍静下心后，便进入茶室。

日本的茶室，面积一般以置放四叠半"榻榻米"为度，小巧雅致，结构紧凑，以便于宾主倾心交谈。茶室分为床间、客、点前、炉踏等专门区域。室内设置壁龛、地炉和各式木窗，右侧布"水屋"，供备放煮水、沏茶、品茶的器具和清洁用具。床间挂名人字画，其旁悬竹制花瓶，瓶中插花，插花品种和旁边的饰物，视四季而有不同，但必须和季节时令相配。

　　每次茶道举行时，主人必先在茶室的活动格子门外跪迎宾客，虽然进入茶室后，强调不分尊卑，但头一位进茶室的必然是来宾中的首席宾客（称为正客），其他客人则随后入室。

　　来宾入室后，宾主相互鞠躬致礼，主客面对而坐，而正客须坐于主人上手（即左边）。这时主人即去"水屋"取风炉、茶釜、水注、白炭等器物，而客人可欣赏茶室内的陈设布置及字画、鲜花等装饰。主人取器物回茶室后，跪于榻榻米上生火煮水，并从香盒中取出少许香点燃。在风炉上煮水期间，主人要再次至"水屋"忙碌，众宾客则可自由在茶室前的花园中散步。待主人备齐所有茶道器具时，水也将要煮沸了，宾客们再重新进入茶室，茶道仪式才正式开始。

　　一般在敬茶前，要先品尝一下甜点心，是为避免空肚喝茶伤胃。敬茶时，主人用左手掌托碗，右手五指持碗边，跪地后举起茶碗（须举案齐眉与自己额头平），恭送至正客前。待正客饮茶后，余下宾客才能依次传饮。饮时可每人一口轮流品饮，也可各人饮一碗，饮毕将茶碗递回给主人。主人随后可从里侧门内退出，煮茶，或让客人自由交谈。在正宗日本茶道里，是绝不允许谈论金钱、政治等世俗话题的，更不能用来谈生意，多是些有关自然的话题。

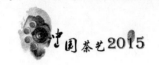
第十一章　茶之技

第一节　当代行茶手法

一、当代泡茶基本手法

泡茶的基本手法是茶艺师在泡茶过程中的细部动作。其动作要求娴熟、自如、柔和、轻拿轻放，做到动中有静，静中有动，高低起伏，错落有致，令品茶者如沐春风。

（一）茶巾的折叠与取用器物的手法

1. 长方茶巾的折叠

（1）手法名称：八叠式，以此法折叠茶巾呈长方形放茶台边沿内。

（2）操作步骤：

1）将长方形的茶巾反面呈上平铺茶台上。

2）将茶巾上下对应横折至中心线处。

3）将左右两端竖折至中心线。

4）最后将茶巾对折即可。将折好的茶巾放在茶台边沿内，折口朝内。

2. 正方形茶巾折叠法

（1）手法名称：九叠式，以此法折叠茶巾呈正方形放茶台边沿内。

（2）操作步骤：

1）将正方形茶巾反面呈上平铺茶台上。

2）将下端向上平折至茶巾 2/3 处，将茶巾上边向下折叠。

3）将茶巾右端向左竖折至 2/3 处，最后对折即成正方形。

4）将折好的茶巾放在茶台边沿内，折口朝内。

3. 茶巾的使用

（1）手法：夹拿、转腕、呈托。

（2）操作步骤：

1）双手手背向上，张开虎口，拇指与另四指夹拿茶巾，双手呈"八"字形拿取。

2）两手夹拿茶巾后同时向外侧转腕，使原来手背向上转腕为手心向上，顺势将茶巾斜放在左手掌呈托拿状，右手握住开水壶把。

3）右手握提开水壶并将壶底托在左手的茶巾上，以防冲泡过程中出现滴洒。

4. 取用器物的手法

（1）捧与端的手法：

1）手法：亮相手势、转动手腕、高物为捧、低物为端。

2）操作步骤：

a. 亮相手势：茶艺员亮相时双手姿势为两手虎口自然相握，右手在上，左手在下，收于胸前。

b. 转动手腕：将交叉相握的双手拉开，虎口相对；双手向内向下转动手腕，各打一圆使垂直向下的双手掌转成手心向下。

c. 高物为捧：以女性坐姿为例，搭于前胸或前方桌沿的双手慢慢向两侧平移至肩宽，向前合抱欲取的物件（如茶样罐），双手掌心相对捧住基部移至需安放的位置，轻轻放下后双手收回；再去捧取第二件物品，直至动作完毕复位。多用于捧取茶样罐，箸匙筒，花瓶立式物。

d. 低物为端：端物件时双手手心向上，掌心下凹"成荷叶"状，平稳移动物件。多用于端取赏茶盘，茶巾盘，扁形茶荷，茶匙，茶点，茶杯等。

（2）提壶的手法。

1）手法：侧提、握提。

2）操作方法：

a. 小型侧提壶：右手拇指与中指勾住壶把，无名指与小拇指并列抵住中指，食指前伸呈弓形压住壶盖的盖钮或其基部

221

提壶。

b. 中型侧提壶：右手食指、中指勾住壶把，大拇指按住壶盖一侧提壶。

c. 提梁壶：托提法——掌心向上，拇指在上，四指提壶；握提法——握壶右上角，拇指在上，四指并拢握下。

d. 公道杯：同中型侧提壶拿法。

e. 无把盅：右手虎口分开，平稳握住茶壶口两侧外壁（食指亦可低住盖钮）提壶。

f. 无盖盅：除小指外，均提拿盅边沿部位。

（3）握杯的手法。

1）手法：右握基部、左托杯底。

2）操作方法：

a. 无柄杯：右手虎口分开，握住茶杯基部，女士需用左手指尖轻托杯底。

b. 有柄杯：右手食指、中指勾住杯柄，大拇指与食指相搭，女士用左手指尖轻托杯底。

c. 闻香杯：右手虎口分开，手指虚拢成握空心拳状，将闻香杯直握于拳心；也可双手拳心相对虚拢做合十状，将闻香杯捧在两手间。

d. 品茗杯：右手虎口分开，大拇指、中指握杯两侧，无名指低住杯底，食指及小指则自然弯曲，称"三龙护鼎法"；女士可以将食指与小指微外翘呈兰花指状，左手指尖必须托住杯底。

e. 盖碗：右手虎口分开，大拇指与中指扣在杯身两侧，食指屈伸按住盖钮下凹处，无名指及小指自然搭扶碗壁。女士应双手将盖碗连杯托端起，置于左手拳心后如前握杯，无名指及小指可微外翘起做兰花指状。

（二）翻杯、润杯与温具、取样置茶的手法

1. 翻杯的手法

1）手法：双手交叉、捧杯底侧。

2）操作方法：

a. 无柄杯：右手虎口向下，手背向左（即反手）握面前茶杯的左侧基部，左手位于右手手腕下方，用大拇指和虎口部位轻托在茶杯的右侧基部；双手同时翻杯成手相对捧住茶杯，轻轻放下。

b. 有柄杯：右手虎口向下，手背向左（即反手）食指插入杯柄环中，用大拇指与食指，中指三指捏住杯柄，左手手背朝上用大拇指，食指与中指轻扶茶杯右侧基部；双手同时向内转动手腕，茶杯翻好轻置杯托或茶盘上。

c. 品茗杯与闻香杯：双手交叉捧住品茗杯底侧壁；双手向右转动手腕，翻转杯子，双手捧杯轻放在茶盘上。翻闻香杯是同样手法。

2. 润杯与温具的手法

（1）温壶、温盅及滤网法。

1）手法：开盖、注汤、加盖、烫壶、倒水。

2）操作方法：

a. 开盖：左手大拇指、食指与中指按壶的壶钮上，揭开壶盖，提腕依半圆形轨迹将其放入茶壶左侧的盖置（或茶盘）中。

b. 注汤：右手提开水壶，按逆时针方向回转手腕一圈低斟，使水流沿圆形的茶壶口冲入；然后提腕令开水壶中的水高冲入茶壶；待注水量为茶壶总容量的 1/2 时复腕低斟，回转手腕一圈并用力令水流上翻，使开水壶及时断水，轻轻放回原处。

c. 加盖：左手完成，将开盖顺序颠倒即可。

d. 烫壶：双手取茶巾横覆在左手手指部位，右手三指握茶把放在左手茶巾上，双手协调逆时针方向转动手腕如滚动球动作，令茶壶壶身各部分充分接触开水，将冷气涤荡无存。（如果觉得并非很烫，也可不用茶巾）

e. 倒水：以正确的手法提壶将水倒入水盂。

（2）润杯法。

1）手法：右手握杯、左手托杯、逆时针回转。

2）操作方法：

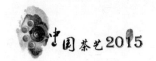

a. 大茶杯：右手提开水壶，逆时针转动手腕，令水流沿茶杯内壁冲入，约总容量的 1/3 后右手提腕断水；逐个注水完毕后开水壶复位。右手握茶杯基部，左手托杯底，右手手腕逆时针转动，双手协调令茶杯各部分与水充分接触；涤荡后将开水倒入水盂，放下茶杯。

b. 小茶杯：翻杯时即将茶杯相连排成一字过圆圈，右手提壶，用往返斟法向杯内注入开水至满，壶复位；右手大拇指、食指与中指端起一只茶杯侧放到邻近一只杯中，用无名指勾动杯底如"招手"状拨动茶杯，令其旋转，使茶杯内外均用开水烫到。复位后取另一茶杯再温；直到最后一只茶杯，杯中温水轻荡后将水倒去（如在双层茶盘上进行温杯，则将弃水直接倒入茶盘即可）。

（3）温盖碗法。

1）手法：茶针翻盖、逆时针注水。

2）操作方法：

a. 斟水：盖碗的碗盖反放着，近身侧略低且与碗内壁留有一个小缝隙。提开水壶逆时针向盖内注开水，待开水顺小缝隙流入碗内约 1/3 容量后右手提腕令开水壶断水，开水壶复位。

b. 翻盖：右手如握笔状取茶针插入缝隙内，左手手背向外护在盖碗外侧，掌沿轻靠碗沿；右手把茶针由内向外拨动碗盖，左手大拇指，食指与中指随即将翻起的盖正盖碗上。

c. 烫碗：右手虎口分开，大拇指与中指搭在内外两侧碗身中间部位，食指屈伸低住碗盖盖钮下凹处；左手托住碗底，端起盖碗右手手腕呈逆时针运动，双手协调令盖碗内各部位充分接触热水后，放回茶盘。

d. 倒水：右手提盖钮将盖碗靠右侧斜盖，即在盖碗左侧留一小缝隙，依前法端起盖碗平移于水盂上方，向左侧翻手腕，水即从盖碗左侧小缝隙中流进水盂。

3. 取样置茶的手法

1）手法：双手取样、茶则取茶、茶荷赏茶、茶匙拨茶。

2）操作方法：

a. 茶荷与茶匙法：左手横握已开盖的茶样罐，开口向右移至茶荷上方；右手以大拇指，食指及中指三指背向上捏茶则，伸进茶样罐中将茶叶轻轻扒出拨进茶荷中；目测估计茶样量，认为足够后右手将茶则复位；依前法取盖压紧盖好，放下茶样罐。右手取茶匙，从左手托起的茶荷中将茶叶分别拨进冲泡具中，在名优绿茶冲泡时常用此法取茶样。

b. 茶则与茶匙法：右手将茶则从茶筒内取出，左手横握已打开的茶样罐，凑到茶则边，手腕用力令其来回滚动，茶叶缓缓散入茶则；将茶则中的茶叶直接投入冲泡具，或将茶则放到左手（掌心朝上，拇指与食指握茶则移动），令茶则对准冲泡器具壶口，右手取茶匙将茶叶拨入冲泡具，足量后右手将茶匙复位，两手合作将茶样罐盖好放下。这一手常用于乌龙茶泡法。

（三）冲泡、分茶、奉茶、品茗的手法

1. 冲泡的手法

1）手法：回转冲泡、凤凰三点头冲泡、高冲低斟法。

2）操作方法：

a. 回转冲泡法：单手回转冲泡法：右手提开水壶手腕逆时针回转，令水流沿茶壶口（茶杯口）内壁入茶壶（杯）内；双手回转冲泡法：如果开水壶比较沉可用此冲泡法。双手取茶巾置于左手手指部位，右手提壶左手垫茶巾部位托起在壶；右手手腕逆时针回转，令水流沿茶壶口（茶杯口）内壁入茶壶（杯）内。

b. 凤凰三点头冲泡法：用手提水壶高冲低斟反复3次，寓意为向来宾鞠躬三次以表示欢迎。高冲低斟是指右手提壶靠近茶杯（茶碗）口注水，再提腕使开水壶提升，此时水流如"酿泉泄出于两峰之间"，接着仍压腕将开水壶靠近茶杯（茶碗）继续注水。如此反复三次，恰好注入所需水量即提腕断流收水。

c. 回转高冲低斟法：先用单手回转法，右手提开水壶注水，令水流先从茶壶壶肩开始，逆时针绕圈至壶口、壶心，提高水

壶令水流在茶壶中心处持续注入，直至七分满时压腕低斟（仍同单手回转手法）；水满后提腕令开水壶壶流上翘断水。淋壶时也用此法，水流从茶壶壶肩到壶盖再到盖钮，逆时针打圈浇淋。乌龙茶冲泡时常用此法。

2. 分茶的手法

1）手法：游山玩水、循环倒茶法。

2）操作方法：

a. 游山玩水：当用壶泡茶后，要将茶汤分别倒入各个茶杯，是为分茶。分茶时，通常右手拇指和中指握住壶柄，食指抵壶盖钮或钮基侧部，这样端起茶壶，在茶巾上按一下，吸干壶底的水分，以免倒茶时滴滴答答，既不卫生，也不雅观。这个动作被美其名曰"游山玩水"。

b. 循环倒茶法：是在分茶时尽量保持各个茶杯中茶汤的浓度、色泽、滋味、香气大体一致的一种方法，它与冲泡乌龙茶时用的关公巡城和韩信点兵颇为相似。具体做法是：以分斟五杯茶为例，先将五只茶杯一字排开，然后开始斟茶入杯，第一杯斟入容量（按七分满计算）1/5 的茶汤，第二杯斟入杯容量的2/5，第三杯斟入杯容量的 3/5，第四杯斟入杯容量的 4/5，第五杯斟至七分满为止。从而使各杯的茶汤基本上达到均匀一致，充分体现茶人平等待人的精神。

3. 奉茶的手法

1）手法：双手端茶、掌与手指自然合拢示意。

2）操作方法：

a. 正面端杯与奉茶：双手端起茶托，收至自己胸前；从胸前将茶杯端至客人面前桌面，轻轻放下；或双手端杯递送到客人手中。从客人正面奉茶，伸出右掌，手指自然合拢示意"请"。

b. 左侧端杯与奉茶：双手端起茶托，收至自己胸前；再用左手端茶放在左侧客人面前，同时右手掌轻托左前臂。左侧面奉茶后，左手伸掌示意"请"。

c. 右侧端杯与奉茶：双手端起茶托，再用右手端茶放在右侧客人面前，同时左手掌轻托右前臂。右侧面奉茶后，右手伸掌示意"请"。

4. 品茗的手法

（1）盖碗品茗法。

1）手法：开缝闻香、撇茶3次、嘴与虎口正对啜饮。

2）操作方法：

a. 右手端住茶托右侧，左手托住底部端起茶碗；右手用拇指、食指、中指捏住盖钮掀开盖；右手持盖至鼻前闻香。

b. 左手端碗，右手持盖向外撇茶3次，以观汤色。

c. 右手将盖侧斜盖放碗口；双手将碗端至嘴前，右手转动手腕，嘴与虎口正对啜饮。

（2）闻香杯与品茗杯品茗法。

1）手法：扣放、向内翻转手腕、旋转轻提、三口啜饮。

2）操作方法：

a. 翻杯技法：右手将品茗杯扣放在闻香杯杯口，接着右手食指与中指夹住闻香杯杯身基部、大拇指按在品茗杯底，向内翻转手腕令品茗杯在下，左手轻托品茗杯底放回茶托右侧。

b. 旋转提杯：左手扶住品茗杯外侧，右手大拇指、食指与中指捏住闻香杯基部，旋转轻提令茶汤自然流入品茗杯。

c. 握杯闻香：双手合掌搓动闻香杯数次，目的是双手保温并促使杯底香气挥发；双手举至鼻尖，两拇指稍分，用力嗅闻杯中香气。也可单手握杯闻香，手法是右手将闻香杯握在掌心，向内运动手指令闻香杯在手中呈逆时针转动，然后举杯近鼻端，左手挡在闻香杯杯口前方，使香气集中便于嗅闻。茶叶品质越好则杯底留香越久，可供人细细赏玩良久。

d. 三口啜饮：将闻香杯放回杯托，右手用"三龙护鼎"法

227

端取品茗杯欣赏汤色后啜饮。

二、当代行茶技巧

行茶是指正确的泡茶技法。茶艺着重体现的是茶的冲泡技艺和品饮艺术，正确的泡茶技法是行茶操作的点睛之笔。因此，茶叶的用量、泡茶水温、浸泡时间和冲泡次数构成了泡茶技法的四大要素。

（一）泡茶的四要素

1. 茶叶用量

泡茶时茶叶的用量特别是对于好茶来说是最关键的，因为茶叶的用量过多或者过少都会直接影响到茶汤的口感和韵味，只有茶叶的用量适中才能使好茶的味道经久不衰，但是用量不够或过多，茶叶泡出来的味道就要大打折扣了。总体说来，茶叶的用量需要根据茶叶的种类外形、茶具大小、个人喜爱习惯来适当调节用茶量。

（1）茶叶用量取决于茶叶的种类、外形、等级。绿茶、花茶、红茶以 3～4g 茶叶冲 150mL 的水为宜；乌龙茶因发酵程度、紧结程度不同，置茶量也有区别，通常最轻发酵乌龙茶的置茶量以壶的 2/3 为宜，如台湾包种茶、阿里山茶；半发酵乌龙茶的置茶量以壶的 1/2 为宜，如冻顶乌龙、铁观音；重发酵乌龙茶的置茶量以壶的 1/3 为宜，如大红袍等。普洱茶用壶泡，通常以 10g 左右的干茶冲入 500mL 的水。此外，细嫩的茶叶用量要多些，较粗的茶叶用量可少一些，即"细茶粗吃、粗茶细吃"。

（2）茶叶用量取决于茶具的大小。泡茶时，如客人较多则使用大壶，客人较少则使用小壶，壶大投茶量相应增加，壶小投茶量减少；如使用玻璃杯或盖碗时，投茶量一般标准是150mL 沸水投茶 3g。

（3）茶叶用量取决于个人喜爱习惯。如果客人是饮茶年限较长的中、老年人，喜喝较浓的茶，故用量较多；初学饮茶的年轻人，普遍喜爱较淡的茶，故用量宜少。此外，在西藏、新疆、青海和内蒙古等少数民族地区的人，普遍喜饮浓茶，并在茶中加糖、加乳或加盐，故每次茶叶用量较多。华北和东北广大地区人喜饮花茶，通常用较大的茶壶泡茶，茶叶用量较少。长江中下游地区的消费者主要饮用绿茶如龙井、毛峰等名优茶，一般用较小的瓷杯或玻璃杯，每次用量也不多。福建、广东、台湾等省，人们喜饮工夫茶，茶具虽小，但用茶量较多。

2. 泡茶水温

（1）古人对泡茶水温的讲究。宋代蔡襄在《茶录》中说："候汤（即指烧开水煮茶——作者注）最难，未熟则沫浮，过熟则茶沉，前世谓之蟹眼者，过熟汤也。沉瓶中煮之不可辨，故曰候汤最难。"明代许次纾在《茶疏》中说得更为具体："水一入铫，便需急煮，候有松声，即去盖，以消息其老嫩。蟹眼之后，水有微涛，是为当时；大涛鼎沸，旋至无声，是为过时；过则汤老而香散，决不堪用。"以上说明，泡茶烧水，要大火急沸，不要文火慢煮。以刚煮沸起泡为宜，用这样的水泡茶，茶汤香味皆佳。如水沸腾过久，即古人所称的"水老"。此时，溶于水中的二氧化碳挥发殆尽，泡茶鲜爽味便大为逊色。培养沸滚的水，古人称为"水嫩"，也不适宜泡茶，因水温低，茶中有效成分不易泡出，使香味低淡，而且茶浮水面，饮用不便。

（2）不同茶类对泡茶水温的要求。泡茶水温的掌握，主要看泡饮什么茶而定。高级绿茶，特别是各种芽叶细嫩的名茶（绿茶类名茶），不能用 100℃ 的沸水冲泡，一般以 80℃ 左右为宜。茶叶愈嫩、愈绿，冲泡水温要低，这样泡出的茶汤一定嫩绿明亮，滋味鲜爽，茶叶维生素 C 也较少破坏。而在高温下，

茶汤容易变黄，滋味较苦（茶中咖啡因容易浸出），维生素 C 大量破坏。正如平时说的，水温高，把茶叶"烫熟"了。

泡饮各种花茶、红茶和中、低档绿茶，则要用 100℃的沸水冲泡。如水温低，则渗透性差，茶中有效成分浸出较少，茶味淡薄。泡饮乌龙茶、普洱茶和花茶，每次用茶量较多，而且茶叶较老，必须用 100℃的沸滚开水冲泡。有时，为了保持和提高水温，还要在冲泡前用开水烫热茶具，冲泡后在壶外淋开水。少数民族饮用砖茶，则要求水温高，将砖茶敲碎，放在锅中熬煮。

（3）茶叶中有效物质的溶解度与泡茶水温的关系。一般说来，泡茶水温与茶叶中有效物质在水中的溶解度呈正比相关，水温愈高，溶解度愈大，茶汤就愈浓；反之，水温愈低，溶解度愈小，茶汤就愈淡，一般 60℃温水的浸出量只相当于 100℃沸水浸出量的 45％～65％。

3. 浸泡时间

（1）浸泡时间与茶叶种类、泡茶水温和用茶量的关系。冲泡茶叶的时间与茶叶种类、泡茶水温、用茶量和饮茶习惯有关系，不可一概而论。如用茶杯泡饮普通红、绿茶，每杯放干茶 3g 左右，用沸水约 150～200mL，冲泡时宜加杯盖，避免茶香散失，时间以 2～3 分钟为宜。时间太短，茶汤色浅淡；茶泡久了，增加茶汤涩味，香味还易丧失。不过，新采制的绿茶可冲水不加杯盖，这样汤色更艳。另用茶量多的，冲泡时间宜短，反之则宜长。质量好的茶，冲泡时间宜短，反之宜长些。

茶的滋味是随着时间延长而逐渐增浓的。据测定，用沸水泡茶，首先浸提出来的是咖啡因、维生素、氨基酸等，大约到 3分钟时，含量较高。这时饮起来，茶汤有鲜爽醇和之感，但缺少饮茶者需要的刺激味。以后，随着时间的延续，茶多酚浸出物含量逐渐增加。因此，为了获取一杯鲜爽甘醇的茶汤，对大宗红、绿茶而言，头泡茶以冲泡后 3 分钟左右饮用为好，若想再饮，到杯中剩有三分之一茶汤时，再续开水，以此类推。

对于注重香气的乌龙茶、花茶，泡茶时，为了不使茶香散失，不但需要加盖，而且冲泡时间不宜长，通常 2～3 分钟即可。由于泡乌龙茶时用茶量较大，因此，第一泡 1 分钟就可将茶汤倾入杯中，自第二泡开始，每次应比前一泡增加 15 秒左右，这样要使茶汤浓度不致相差太大。

（2）浸泡时间与茶叶老嫩以及茶形的关系。冲泡时间还与茶叶老嫩和茶的形态有关。一般说来，凡原料较细嫩，茶叶松散的，冲泡时间可相对缩短；相反，原料较粗老，茶叶紧实的，冲泡时间可相对延长。总之，冲泡时间的长短，最终还是以适合饮茶者的口味来确定为好。

4. 泡茶次数

茶叶的冲泡次数，应根据茶叶的种类和饮茶方式而定。如饮用颗粒细小、揉捻充分的红碎茶和绿碎茶，由于这类茶的内含成分很容易被沸水浸出，一般都是冲泡一次就将茶渣滤去，不再重泡。速溶茶，也是采用一次冲泡法，工夫红茶则可冲泡 2～3 次。而条形绿茶如眉茶、花茶通常只能冲泡 2～3 次。白茶和黄茶，一般也只能冲泡 1 次，最多 2 次。而品饮乌龙茶多用小型紫砂壶，在用茶量较多时（约半壶）的情况下，可连续冲泡 4～6 次，甚至更多。

据测定，茶叶中各种有效成分的浸出率是不一样的，最容易浸出的是氨基酸和维生素 C；其次是咖啡碱、茶多酚、可溶性糖等。一般茶冲泡第一次时，茶中的可溶性物质能浸出 50%～55%；冲泡第二次时，能浸出 30% 左右；冲泡第三次时，能浸出约 10%；冲泡第四次时，只能浸出 2%～3%，几乎是白开水了。所以，大宗茶类通常以冲泡三次为宜。

总之，在行茶时，既要基本把握四要素（如下表），又要通过反复练习，逐渐将四要素灵活运用，才能泡出茶之真味。

泡茶种类	茶叶用量	泡茶水温	浸泡时间	泡茶次数
细嫩名优绿茶	3 克	80～85℃（冲 150 毫升）	2 分钟	3 次
中、低档绿茶	3 克	100℃（冲 150 毫升）	3～4 分钟	3 次
乌龙茶	3 克	100℃（冲 60 毫升）	2～3 分钟	4～6 次
工夫红茶	3 克	100℃（冲 150 毫升）	3～4 分钟	3 次
红碎茶	1 袋	100℃（冲 150 毫升）	3～4 分钟	1 次
普洱茶	5 克	90～100℃（冲 180 毫升）	半分钟	4～6 次
花茶	3 克	100℃（冲 150 毫升）	3～4 分钟	2～3 次

（二）行茶的程序

行茶的程序分为三个阶段，第一阶段是准备，第二阶段是操作，第三阶段是结束。

不同种类的茶，便有不同的冲泡方法，即使是同一种类茶，也有不同的冲泡方法。在众多的茶叶中，由于每种茶的特点不同，有的重茶香，有的重茶味，有的重茶形，有的重茶色，便要求泡茶有不同的侧重点，并采取相应的方法，以发挥茶叶本身的特色。但不论泡茶技艺如何变化，要冲泡任何一种茶，除了备茶、选水、烧水、配具外，其下的泡茶次序是需要共同遵守的。

1. 准备阶段

准备阶段是在客人来临前的所有准备工作，包括接待环境卫生的清洁；茶艺师个人仪容仪表的整理；营业用具的准备、茶品、茶具、泡茶用水的准备等。

2. 操作阶段

操作阶段是指整个泡茶过程的工作，具体包括以下内容：

（1）清具。用热水冲淋茶壶，包括壶嘴、壶盖，用开水烫淋茶杯。然后将茶壶、茶杯沥干。其目的在于清洁饮茶器具，提高茶具温度，使茶叶冲泡后温度相对稳定，不使温度过快下降。

（2）置茶。按茶壶或茶杯的大小，放入一定数量的茶叶。

（3）冲泡。置茶后，按照茶与水的比例，将开水冲入壶中。冲水时，除乌龙茶冲水须溢出壶口、壶嘴外，通常以冲水八分满为宜。如果使用玻璃杯或白瓷杯冲泡注重欣赏的细嫩名茶，冲水也以七八分满为度。冲水时，常用"凤凰三点头"之法，即将水壶下倾上提三次，其意义是表示主人向宾客点头，欢迎致意；也可使茶叶和茶水上下翻动，使茶汤浓度一致。

（4）敬茶。敬茶时，主人要脸带笑容，最好用茶盘托着送给客人。如果直接用茶杯奉茶，应避免手指接触杯口，污染茶具；如正面上茶时，双手端茶，至近客处，左手作掌状伸出，以示敬意；如从客人侧面奉茶，若左侧奉茶，则用左手端杯，右手作请用茶姿势；若右侧奉茶，则用右手端杯，左手作请用茶姿势。这时，客人可用右手除拇指外其余四指并拢弯曲，轻轻敲打桌面，或微微点头，以表谢意。

（5）赏茶。如果饮的是高级名茶，茶叶冲泡后，不可急于饮茶，应先观色察形，接着端杯闻香，再呷汤尝味。尝味时，应让茶汤从舌尖沿舌两侧流到舌根，再回到舌头，这样反复 2～3 次，以留下茶汤清香甘甜的回味。

（6）续水。一般当已饮去三分之二壶（杯）的茶汤时，就应续水。一旦到茶水全部饮尽时再续水，那么，续水后的茶汤就会淡而无味了。续水通常 2～3 次，如果还想继续饮茶，应该重新冲泡。

3. 结束阶段

结束阶段是操作完成后的收具整理工作。包括清理地面、茶桌工作；茶具及用具的分类消毒工作等。

醒茶

刚刚从竹筐、竹壳中拆出来的老茶，往往味道沉闷、香气涣散，很难展现老茶深沉饱满的韵味。要想品饮到一泡口感上佳的陈年茶，冲泡前的"醒茶"是一个重要的处理环节。醒茶就是通过改变茶的存储方式，唤醒茶质，凝聚茶香。哪怕仅仅陈化了七八年的旧茶，经过以下的醒茶步骤，都可以迅速将品质提升到一个更高的水准：

第一首先是拨茶，用手或茶刀将茶体分解为重量几克大小的茶块。之所以用"拨"这个字眼而不用"掰""拆""解"……是因为年代很久的茶饼，往往茶体已经十分松透，用手轻轻摇动或拨动，茶就会一片片散落下来。而对于只有一二十年的茶，茶体还比较紧结，往往就要借助茶刀。对于茶饼或茶砖来说，从侧面入刀可以轻松地将茶剖成两片，而后再用手掰成约一泡分量的小块；沱茶通常压制得比较紧，从可唇边或侧面下刀。拨茶时也要注意不要将茶拆得太碎。过碎的茶不但容易堵塞壶口，还会因茶汁释放过快而影响冲泡时茶汤滋味和浓度的稳定性。

然后是通风透气，将茶内的陈宿杂味吹散出来。方法是将拨散的茶叶摊开置于清洁、蔽阴处吹风数日。这一阶段是茶最容易沾染杂味的时候，要注意环境不可有异味，也不可受到日晒或长时间灯光照射。在茶叶上覆盖一张白纸可以有效避免这些情况的影响。通风的时间视茶品状况而定。对于干净的茶品只需二三日即可，而入仓茶则可延长至一周或两周，以便散发仓味道。

最后将通风后的茶收入紫砂罐（或陶罐）中。由于紫砂具有良好的隔热、避光性能和一定的透气性能，可以调节、维持罐内温度、湿度的相对稳定。茶储存在这种环境中，可以令茶质和香气快速凝聚。选取紫砂罐，最好使用烧结度比较高、没有异味的旧罐。新制紫砂罐内含有土气与火气，会导致茶品变质出现杂味。新罐简易的处理方法是用开水冲烫、浸泡，每日换水一至两次，反复数日后晾晒至足干就可以盛放茶叶了。浸泡后的罐子务必晾晒干透，否则罐内残存的水分会令茶叶受潮霉变。确保茶罐干透的方法是将一把生茶投入罐中，盖好盖子闷放一日，茶叶不会吸潮变软即可。同时罐中放入一些干净的竹炭，更有利于吸附杂味，提升茶品的品质。竹炭最好同样用水煮透、晾干。

经过这样处理后的茶叶，会因茶质凝聚而迅速产生饱满、厚重的香气与口感。通常干净的老茶入罐后约一个月，口感就会有明显的转化，约在三至五个月后达到巅峰，蜜香凝聚、汤滑质厚。对于湿仓茶，则可加速仓味、杂味的消散，促进没残留在茶上的白霜退净。

第二节　古代行茶手法

茶为"中华国饮"，自神农尝百草时开始饮茶，千百年来，中国人的饮茶方式是如何演变的呢？

一、煮茶法

所谓煮茶法，是指茶入水烹煮而饮。据考证，中国人饮茶是从鲜叶生吃咀嚼开始，后变为生叶煮饮，形成比较原始的煮茶法。唐代以后则以干茶煮饮。

西汉王褒《僮约》："烹茶尽具"。西晋郭义恭《广志》："茶丛生，真煮饮为真茗茶"。东晋郭璞《尔雅注》："树小如栀子，冬生，叶可煮作羹饮"。晚唐杨华《膳夫经手录》："茶，古不闻食之。近晋、宋以降，吴人采其叶煮，是为茗粥"。晚唐皮日休《茶中杂咏》序云："然季疵以前称茗饮者，必浑以烹之，与夫瀹蔬而啜饮者无异也"。汉魏南北朝以迄初唐，主要是直接采茶树生叶烹煮成羹汤而饮，饮茶类似喝蔬茶汤，此羹汤吴人又称

235

之为"茗粥"。

唐代以后，制茶技术日益发展，饼茶（团茶、片茶）、散茶品种日渐增多。唐代饮茶以陆羽式煎茶为主，但煮茶旧习依然难改，特别是在少数民族地区较流行。中唐陆羽《茶经·五之煮》载："或用葱、姜、枣、橘皮、茱萸、薄荷之等，煮之百沸，或扬令滑，或煮去沫，斯沟渠间弃水耳，而习俗不已。"晚唐樊绰《蛮书》记："茶出银生、成界诸山，散收，无采早法。蒙舍蛮以椒、姜、桂和烹而饮之"。唐代煮茶，往往加盐葱、姜、桂等佐料。

宋代，苏辙《和子瞻煎茶》诗有"北方俚人茗饮无不有，盐酪椒姜夸满口"，黄庭坚《谢刘景文送团茶》诗有"刘侯惠我小玄璧，自裁半壁煮琼糜"。宋代，北方少数民族地区以盐酪椒姜与茶同煮，南方也偶有煮茶。

明代陈师《茶考》载："烹茶之法，唯苏吴得之。以佳茗入磁瓶火煎，酌量火候，以数沸蟹眼为节。"清代周蔼联《竺国记游》载："西藏所尚，以邛州雅安为最。……其熬茶有火候。"明清以后迄今，煮茶法主要在少数民族流行。

二、煎茶法

煎茶法是指陆羽在《茶经》里所创造、记载的一种烹煎方法，其茶主要用饼茶，经炙烤、碾罗成末，候汤初沸投末，并加以环搅、沸腾则止。而煮茶法中茶投冷、热水皆可，需经较长时间的煮熬。而煮茶法中茶投冷、热水皆可，需经较长时间的煮熬。

煎茶这个词原先是表示一个制作食用茶的一道工序，即用水煮采集的嫩茶叶。众所周知，茶源于中国，我们的祖先最先是把茶叶当作药物，从野生的大茶树上砍下枝条，采集嫩梢，先是生嚼。然后发展成用水煮嫩叶，喝煮沸后的茶汤。大约在隋唐时期以后，国人发现把茶通过加热的方法干燥后能保持茶业长时间不变质，而且更有利于茶的香味的散发，这就是炒青技术的起源。制茶工艺中最重要的一道工序就是杀青，杀青就是使茶叶中的酶活性消失，从而防止茶在贮藏过程中的质变。杀青方法有多种，蒸汽杀青是出现比较早的一种方法。蒸汽杀青早在唐代就已开始应用于绿茶生产，那时的蒸青绿茶是蒸青团饼茶。以后蒸气杀青的制茶法传到日本，沿袭至今，发展成现在的日本的蒸青绿茶，其中蒸青煎茶是主要产品。茶东渡日本以后，蒸汽杀青技术在中国逐渐被淘汰，炒青技术在中国绿茶生产中得以大行其道。所以煎茶这个词在中国也变得比较陌生起来。后来煎茶就逐渐被用来指代一个茶的品种了，即通过蒸汽杀青工艺而制的绿茶。今天我们所说的煎茶就是以蒸汽杀青制造而成的绿茶中的一种。蒸青煎茶的工艺过程分贮青、蒸青、粗揉、揉捻、中揉、精揉、干燥等工序。

　　煎茶始是何时，起于何地，不能指实。但人们似乎可以从苏氏兄弟的诗句中，找到踪影。北宋苏轼《试院煎茶》曰："君不见，昔时李生好客手自煎，贵从活火发新泉。又不见，今时潞公煎茶学西蜀，定州花瓷琢红玉"。其第苏辙有歌和之，诗云："年来病懒百不堪，未废饮食求芳甘。煎茶旧法出西蜀，水声火候犹能谙"。兄弟俩一致认为煎茶出自西蜀。那么，又出自何人之手呢？唐代赵璘在《因话录》中说唐代的陆羽"始创煎茶法"（图11-1）。应该是陆羽在总结唐代以及唐以前的沏茶之法，加以改进，这可以根据陆氏在《茶经》著述中找到依据。

　　三国魏张辑的《广雅》记载："荆巴间采叶作饼，叶老者，饼成以米膏出之。欲煮茗饮，先炙令赤色，捣末置瓷器中，以汤浇覆之，用葱、姜、橘子芼之"，表明此时沏茶已由原来用新鲜嫩梢煮作羹饮，发展到将饼茶先在火上灼成"赤色"，然后斫开打碎，研成细末，过罗（筛）倒入壶中，用水煎煮。尔后，再加上调料煎透的饮茶法，但陆羽认为如此煎茶，犹如"沟渠间弃水耳"。

图11-1　茶圣陆羽

　　陆氏的煎茶法，与早先相比，则更讲究技法。按陆羽《茶经》所述，唐时人们饮的主要是经蒸压而成的饼茶，在煎茶前，为了将饼茶碾碎，就得烤茶，即用高温"持以逼火"，并且经常翻动，烤到饼茶呈"蛤蟆背"状时为适度。烤好的茶要趁热包好，以免香气散失（图11-2），至饼茶冷却再研成细末。煎茶需用风炉和釜作烧水器具，以木炭和硬柴作燃料，再加鲜活山水煎煮（图11-3）。煮茶时，当烧到水有"鱼目"气泡，"微有声"，即"一沸"时，加适量的盐调味，并除去浮在表面、状似"黑云母"的水膜，否则"饮之则其味不正"。接着继续烧到水边缘气泡"如涌泉连珠"，即"二沸"时，先在釜中舀出一瓢水，再用竹筴在沸水中边搅边投入碾好的茶末。如此烧到釜中的茶汤气泡如"腾波鼓浪"，即"三沸"时，加进"二沸"时舀出的那瓢水，使沸腾暂时停止，以"育其华"。这样茶汤就算煎好了。同时，主张饮茶要趁热连饮，因为"重浊凝其下，精华浮其上"，茶一旦冷了，"则精英随气而竭，饮啜不消亦然矣"。书中还谈到，饮茶时舀出的第一碗茶汤为最好，称为"隽永"，以后依次递减，到第四五碗以后，如果不特别口渴，就不值得喝了。

　　煎茶法的主要程序有备器、选水、取火、候汤、炙茶、碾茶、罗茶、煎茶（投茶、搅拌）、酌茶。

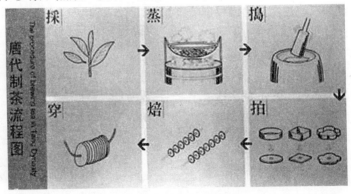

图11-2　唐代制茶流程图

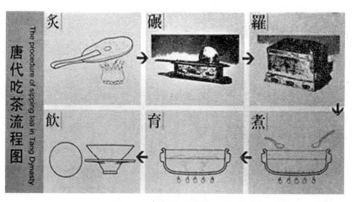

图 11-3　唐代吃茶流程图

　　煎茶法在中晚唐很流行，唐诗中多有描述。刘禹锡《西山兰若试茶歌》诗有"骤雨松声入鼎来，白云满碗花徘徊"；僧皎然《对陆迅饮天目茶园寄元居士》诗有"文火香偏胜，寒泉味转嘉。投铛涌作沫，著碗聚生花"；白居易《睡后茶兴忆杨同州》诗有"白瓷瓯甚洁，红炉炭方炽。沫下曲尘香，花浮鱼眼沸"；卢仝《走笔谢孟谏议寄新茶》诗有"碧云引风吹不断，白花浮光凝碗面"；李群玉《龙山人惠石廪方及团茶》诗有"碾成黄金粉，轻嫩如松花"，"滩声起鱼眼，满鼎漂汤霞"；五代徐夤《谢尚书惠蜡面茶》诗有"金槽和碾沉香末，冰碗轻涵翠偻烟。分赠恩深知最异，晚铛宜煮北山泉"；北宋苏轼《汲江煎茶》诗有"雪乳已翻煎处脚，松风忽作泻时声"；苏辙《和子瞻煎茶》诗有"铜铛得火蚯蚓叫，匙脚旋转秋萤火"；北宋黄庭坚《奉同六舅尚书咏茶碾煎茶三药》诗有"冈炉小鼎不须催，鱼眼长随蟹眼来"；南宋陆游《郊蜀人煎茶戏作长句》诗有"午枕初回梦碟度，红丝小皑破旗枪。正须山石龙头鼎，一试风炉蟹眼汤"之句，如此妙句数不胜数。五代、宋朝流行点茶法，从五代到北宋、南宋，煎茶法渐趋衰亡，南宋末已无闻。

三、点茶法

　　点茶法是将茶碾成细末，置茶盏中，以沸水点冲。先注少

量沸水调膏，继之量茶注汤，边注边用茶筅击拂。宋代以前，中国的茶道以煎茶道为主。到了宋代点茶法成为时尚（图11-4）。它与煮茶法相比，不同之处是只煮水而不煮茶。点茶法奉行宋元时期，宋人诗词中多有描写。宋释惠洪《无学点茶乞茶》诗有"银瓶瑟瑟过风雨，渐觉羊肠挽声变。盏深扣之看浮乳，点茶三昧须饶汝"。北宋黄庭

图11-4 宋代点茶流程图

坚《满庭芳》词有"碾深罗细，琼蕊冷生烟"，"银瓶蟹眼，惊鹭涛翻"。点茶法盛行于宋元时期，并北传辽、金。元明因袭，约亡于明朝后期。

点茶法为宋代斗茶所用，茶人自吃亦用此法。如果说唐代的煎茶重于技艺，那么宋代的点茶更重于意境。宋代，朝廷在地方建立了贡茶制度，地方为挑选贡品需要一种方法来评定茶叶品位高下。根据点茶法的特点，民间兴起了斗茶的风气。斗茶，多为两人捉对"厮杀"，三斗二胜。宋代蔡襄《茶录》记载："茶少汤多则云脚散，汤少茶多则粥面聚。钞茶一钱七，先注汤，调令极匀，又添注入，环回去拂，汤上盏可四分则止，视其面色鲜白，着盏无水痕为绝佳。建安开试，以水痕先者为负，耐久者为胜"。又曰："茶之佳品，皆点啜之。其煎啜之者，皆常品也"，表明宋代沏茶最时尚的是点茶。

南宋开庆年间，斗茶的游戏漂洋过海传入了日本逐渐变为当今日本风行的"茶道"。日本《类聚名物考》对此有明确记载："茶道之起，在正元中筑前崇福寺开山南浦昭明由宋传入。"日本《本朝高僧传》也有"南浦昭明由宋归国，把茶台子、茶道具一式带到崇福寺"的记述。

蔡襄《茶录》记载斗茶之风出自贡茶之地建安北苑山（今福建省建瓯市凤凰山麓北苑），因产制进贡，需定高低，则日久

形成品评之道,蔡襄称之"试茶"。此法大得文人雅士喜爱,宋徽宗《大观茶论·序》记载:"天下之士励志清白,竞为闲暇修索之玩,莫不碎玉锵金,啜英咀华,较箧笥之精,争鉴裁之妙,虽下士于此时,不以蓄茶为羞,可谓盛世之清尚也"。

著名词人范仲淹《和章岷从事斗茶歌》诗曰:

> 年年春自东南来,建溪先暖冰微开。
> 溪边奇茗冠天下,武夷仙人从古栽。
> 新雷昨夜发何处,家家嬉笑穿云去。
> 露牙错落一番荣,缀玉含珠散嘉树。
> 终朝采掇未盈襜,唯求精粹不敢贪。
> 研膏焙乳有雅制,方中圭分园中蟾。
> 北苑将期献天子,林下雄豪先斗美。
> 鼎磨云外首山铜,瓶携江上中泠水。
> 黄金碾畔绿尘飞,紫玉瓯心雪涛起。
> 斗余味兮轻醍醐,斗余香兮薄兰芷。
> 其间品第胡能欺,十目视而十手指。
> 胜若登仙不可攀,输同降将无穷耻。
> 吁嗟天产石上英,论功不愧阶前蓂。
> 众人之浊我可清,千日之醉我可醒。
> 屈原试与招魂魄,刘伶却得闻雷霆。
> 　卢仝敢不歌,陆羽须作经。
> 　森然万象中,焉知无茶星。
> 商山丈人休茹芝,首阳先生休采薇。
> 长安酒价减千万,成都药市无光辉。
> 不如仙山一啜好,泠然便欲乘风飞。
> 　君莫羡花阁女郎只斗草,赢得珠玑满斗归。

三、点花茶法

点花茶法为元末倪云林、明代朱权等人所创。将梅花、桂

241

花、茉莉花等蓓蕾数枚直接与茶同置碗中，热茶水气蒸腾，使茶汤催花绽放，既观花开美景，又嗅花香、茶香。色、香、味同时享用，美不胜收。

据《云林遗事》记载，元末高士倪云林首创"莲花茶"，顾元庆《茶谱》的"诸花茶法"条有详细记载："莲花茶：于日未出时，将半含莲花拨开，放细茶一撮，纳满蕊中，以麻皮略絷，令其经宿。次早摘花，倾出茶叶，用建纸包茶焙干。再如前法，又将茶叶入别蕊中。如次者数次，取其焙干收用，不胜香美。"今天看来，这种花茶的"纯手工"制作方法，是后世"窨制"花茶的开始。

朱权《茶谱》云："今人以果品为换茶，莫若梅、桂、茉莉三花最佳。可将蓓蕾数枚投于瓯内罨之。少倾，其花自开。瓯未至唇，香气盈鼻矣。"这是一种以花代茶的品饮法，因此称作"换茶"。他还介绍了一种"熏香茶法"："百花有香者皆可。当花盛开时，以纸糊竹笼两隔，上层置茶，下层置花，宜密封固，经宿开换旧花。如此数日，其茶自有香气可爱。有不用花，用龙脑熏者亦可。"《群芳谱》中也有相似记述："以花拌茶，颇有别致。凡梅花、木樨、茉莉、玫瑰、蔷薇、兰蕙、金橘、栀子、木香之属，皆与茶宜。当于诸花香气全时摘拌，三停茶、一停花，收于瓷罐中，一层茶一层花，相间填满，以纸箬封固，入净锅中，重汤煮之，取出待冷，再以纸封裹，于火上焙干贮用。但上好细芽茶，忌用花香，反夺其味，惟平等茶宜之"，不仅介绍了古代花茶的制作加工方法，也指出花茶的适用范围，对后世的花茶工艺有很大启发。

四、分茶法

宋代还流行一种技巧很高的烹茶游艺，叫作"分茶"，又称"茶百戏"、"水丹青"、"汤戏"，这种茶艺形式初创于北宋时期，人们在斗茶评定茶的优劣之暇，尚进行分茶观汤，追求茶汤的纹脉所形成的物象。分茶时，碾茶为末，注之以汤，以羌击拂。这时盏面上的汤纹就会幻变出各种图样来，犹如一幅幅的水墨画（图11-5、图11-6）。陆游曾有诗云："矮纸斜行闲作草，晴窗细乳戏分茶"。要使茶汤花在瞬间显出瑰丽多变的景象，需要很高的技艺。

图11-5　茶百戏图　　　　图11-6　茶百戏图

五、泡茶法

明初，茶饼制作工艺已经发展到了一个很高的水平，茶饼上镏金镂银，更有雕龙画凤，称之为"龙凤团茶"，但是整个制作过程耗时费工。1391年，明太祖朱元璋下诏，废龙团贡茶而改贡散茶，点茶道随之衰落，碾末而饮的唐煮宋点饮法，变成了以沸水冲泡叶茶的瀹饮法，中国的茶道因此发展到泡茶道，品饮艺术发生了划时代的变化。

明清茶人对茶道的贡献其一在于创立了泡茶茶艺，且有撮泡、壶泡和工夫茶三种形式；其二在于为茶道设计了专用的茶室——茶寮。16世纪后期，陆树声撰《茶寮记》，其"煎茶七类"篇"茶候"条有"凉台静室、曲几明窗、僧寮道院、松风竹月"等；许次纾《茶疏》"饮时"条有"明窗净儿、风日晴和、轻阴微雨、小桥画舫、茂林修竹、课花责鸟、荷亭避暑、小院焚香、清幽寺院、名泉怪地石"等二十四宜。又"茶所"条记："小斋之外，别置茶寮。高燥明爽，勿令闭寒。壁边列置两炉，炉以小雪洞覆之，止开一面，用省灰尘脱散。寮前置一

几，以顿茶注、茶盂、为临时供具。别置一几，以顿他器……"
茶寮的发明、设计、是明清茶人对茶道的一大贡献。

小贴士

陆羽煎茶法

1. 备茶

唐代所饮之茶与当今所饮之茶有很大区别。如陆羽《茶经》里所述，唐代茶大体上分粗、散、末、饼等四种。唐代末期，宫廷贡茶品类中开始制造工艺更加精细的研膏茶。由于唐时茶叶品类的特点，仅在备茶上就有几道工序，包括炙茶、碾茶和罗茶三项。凡饮用饼茶，在上碾之前，都要先在无异味的文火上烤炙，并注意掌握火候，勤于翻动，使之受火均匀，等茶饼烤出像蛤蟆背部突起的小疙瘩，不再冒湿气，而散发清香时为止。随将烤好的茶饼放入特定的容器中，以防止其香气散发，在冷却后即可碾茶。继而将碾成粉末状的末茶过茶罗，使之更加精细，剔除未碾碎的粗梗、碎片，然后放入竹盒之内备用。

2. 备水

古人饮茶对水品的选择较现代人优越和讲究。煎茶以山泉水为上，江中清流水为中，井水汲取多者为下。而山泉水又以乳泉漫流者为上。并将所取水用滤水囊过滤、澄清，去掉泥淀杂质，放在水方之中，置瓢、杓其上。

3. 生火煮水

将事先备好，宜于煎茶的木炭（或其他无异味的干枯树枝）用炭挝（小木槌）打碎，投入风炉之中点燃煮水。在此之前置交床（支架）将鍑（大口锅）固定好，注水于鍑中。

4. 调盐

当水沸如鱼目，微微有声时为初沸，此时从盛盐盒中取出少许食盐投入沸水之中。投盐之目的，在于调和茶味。

5. 投茶

当镬边如涌泉连珠之时，为二沸。此时要从镬中出水一瓢，以备三沸腾波鼓浪茶沫要溢出之时，救沸之用，有如煮水饺时以冷水汤点止沸。与此同时以竹夹绕沸水中心环绕搅动，以使沸水温度较为均衡，并及时将备好之末茶按与水量相应的比例投入沸水之中。

6. 育华

水三沸时，势若奔涛，镬中茶之浮沫溢出，要随时以备好之二沸水浇点茶汤，止沸育华，保持水面上的茶之精华（亦称之为"茶花"）不被灭出，但应将浮在水面上的黑色沫子除去，以保持所煎茶汤之香醇。当水再开时，茶之沫饽渐生于水面之上，如雪似花，茶香满室。

7. 分茶

茶汤中珍贵新鲜，香味浓重的部分，是镬中煮出的头三碗，最多分五碗。若有五位客人时，可分三碗，七位客人时可酌分五碗，六人亦按碗计。不要计较第一轮时有客未饮，只要以下锅鲜美之茶补偿就是了。

在分茶时要注意，每碗中沫饽要均匀，因沫饽是茶之精华。何谓沫饽？薄者曰沫，厚者曰饽，细者曰花。《茶经·五之煮》"凡酌"一节，对此作了精彩的描述：花，就像枣花漂浮在圆形的水面上，又像在深潭回转，或如在小州边转弯的流水面上刚出水之青萍，又像在晴朗的天空中漂浮着鱼鳞般美丽的浮云；沫，就像绿钱草浮在水边，又像菊花的花瓣，撒落在杯盘之中；饽，是把第一次煮茶沉渣再煮，水一沸腾，就又有许多的花和沫累叠起来，白花花的如积雪一样。晋代杜育《荈赋》中所写的"明亮如冬天的积雪，放光如春天的花簇"的景象是确实有的。

8. 饮茶

陆羽在《茶经·六之饮》一章里强调饮茶一定要趁刚烹好"珍鲜馥烈"时来饮用，只有趁热才能品尝到茶之鲜醇而又十分浓烈的芳香。

9. 洁器

将用毕之茶器，及时洗涤净洁，收贮入特制的都篮中，以备再用。

陆羽的煎茶法，虽然操作程序较繁复，但条理井然。在品茗时特别强调水品之选择，炙、煮茶时火候之掌握，说明水品与火候对引发茶之真香非常重要，而洁其器，才能毕其全功。

茶圣陆羽，在一千二百多年前全力倡导和推行的"陆氏茶"，亦被称为"文士茶"——清饮品茗法，是对唐代社会当时其他饮方式、方法的扬弃。这种茗饮方式，同其他任何新生事物一样，尽管亦曾受到社会抵制，陆羽亦曾遭到冷遇，但问世不久即愈益受到社会各界，特别是士大夫阶级、文人雅士和品茗爱好者们赞赏和效法。因为这种茗茶方式，可令饮者将以细心领略茶之天然特性；在茗茶中与清谈、赏花、玩月、抚琴、吟诗、联句相结合，旨在创造出一种清逸脱俗、高尚幽雅的品茗意境。陆氏茶的诞生，不仅使社会生活中的饮茶方式发生了深刻变化，也使唐代中期以后的茶文化活动、茶文学创作进入了一个空前繁荣时期，并对唐、宋以来中国茶文化的发展产生深刻久远的影响。陆羽当年所创造的"陆氏茶"虽然同我们现代的饮茶方式不同，但陆羽所倡导的茶文化精神，至今仍在影响我国茗饮文化的发展，他《茶经》里提倡饮茶时对茶品、水品的选择，煎茶时对火候的掌握，以及注意茶礼、茶仪，前后注意洁器，至今仍有积极的指导意义。即使生活在现代大城市的饮茶者选水会受到环境条件的限制，但在沏茶时，要注意按不同茶品（绿茶、花茶、红茶、乌龙茶等）掌握适度之水温，投壶中茶量之多少，注意茶器、茶具之整洁，以及饮茶时应注意礼仪等，无论家庭生活日常饮茶或待客饮茶时，都应以充分注意的。

第十二章 茶之艺

第一节 待客型茶艺

生活待客型茶艺是由一个茶艺师与几位嘉宾围桌而坐，一同赏茶、鉴水、闻香、品茗，茶艺师边泡茶边讲解，客人可以随意发问、插话。生活待客型茶艺要求茶艺师有较强的语言表达能力、与客人沟通的能力以及应变能力，同时，还必须具备比较丰富的茶文化知识。学习这种茶艺时，切忌带上表演的色彩，讲话、动作、服饰都不可造作，不宜夸张，一定要像主人接待自己的亲朋好友一样亲切自然。

一、茉莉茶王茶艺

茉莉茶王，又叫茉莉香片，是以茶树芽、叶、嫩茎为原料，经杀青、揉捻、干燥等工艺制成的绿毛茶，再经整形、归类、拼配成的茶坯，选用茉莉鲜花窨制而成。在中国的花茶里，有"可闻春天的气味"之美誉，茉莉茶王的外形和叶底均有艺术观赏价值，具有香气鲜灵浓郁，滋味醇厚回甘，汤色清澈明亮，叶底匀整等特点。

（一）茉莉茶王冲泡要领

茉莉茶王属高档花茶，冲泡水温不宜过高，80～85℃为宜，切不可用即开开水，冲泡之前，最好晾汤，即把沸水在储水壶置放片刻再进行冲泡。用水最好选择纯净水、矿泉水或山泉水，切记不要多次沸腾，否则会降低水中含氧量，影响茶汤滋味。

茉莉茶王的品饮侧重其香气和滋味，可用盖碗、瓷壶进行冲泡，对于造型优美的特种茉莉花茶，也可用玻璃杯冲泡法，以满足观赏叶底之要求。投茶量为 1：50（1g 茶、50mL 水）或根据客人要求增减。冲泡时间为 3～5 分钟，冲泡次数以 2～3

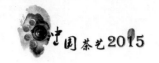

次为宜。

（二）泡茶用具

白瓷盖碗若干、茶道组一套、储水壶、茶荷、茶巾、储茶罐、茶盘，茶海各一个。

（三）冲泡程序

解说：茉莉茶王，是用绿茶茶坯与茉莉鲜花窨制而成的再加工茶，是集茶之美、花之香于一体的茶中珍品，被誉为"诗一般的茶"，她与大自然春暖花开，万物复苏紧相连，茶引花香，相得益彰，从茉莉茶王中，我们可以品出春天的气息。宋代诗人江奎的《茉莉》赞曰："他年我若修花使，列做人间第一香。"为了更好地品茗茉莉茶王浓郁的香气，我们用盖碗进行冲泡，茶泡好后揭盖闻香，即可品饮茶汤，又可观看茶姿。

第一步：【静心——活煮山泉】

操作：煮水晾汤

解说：精茗蕴香，借水而发，无水不可与论茶也。水以清轻甘洁为美，清甘乃水之自然，尤为难得。其水，用山水上，江水中，井水下。

第二步：【温杯——春江水暖】

操作：右手揭起碗盖，放于碗托边缘处，再以单手或双手持储水壶，将水注入盖碗中1/3处。一手执碗，另一手托碗底，逆时针回旋，使水在碗中沿壁荡动两圈，再弃水于茶海中。

解说：温杯是给盖碗升温，有利于冲泡茶叶时茶汁的迅速浸出。盖碗又称之为"三才杯"，这种白瓷反边敞口瓷碗，以景德镇出产的最为著名。三才杯讲究"以盖为天、以杯为人、以托为地"，寓意"天地人和"之思想内涵，宣扬"和"茶精神，是中国传统的品饮用具。用盖碗冲泡茉莉花王，既可衬托花茶固有的汤色，又可防止香气的散失，揭盖闻香、尝味、观色都很方便，盖碗造型美观，题词配图都很别致，用盖碗泡茶，人奉一杯，品饮随意，能体现出亲切自然，文雅有度的茶风。

第三步：【盛茶——香茗进荷】

操作：双手捧储茶罐至胸前，用食指和拇指顶盖，右手拇、食、中三指揭盖放于桌上，随之取出茶匙，将茶叶拨至茶荷中。

解说：将茉莉茶王投至茶荷中。花茶是诗一般的茶，它融茶韵与花香于一体，通过"引花香，增茶味"，使二者珠联璧合，相得益彰。

第四步：【赏茶——初展风姿】

操作：双手捧住茶荷，口朝外，拇指自然抵住茶荷，手指不宜超过茶荷边缘，至左向右，请客人观赏。

解说：观赏茉莉茶王，称之为"目品"。赏茶的目的在于鉴赏花茶茶胚的形状、颜色和香气，以及花和茶相映衬的美态。茉莉茶王由烘青茶坯与茉莉鲜花窨制而成，外形全牙针状肥壮，满披白毫，匀齐洁净，是茉莉茶中的极品，闻之使人头脑清醒、心旷神怡。

第五步：【投茶——佳人入宫】

操作：右手拿起茶匙，手心向下，手指弯曲，将茉莉花茶均匀拨至盖碗中。

解说：我们把茉莉茶王投入茶碗中，古有仙女散花，今有玉人投茶，随着茉莉花茶的徐徐落下，散发出缕缕清香，令人心醉。苏轼有诗云："戏作小诗君勿笑，从来佳茗似佳人"，茉莉茶王因其芳香独特，与"佳人"的美誉更加相配，这个程序故可称为"佳人入宫"。投茶时，可遵照五行学说，按木、火、土、金、水五个方位投入，香叶、嫩芽静置于碗中，茶叶用量要均匀适量，既要看盖杯的大小，也要考虑饮者的习惯喜好。北方人饮花茶，讲究香醇浓酽，可置茶 3g。南方人喜欢清淡，置茶量就要适当减少。

第六步：【注水——嘉木匀香】

操作：拿起储水壶，紧靠茶碗，将水注入。

解说：茶，被称为"南方嘉木"，冲泡茉莉茶王，先用细水旋流低注而入，浸润茶芽，然后轻轻摇晃，称为"匀香"。冲水后的茶芽充分吸取水之甜润甘醇，初步伸展，花香四溢。冲泡

249

茉莉花茶时，第一泡应"低注"，冲泡时壶口紧靠茶碗，直接注于茶芽上，使香味缓缓浸出；第二泡采用"中斟"，壶口稍离碗口注入沸水，使茶水交融；第三泡采用"高冲"，壶口抬高，距茶碗口稍远处冲入沸水，使茶叶翻滚，茶汤回荡，花香飘溢。一般冲水至七分满为止，正所谓"酒要满，茶要浅"，冲后立即加盖，以保茶香。

第七步：【浸泡——渐入佳境】

操作：轻轻将碗盖扣在茶碗上，双手端放于桌前，凝神静候。

解说：茉莉茶王外形珠圆玉润，颗颗色翠如玉，白毫披覆其上粒粒皆美，内质香气鲜爽持久，滋味醇厚回甘，汤色黄绿明亮，叶底细嫩柔软。中医学认为，茉莉花茶可以"去寒邪、助理郁"，是春季饮茶之首选，既可散发冬天积在人体内的寒邪，又能促进人体阳气的生发。

第八步：【奉茶——敬奉香茗】

操作：将冲泡好的茶碗沾巾后放在茶盘上，从左至右敬奉给客人，奉茶时，双手捧起盖碗，表情亲切自然，注目宾客，行点头礼，举碗齐眉敬奉。

解说：以茶会友，以茶联谊，天下茶人是一家。我们奉茶是按照从左到右顺序奉上的，这充分表现了茶人平等相待，亲密无间的意愿。茶是"天涵之，地载之，人育之"的灵物，"一碗香茗奉知音"。中国传统认为饮茶对人类的益寿保健有很大好处，在历代医学、茶学文献中多有记载。茉莉花茶适应性广，其独特的功效能疏肝解郁，理气调经，特别适合中老年朋友和女士饮用。

第九步：【品饮演示】

1. 揭盖闻香

操作：一手端起碗托，另一手轻轻地将碗盖揭开一条缝隙，从中闻香。

解说：茉莉花茶经冲泡静置片刻后，即可提起茶盏，揭开碗盖，从缝隙中去闻香气。人称"鼻品"。鼻品，一是闻香气的鲜灵度，二闻香气的浓郁度，三闻香气的纯度，以充分领略香气带给人的愉悦之感。通常盖碗茶的盖、碗、托三件是不可分的，闻香时应一手端起碗托，另一手轻轻地将碗盖揭开一条缝隙，从中闻香。"未尝甘露味，先闻圣妙香"，茉莉花王的香气鲜灵浓纯，深深吸一口气，你会感觉到香气直贯颅门，宛如置身于花丛之中，"天、地、人"仿佛融为一体，令人精神清爽。

2. 观察汤色

操作：右手用盖将碗中茶沫刮去，欣赏茶汤。

解说：花茶更能代表北方的一种文化，它融茶之清韵与花之幽香于一体，花香、茶味相互交融。用左手端住盏托，右手拿起碗盖，轻轻拂动茶汤表面，刮去浮沫，使茶汤上下均匀，然后仔细观察碗中的茶汤，茉莉茶王的汤色清透明亮，鲜活滴翠的茶叶倒卧在茶碗中，像一幅精湛绝伦的工笔画，阵阵花香随氤氲的热气扑面而来，余韵不绝。

3. 细品幽香

操作：品茶时，右手将杯盖的前沿下压，后沿翘起，从开缝中饮茶。

解说：民间对饮茉莉花茶有"一口为喝，三口为品"之说。品茶，又称为"口品"，小口喝入茶汤，使茶汤在舌尖上稍作停留，然后用口轻轻吸气，让茶汤在舌面上滚动，以便充分与味蕾接触，将茶汤慢慢咽下时顿感齿颊生香，只有这样才能领略到茉莉茶王特有的"味轻醍醐、香薄兰芷"之韵味。闻其香，只觉芳香扑鼻。尝其味，顿感滋味醇厚，花香茶味融为一体，令人心旷神怡。

第十步：【谢茶——静坐回味】

操作：对宾客点头致谢，并配以手势，待解说词讲解完毕之后鞠躬谢礼。

解说：饮茶重在回味，"一杯香茗在手，万千烦恼皆休"。茉莉茶王不仅具有茶之滑爽甘润，更富芬芳扑鼻之天然花香，

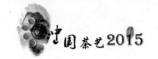

品饮时宛如在田园乡野漫步，一呼一吸之中尽是甜美的茉莉花香，宛若清风拂面，恍若春雨沐浴，带给人一种不可言说的愉悦之感，茉莉茶王茶汤的滋味醇厚，香而不浮，鲜而不浊，是各种花茶中的珍品，在啜饮之后，您会进入到一个融茶之色、香、味、形于一体的梦幻境界，"羡彼之良质兮，冰清玉润……奇矣哉，生于孰地，来自何方；信矣乎！瑶池不二，紫府无双。果何人哉？如斯之美也！"愿您与茶结缘，开心幸福每一天。

二、君山银针茶艺

君山银针是中国十大名茶之一，有绿茶型和黄茶型两种。银针茶在茶树刚冒出一个芽头时采摘，经十几道工序制成。其成品茶芽头苗壮，长短大小均匀，内呈橙黄色，外裹一层白毫，故得雅号"金镶玉"，又因茶芽外形很像一根根银针，故名君山银针。

（一）君山银针冲泡要领

君山银针是一种极具观赏性的特种茶，观泡茶奇景胜过饮茶，是一种舒心的艺术享受。为便于观赏，冲泡白毫银针的茶具，通常用无色无花的直筒形透明玻璃杯，并用玻璃片作盖，刚冲泡的君山银针是横卧水面的，加上玻璃片盖后，茶芽吸水下沉，芽尖产生气泡，犹如雀舌含珠，似春笋出土。用水以清澈的山泉为佳，每杯用茶量为3g，茶量太多太少都不利于欣赏茶的姿形景观。水温宜沸水，温度稍低则看不到茶舞美景。

（二）泡茶用具

水晶玻璃杯、玻璃片若干、酒精炉具一套，茶道具一套、青花茶荷、茶盘、茶池、茶巾、香炉各一个。

（三）冲泡程序

君山银针由单一茶芽经特殊工艺精制而成，外形匀直整齐，芽壮多毫，香气清高，汤黄澄亮。冲泡后，芽竖悬汤中冲升水面，徐徐下沉，再升再沉，三起三落，蔚成趣观。相传文成公主出嫁西藏时就曾选带了君山茶。乾隆皇帝下江南时品尝到君山银针，十分赞许，将其列为贡茶。《红楼梦》里妙玉用隔年的梅花积雪冲泡的"老君眉"即是君山银针。

第一步：【焚香净气】

操作：焚香

解说：茶叶是至纯至洁之物，君山银针乃茶之珍品，通过焚香来凝神洗心，孕育氛围，表达了茶人对茶所惯有的尊崇。

第二步：【升火煮泉】

操作：煮水

解说：茶是灵魂之饮，水是生命之源，茶中有道，水中亦有道，宜茶之水"五诀"为"清、活、轻、甘、冽"。

第三步：【静心涤器】

操作：洁具

解说：用沸水预热茶杯，清洁茶具，并擦干杯中水珠，以避免茶芽吸水而降低茶芽的竖立率。

第四步：【银针出山】

操作：赏茶

解说：用茶匙摄取少量君山银针，置于洁净的赏茶盘中，供宾客欣赏干茶的形与色。看茶如观景，鉴茶如赏玉，君山银针芽头壮实，紧结挺直，芽身黄似金，茸毫白如玉。古人有诗云，"湖光秋月两相和，潭面无风镜未磨；遥望洞庭山水翠，白银盘里一青螺。"君山银针需在每年的清明前后5天左右采摘，经8道工序，历时70多小时精制而成，每公斤君山银针大概需要5万个左右的茶芽。成品茶按芽头肥瘦、曲直，色泽亮暗进行分级。以壮实挺直亮黄为上。优质茶芽头肥壮，紧实挺直，芽身金黄，满披银毫；汤色橙黄明净，香气清纯，叶底嫩黄匀亮，实为黄茶之珍品。清代，君山茶分为"尖茶"和"茸茶"两种。"尖茶"如茶剑，白毛茸然，纳为贡茶，素称"贡尖"。

第五步：【金玉满堂】

操作：投茶

解说："金玉满堂"是一道投茶程序，它来自君山银针的别名"金镶玉"，我们把杯底铺满银针喻为"金玉铺地"。君山产

253

茶历史悠久，唐代就已经声名显赫，因茶叶满披茸毛，底色金黄，冲泡后如黄色羽毛一样根根竖立而一度被称为"黄翎毛"。将3g君山银针投入玻璃杯中，金黄闪亮的茶芽徐徐降落杯底，形成一道美丽的景观，寓意着祝各位茶友家庭幸福，生活甜美，金玉满堂。

第六步：【波涌连天】

操作：洗茶

解说：洞庭湖一带的老百姓把湖中不起白花的小浪称之为"波"，把起白花的浪称为"涌"。在洗茶时，通过悬壶高冲，玻璃杯中会泛起一层白色泡沫，所以形象地称为"洞庭波涌连天雪"。冲茶后，杯中的水应尽快倒进茶池，以免泡久了造成茶中的养分流失。

第七步：【气蒸云梦】

操作：冲水

解说：孟浩然有诗云，"八月湖水平，涵虚混太清，气蒸云梦泽，波撼岳阳城。"我们借助这首诗来描述冲水。将茶壶提高，利用水的冲力，先快后慢冲入茶杯至1/2处，使茶芽湿透，稍后再冲水至七分满，使茶芽均匀吸水，加速下沉。玻璃杯上方的浓浓热气就像气蒸云梦，而杯中翻腾的沸水恰似惊涛拍岸。君山银针茶色泽金黄，叶壮匀齐，银茸密附，甘醇清爽。它不仅品茗味好，更是一种观赏茶。只见杯中芽尖朝天，直挺竖立，每一芽叶含一小水珠，宛如雀舌含珠，又似万笔书天，继而徐徐沉下杯底，三起三落，如刀枪林立，又酷似群笋出土，堪称茶中奇观。

第八步：【雾锁洞庭】

操作：捂盖

解说：当沸水冲入杯中后，用玻璃片将杯盖住，保持水温，有利于银针竖立。君山银针是一种以赏景为主的特种茶，讲究在欣赏中饮茶，在饮茶中欣赏。透过晶莹的杯子，可观色型，品味香，把盏之间，妙趣无穷。银针冲泡后，呈现八景奇观，因逐时变幻，需耐心等待，静心欣赏。此时杯中的热气形成一团雾气，好似山中云雾缭绕。

第九步：【三起三落】

操作：观茶

解说："看茶舞"是冲泡君山银针的特色程序。君山银针的茶芽在热水浸泡下慢慢舒展开来，茶芽首先浮于水面，因茶芽吸水时放出气泡，使每个芽叶含一水珠，雅称"雀舌含珠"；稍过片刻，芽尖朝上，蒂头下垂，沉入杯底，瞬间变化，在水中忽升忽降，时沉时浮，俗称"三起三落"；能起落的芽头为数并不多，一个芽头落而复起三次，更属罕见，正是"未饮清香涎欲滴，三浮三落见奇葩"。经过"三浮三沉"之后，最后如雨后春笋般竖立杯底，随水波晃动，军人视之谓"刀枪林立"，文人赞叹如"雨后春笋"，艺人誉之为"金菊怒放"，芽光水色，浑然一体，碧波绿芽，相映成趣，真可谓"试挹鹤泉烹雀舌，烹来长似君山色"。凡是品尝过君山银针的人，无不为杯中奇观而赞叹。

第十步：【白鹤飞天】

操作：移盖

解说：5分钟后，移去杯盖，一股蒸气从杯中升起，犹如一群白鹤升上天空。君山银针全由芽头制成，茶身满布毫毛，色泽鲜亮，几番飞舞之后，团聚一起立于杯底。

第十一步：【敬奉佳茗】

操作：奉茶

解说：双手端杯，有礼貌地将茶奉给宾客。

第十二步：【玉液凝香】

操作：闻香

解说：移开杯盖之后，君山银针的茶香即随着热气扑鼻而来，如香云缭绕，茶香如梦如幻，沁入心脾，时而清悠淡雅，时而浓郁醉人。鼻品君山银针，沉积着浓郁的茶文化之香气。清代诗人王文治有诗为证："君山茶叶贡毛尖，配以洞庭白鹤

泉；入口醇香神作意，杯中白鹤上青天。"

第十三步：【三啜甘露】

操作：品茶

解说：君山银针茶汁杏黄，香气清鲜，滋味甘醇，叶底明亮，又被人称作"琼浆玉液"。明亮的杏黄色茶汤里，可以看到根根银针在杯底直立向上，芽头苗壮，紧实而挺直，茶芽大小长短均匀，形如银针，入口则清香沁人，齿颊留芳，久置不变其味。俗话说，"人生三味一杯里"，品君山银针讲究要在一杯茶中品出三种滋味，口品茶之甘甜，回味茶汤"先苦后甜"之滋味，回想茶芽"三起三落"之现象，回韵景观"上下浮动"之奥妙，领悟屈原"上下求索"之精神。看过杯中美景之后，再品美茶，只觉汤色美，茶气足，味醇厚，余韵长，令人回味无穷。

第十四步：【尽杯谢茶】

操作：谢茶

解说：君山银针茶产于洞庭湖中君山岛上，饮用君山银针茶始于唐代，清代被列为贡茶。1956年君山银针茶在德国莱比锡国际博览会上获金奖，1957年被定为全国十大名茶之一。醉翁之意不在酒，品茶之韵不在茶，清代巴陵邑宰陈大纲品茶之后叹曰："四面湖山归眼底，万家忧乐到心头"，吕洞宾品茶之后云："明心见性，浪游世外我为真"。茶中有道，品茶悟道，"品罢寸心逐白云"，这是精神上的升华，也是我们茶人的追求。

三、龙井茶茶艺

龙井是茶中珍品，位居十大名茶之首，以龙井村（含狮峰山）、满觉垅、翁家山、杨梅岭、云栖、虎跑、梅家坞一带所产品质为最佳。"天下西湖三十六，杭州西湖最明秀"，杭州龙井色泽翠绿，香气浓郁，甘醇爽口，形如雀舌，集"色绿、香郁、味甘、形美"四绝于一身，曾被清代乾隆皇帝赐封为"御茶"。

（一）龙井茶冲泡要领

龙井茶冲泡时水温应控制在75～85℃，千万不要用100℃

的沸水，因为龙井茶是没有经过发酵的茶，茶叶本身十分细嫩，如果用太热的水去冲泡，就会把茶叶烫坏，而且还会把苦涩的味道一并冲泡出来，影响口感。用水最好选择山泉、井水、纯净水，或静置了4小时以上的自来水。至于在茶叶分量方面，茶叶刚好把杯底遮盖就够了。冲泡的时间要随冲泡次数而增加。自宋代以来，西湖龙井茶逐步形成了独特的冲泡艺术，享受龙井茶不仅只是品味其茶汤之美，更重要的是在冲泡过程中欣赏龙井茶芽沉浮变化之美，所以冲泡龙井茶多用透明无花玻璃茶杯。

（二）泡茶用具

透明玻璃杯若干、电随手泡一套、茶道具一套、赏泉杯、茶叶罐、茶荷、茶巾、茶盘各一个，干净的硬币一枚。

（三）冲泡程序

龙井茶因其产地不同，分为西湖龙井、钱塘龙井、越州龙井三种，除了西湖产区168平方千米的茶叶叫作西湖龙井外，其他两地产的俗称为浙江龙井茶。龙井茶已有一千二百余年历史，始产于宋代，明代益盛。在清明前采制的叫"明前茶"，谷雨前采制的叫"雨前茶"，向来有"雨前是上品，明前是珍品"的说法。龙井茶泡饮时，但见芽芽直立，汤色清洌，幽香四溢，以一芽一叶（俗称"一旗一枪"）为极品。

第一步：【游山玩水】

操作：赏水

解说："龙井茶、虎跑水"为西湖双绝，用虎跑水冲泡龙井茶，更会茶水交融，相得益彰。虎跑泉的泉水是从砂岩、石英砂中渗出，流量为43.286.4立方米/日，水质清洌甘美。此泉由地下水与地面水两部分组成，地下水比重较大，因此地下水在下，地面水在上，如果用棒搅动井内泉水，下面的泉水会翻到水面，形成一圈分水线，当地下泉水重新沉下去时，分水线渐渐缩小，最终消失，非常有趣。传闻乾隆皇帝好茶，外出巡游，都要用银质小斗称山泉的重量，他居然称出杭州西湖虎跑

泉水比北京玉泉山的水重了四厘。现在将硬币轻轻置于盛满虎跑泉水的赏泉杯中，硬币置于水上而不沉，水面高于杯口而不外溢，表明该水水分子密度高、表面张力大，碳酸钙含量低。

第二步：【煮水晾汤】

操作：晾汤

解说：因为我们所冲泡的西湖龙井茶芽极其细嫩，若直接用开水冲泡容易烫熟了茶芽，会造成汤熟无味，所以要打开壶盖，让水温降到80℃左右，这样冲泡龙井茶才能达到色绿、香郁，茶汤鲜爽甘美之效果。后面续水时也要注意控制水温，比如先把沸水倒进公道杯，然后再倒进茶盅冲泡，也可以采用"悬壶高冲"的方式，增加水柱接触空气的面积，增加冷却效果。

第三步：【初识仙姿】

操作：赏茶

解说：龙井茶叶外形扁平光滑、叶细嫩、条形整齐、宽度一致、绿黄色、手感光滑，拿一把扔在桌面上还能自己滑动散开的才是好品质的龙井茶。乾隆皇帝把细嫩的龙井称为"润心莲"，享有色绿、香郁、味醇、形美"四绝"之盛誉。优质龙井茶，通常以清明前采制的为最好，明人田艺衡曾有"烹煎黄金芽，不取谷雨后"之语。

第四步：【冰心去凡尘】

操作：备具

解说：冲泡高档龙井茶要用透明无花玻璃杯，以便更好地欣赏茶叶在水中上下翻飞、翩翩起舞的仙姿，观赏碧绿的汤色、细嫩的茸毫，领略清新的茶香。龙井茶是至清至洁、天涵地育之灵物，泡茶时要求所用的器皿也必须至清至洁。"冰心去凡尘"就是将水注入玻璃杯，一来清洁杯子，以示对嘉宾的尊敬，二来为杯子增温。

第五步：【三弄龙井】

操作：投茶

解说："欲把西湖比西子，从来佳茗似佳人"，龙井茶也属观赏类茶。一个好的茶艺师以手伺出的品级龙井茶汤，不但让你品足茶中美味，还能让你赏足龙井茶的姿色，饱足眼福，得到精神上的享受。龙井茶叶的投法可分为上投，中投和下投三种：

一弄龙井：上投法

（1）杯中置入适量适温开水后，用茶匙轻柔地投入约 5g 龙井茶芽。

（2）静待龙井茶芽一片一片下沉，欣赏它们慢慢展露婀娜的身姿。

（3）茶芽在杯中逐渐伸展，一旗一枪，上下沉浮，汤明色绿，清澈分明。

二弄龙井：中投法

（1）杯中先置入适温开水（约 1/3），用茶匙轻柔地投入约 5g 龙井茶芽，静待茶芽慢慢舒展。

（2）待茶芽舒展后，加满开水。

三弄龙井：下投法

（1）杯中投入适量龙井茶芽。

（2）加入少许适温开水。

（3）拿起玻璃杯，徐徐摇动使茶芽完全濡湿，并让茶芽自然舒展。

（4）待茶芽稍为舒展后，加满开水。

第六步：【观音捧玉瓶】

操作：奉茶

解说：客来敬茶是中国的传统习俗，也是茶人所遵从之茶训。将自己精心泡制的龙井茶与新朋老友共赏（顺序是从左至右），别是一番欢愉，让我们共同领略这大自然赐予的绿色精灵。

第七步：【春波展旗枪】

操作：观茶

解说："春波展旗枪"也称为"杯中看茶舞"，这是龙井茶的特色程序，通常采摘龙井茶叶时，只采嫩芽称"莲心"；一芽一叶，叶似旗、芽似枪，则称为"一旗一枪"；一芽两叶，叶形卷曲，形似雀舌，故称"雀舌"。龙井茶汤澄清碧绿，透过玻璃杯，看着茸毫在热水中逐渐苏醒，尖尖的茶芽如枪，展开的叶片如旗，芽叶直立，上下沉浮，簇立杯中交错相映，宛如幽兰初绽，春笋争涌。

第八步：【慧心悟茶香】

操作：闻香

解说：品饮龙井茶要"一看、二闻、三品味"。观赏了杯中的茶舞之后，我们在品茶之前，要先闻茶香。龙井茶的香为豆花香，香气清新醇厚，清幽淡雅，无浓烈之感，让人在一捧之间，仿佛置身于烟花三月碧草菁菁，水墨氤氲的江南茶园之中。清代茶人陆次之曾赞曰："龙井茶，真者甘香如兰，幽而不洌，啜之淡然，似乎无味，饮过之后，觉有一种太和之气，弥沦于齿颊之间，此无味之味，乃至味也。为益于人不浅，故能疗疾，其贵如珍，不可多得。"让我们用心去感悟来自天堂的龙井茶香，这茶香可以启人心智、通人心窍。

第九步：【淡中品至味】

操作：品茶

解说：评定茶的优劣，必从"色、形、香、味"入手。西湖龙井茶的品质特点是：外形扁平挺秀，色泽绿翠，内质清香味醇，品饮后齿颊留芳，沁人肺腑。一杯茶，就是我们手里可以握住的春色和温暖，与朋友捧茶相对，那心头更是暖意融融了。现在请大家慢慢啜，细细品，让龙井茶的至味，启迪我们的性灵，使我们对生活有更深刻的感悟。

第十步：【再悟茶语】

操作：续水

解说：龙井茶初品时会感清淡，以第二泡的色香味为最佳，当客人杯中的茶水见少时，要及时为客人添注热水。品赏龙井茶，像是观赏一件艺术品，龙井茶仿佛是一曲春天的歌、一幅春天的画、一首春天的诗，让人宛如置身于一派浓浓的春色里，顿生心旷神怡之感。

第十一步：【静坐回味】

操作：回味

解说：鲁迅先生说过："有好茶喝，会喝好茶，是一种清福。"西湖美景、龙井名茶，早已名扬天下，"一杯春露暂留客，两腋清风几欲仙"，游览西湖，品饮龙井，是人生的一大享受。

四、台式乌龙茶茶艺

乌龙茶，亦称青茶、半发酵茶，是我国几大茶类中独具鲜明特色的茶叶品类。由宋代贡茶龙团、凤饼演变而来，创制于1725年（清雍正年间）前后，据福建《安溪县志》记载："安溪人于清雍正三年首先发明乌龙茶做法，以后传入闽北和台湾。"

台式乌龙茶是脱胎于潮州、闽南的工夫茶。台湾乌龙主要茶品有：冻顶乌龙，文山包种、阿里山茶。

（一）台式乌龙茶冲泡要领

"绿叶红镶边"是乌龙茶独具的特点，茶叶泡开后叶片红绿相映，十分秀美，乃中国茶叶百花园中的一枝奇葩。按茶水1：30的量投茶。泡茶用水应选择甘冽的山泉水，而且必须做到沸水现冲，煮至"水面若孔珠，其声若松涛，此正汤也"。

（二）泡茶用具

（1）紫砂壶：此壶产于江苏宜兴，具有较好的吸香性和透气性，茶叶在里面溶出的营养物质达95％以上，用得越久的紫砂壶泡制出的茶汤就越香，此壶专用于冲泡乌龙茶。

（2）品茗杯：用来品茗茶汤的味道。

（3）闻香杯：用来闻茶汤的香气。

（4）茶荷：又称茶撮，专用于盛茶、赏茶。

（5）茶道：由茶针、茶斗、茶勺、茶夹等组成。

1）茶针用于疏通壶嘴；

2）茶斗用于方便盛茶；

3）茶勺用于拨取茶叶；

4）茶夹用于取拿品茗杯。

（6）茶海：用于盛装多余的水。

（7）茶荷：用于盛装干茶。

（8）茶巾：用于吸干杯或壶底的水滴。

（9）香炉：用于烧香。

（10）明炉组：专用于烧水。

（11）茶托：用于安放闻香杯和品茗杯。

（12）公道杯：用于调和茶汤的颜色、浓度及分量，隐含了中国茶道中公平待人的道理。

（13）茶漏：用于过滤茶渣。

（14）壶垫：专用于放紫砂壶。

（三）冲泡程序：

第一步：【焚香凝神】

操作：焚香

解说：燃一炷香，营造一个祥和平静的品茶氛围，这沁人心脾的幽香能使大家凝神静气，并随着这袅袅的烟雾忘却一切烦恼，神入茶境。

第二步：【临泉松风】

操作：煮水

解说：古人说"七分茶十分水"，好茶需有好水来沏。陆羽《茶经》云："山溪泉水为上，江上之水为中，井中之水为下"，沏泡乌龙茶的水温要用100℃的沸水。水有三沸之说，"静坐炉边听水声，初沸如鱼目，水声淙淙似鸣泉，二沸、三沸声渐奔腾澎湃，如秋风萧飒扫过松林"。张源《茶录》"汤辨"中有："汤有三大辨十五小辨。一曰形辨，二曰声辨，三曰气辨。形为内辨，声为外辨，气为捷辨。如虾眼、蟹眼、鱼眼、连珠皆为萌汤，直至涌沸如腾波鼓浪，水气全消，方是纯熟；如初声、转声、振声、骤声、皆为萌汤，直至无声，方是纯熟"。

第三步：【叶嘉酬宾】

操作：赏茶

解说："叶嘉"是苏东坡对茶叶的美称，台湾乌龙茶条形卷曲，呈铜褐色，茶汤橙红，滋味纯正，天赋浓烈果香，冲泡后叶底边红腹绿，其中以南投县的"冻顶乌龙"最为名贵。

第四步：【贵妃出浴】

操作：淋壶

解说：将煮沸的水淋在紫砂壶上，好的紫砂壶会瞬间吸干水分，犹如美人出浴般容光焕发，这样也便于提升茶具的温度，使茶叶的色、香、味、形能在里面更好的发挥（在整个泡饮过程中需经常用沸水淋洗壶身，以保持壶内水温）。

第五步：【乌龙入宫】

操作：置茶

解说：把乌龙茶叶放入紫砂壶内，称为"乌龙入宫"。冲泡乌龙茶，茶叶的用量比名优茶和大宗花茶、红茶、绿茶要多，以装满紫砂壶容积的 1/2 为宜，约 10g。

第六步：【涤茶留香】

操作：洗茶

解说：当壶中置茶以后，沸水沿壶内壁缓缓冲入，在水漫过茶叶时，便立即将水倒出，称之为"洗茶"，洗去茶叶中的浮尘和泡沫，便于品其真味。上好的乌龙茶，洗茶时就能闻到幽香四溢。

第七步：【沐淋瓯杯】

操作：温杯

解说：茶人讲究"一泡汤、二泡茶、三泡四泡是精华"，乌龙茶属半发酵茶，第一遍的茶汤我们用来温热品茗杯与闻香杯。

第八步：【若琛出浴】

操作：摆具

解说：用茶夹将闻香杯和品名杯由外向内轻轻地翻转过来，将杯中的水倒掉，动作要缓慢柔美，然后一一摆放整齐。

第九步：【悬壶高冲】

操作：注水

解说：乌龙茶采摘的原料是成熟的茶枝新梢，对水温要求与细嫩的名优茶有所不同。要求水沸立即冲泡，水温为100℃。水温高，茶汁浸出率高，茶味浓、香气高，更能品饮出乌龙茶特有的韵味。乌龙茶冲泡讲究"高冲水、低斟茶"。冲水的方法应由高到低，犹如泉水从山中流下，可以使茶叶在壶中翻滚，促使其早出香韵。水量以溢出壶盖沿为宜。盖上盖子之后还要用开水浇淋壶的外部，这样内外加温，有利于茶香的散发（此动作需在每次注水时重复）。

第十步：【茶熟香温】

操作：泡茶

解说：乌龙茶冲泡时间要由短到长，第一泡时间为一分钟。第二泡手法与第一次同，只是时间要比第一泡增加15秒，以此类推，每冲泡一次，冲泡的时间也要相对增加，乌龙茶较耐泡，一般泡饮5～6次。优质乌龙茶内质好，还可继续冲泡。每次的色香味甚至能基本相同。

第十一步：【乌龙出海】

操作：斟茶

解说：将茶漏置于公道杯上，将茶汤均匀注入公道杯中，茶漏会过滤多余的茶渣，以保持茶汤的洁净明亮。公道杯用于调和茶汤的颜色、浓度及分量，隐含了中国茶道中公平待人的道理。

第十二步：【祥龙行雨】

操作：分茶

解说：将公道杯里的茶汤依次巡回注入闻香杯，称之为"祥龙行雨"，取其"甘露普降"的吉祥之意。斟茶时应低行，以防香味散失，即"低斟茶"。

第十三步：【凤凰点头】

操作：点斟

解说：当公道杯中所剩不多茶汤时，应将巡回快速斟茶改为各杯点斟，以免淡浓不一。手法要求一高一低有节奏地点斟茶水，此法称之为"凤凰点头"，象征着向嘉宾行礼致敬。杯中茶水注量不宜过满，以每杯容积的 1/2 为宜，逐渐加至七成满，使茶汤香味均匀。

第十四步：【鲤鱼翻身】

操作：翻杯

解说：闻香杯中斟满茶后，将品茗杯倒扣在闻香杯上，茶汤在闻香杯中逗留 15～30 秒后，用拇指压住品茗杯底，食指和中指挟住闻香杯，向内倒转，使品茗杯与闻香杯上下倒置，翻转过来，称为"鲤鱼翻身"。中国古代神话传说里有鲤鱼翻身越过龙门可化龙而去，我们借助这道程序，祝大家前程似锦。

第十五步：【敬奉香茗】

操作：奉茶

解说：将闻香杯与品茗杯同置于杯托内，双手端起杯托，送至来宾面前，请客人品饮。

第十六步：【斗转星移】

操作：拔杯

解说：茶汤在闻香杯中逗留 15～30 秒后，扶住品茗杯的杯沿，用拇指、食指和中指撮住闻香杯，轻轻地转动并缓缓拿起，一道颜色明亮、清香四溢的茶汤就呈现在眼前了。

第十七步：【细闻幽香】

操作：闻香

解说：将闻香杯放在鼻前轻轻转动，或将闻香杯置于双手间来回搓动，利用手中热量，使留在闻香杯里的香气得到最充分的挥发。空杯中仍有浓香扑鼻，溢人心肺，令人心旷神怡。乌龙茶冲泡后，茶汤带天然熟果香、芬芳宜人者为佳。香气稀薄或有其他异气者次之。

第十八步：【鉴赏汤色】

操作：观色

解说：乌龙茶在冲泡后，汤色以呈现琥珀般的橙黄色者为

佳。汤色不鲜艳，呈黑褐色或深金黄色略带红色者次之。冻顶乌龙茶冲泡后汤色黄绿明亮，香气高，有花香略带焦糖香，滋味甘醇浓厚。

第十九步：【品啜甘霖】

操作：品茗

解说：品饮乌龙，讲究"喉韵"，品茗时分三口进行，小口细啜，茶汤入口后不要马上咽下，而应吸气，含汤在口中回旋品味，从舌尖到舌面再到舌根，不同位置香味也略有细微的差异，需细细品才能有所体会。入口后顿感这茶气含蓄霸道，触舌生津，一路顺畅，通达全身细脉，好似尊严而慈祥的长者，亲和而不失威凛，滋味以"香、清、甘、活"者为上，回甘深厚者为佳。滋味苦涩、回甘现象浅淡者次之。

第二十步：【返璞归真】

操作：回味

解说：乌龙茶的茶汤浓稠，回甘美妙，有淡菊、樟香，生津不断，似沧桑岁月沉淀后的释放，泡完之后的茶底，仍可再煮饮，显示出其顽强的活性。嗜茶客饮罢往往有"两腋清风起，飘然欲成仙"之感。

五、普洱茶茶艺

普洱茶是云南特有茶品，原产于古普洱府所属的普洱、西双版纳、临沧等地，以"六大茶山"（曼洒、易武、曼砖、倚邦、革登、攸乐）最负盛名。普洱茶外形古朴圆润，汤色明媚，陈香远溢，此茶兴于唐，盛于宋，是中国历史上唯一一道延续和保持了唐宋神韵的传统名茶。

普洱茶有生茶和熟茶两种，且形状各异，分砖、沱、饼、散茶四大类。生茶外形条索肥嫩，色泽墨绿油润，香气清雅；熟茶外形条索紧结匀称，芽叶细嫩，色泽红褐油润，陈香袭人。

（一）普洱茶冲泡要领

1. 冲泡手法

"陈"字是普洱茶的核心，由于普洱茶的制作工艺和原料不同，有的普洱茶需要冲泡较长时间才能出味，有的普洱茶很短时间就能泡出浓汤。比如，茶农手工揉捻的晒青茶，其揉捻时间较短、揉捻程度较轻，因而茶味的浸出时间相对较缓慢，有部分成熟叶和粗老叶的普洱茶滋味浸出也比细嫩茶慢，不宜快速冲泡。经发酵或发酵适度的普洱茶，其滋味浸出速度慢于重发酵或发酵过度的茶，而机械揉捻制作的晒青毛茶冲泡时出味相对较快。

茶叶品质不同，冲泡方式也有所区别。对于品质较好的普洱茶应采取"宽壶留根闷泡"法，"留根"是指洗茶后自始至终将泡开的茶汤留一部分在茶壶里，不把茶汤倒干，一般采取"留四出六"或"留半出半"的方式，每次出茶后再以开水添满茶壶，直到最后茶味变淡。"闷泡"是指时间相对较长，节奏讲究一个"慢"字。这样既能调节茶汤的滋味，又能为普洱茶滋味的形成留下充分的时间和余地。较新的普洱茶、重发酵茶或机械揉捻制作晒青茶宜采用"现冲现饮，每次倒干，不留茶根"的"功夫冲泡法"，可以避免茶汤发黑，减轻苦涩味。

2. 投茶量

冲泡普洱茶时，投茶量的多少与饮茶习惯、冲泡方法、茶性有着密切的关系。采用"留根闷泡法"时，投茶量与水的质量比一般为1∶40，通过增减投茶量来调节茶汤的浓度。如果采用"功夫"泡法，投茶量可适当增加，通过控制冲泡节奏的快慢来调节茶汤的浓度。就茶性而言，投茶量的多少也有变化。普洱茶有生、熟之分，熟茶、陈茶要适当加量；生茶、新茶适当减量等等，切忌一成不变。

3. 泡茶水温

水温的掌握，对茶性的展现有着重要的作用。高温有利于散发香味，有利于茶味的快速浸出，但高温也容易冲出苦涩味，容易烫伤一部分高档芽茶。水温的高低，一定要因茶而异。用料较粗的饼砖茶、紧茶和陈茶等适宜沸水冲泡；用料较嫩的高档芽茶（如较新的宫廷普洱）、高档青饼宜降温冲泡。

4. 冲泡时间

冲泡时间长短的控制，是为了让茶叶的香气、茶汤的滋味展现充分。一般而言，陈茶、粗茶冲泡时间长，新茶、细嫩茶冲泡时间短；手工揉捻茶冲泡时间长，机械揉捻茶冲泡时间短；紧压茶冲泡时间长，散茶冲泡时间短。所谓的长在 30～40 秒间，而所谓的短则在 20 秒左右，为掌握这个区别，可以先用少量茶进行试验，以获得最佳状态。

（二）泡茶用具

（1）茶夹：用来夹洗双杯。

（2）茶则：用来量取干茶。

（3）茶针：用来疏通堵塞的紫砂壶壶嘴。

（4）茶匙：用来拨赶茶叶以及废弃的茶渣。

（5）茶荷：用来盛放干茶。

（6）茶漏：用来过滤茶渣。

（7）品茗杯：用来品饮香茗。

（8）水晶玻璃杯：用于鉴赏汤色。

（9）公道杯：用来均匀茶汤。

（10）随手泡：用来煮甘泉。

（11）紫砂壶：用于冲泡普洱茶。

（12）香炉：用于焚香。

（三）冲泡程序：

第一步：【焚香静气】

操作：燃香

解说：我国茶人认为，茶需静品，香可静心，在正式冲泡普洱茶之前，首先要焚香静气。泡茶之人要求心虚、静、纯，摒除杂念，全神投入，所以我们以焚香的形式来营造一种祥和的气氛，使泡茶之人达到心神合一的境界。

第二步：【茶荈初展】

操作：撬茶

解说：现存最早的涉茶诗，是晋代孙楚的《出歌》："茱萸出芳树颠，鲤鱼出洛水泉。白盐出河东，美豉出鲁渊。姜桂茶荈出巴蜀，椒橘木兰出高山……"诗中的"茶荈"即是茶。用茶刀从各种普洱紧压茶（饼、砖、沱等）撬下适量（5～10g）普洱。普洱紧压茶外形要求厚薄一致，松紧适度，色泽以青褐、棕褐、褐红色为正常。以青饼为例，一般 3～5 年的茶饼紧结，圆边完整，茶梗泛淡紫色；5～7 年的茶饼完整，茶梗全紫；7～10 年的茶饼变轻，边缘掉粒，茶梗深紫；10 年以上的茶饼变松，叶际边缘模糊。

第三步：【煮水侯汤】

操作：烧水

解说：爱茶之人都知道煮水时有"蟹沫和鱼眼"之说，这个典故出自苏轼的《试院煎茶》，"蟹眼已过鱼眼生，飕飕欲作松风鸣"，说的就是泉水分三沸，一沸太稚，三沸太老，二沸最宜，如若随手泡内声若松涛风鸣，视为二沸，用于泡茶最佳。

第四步：【淋壶湿杯】

操作：烫杯

解说：茶自古便被视为一种灵物，所以茶人们要求泡茶的器具必须冰清玉洁，一尘不染，同时还可以提升壶内外的温度，增添茶香，蕴蓄茶味。品茗杯以若琛制者为佳，白底蓝花，底平口阔，质薄如纸，色洁如玉，不薄不能起香，不洁不能衬色。品茶的过程也是涤荡自己心灵的过程，清洁茶具的同时，也可以洁净茶人的灵魂。

第五步：【喜闻陈香】

操作：赏茶

解说：普洱茶在冲泡前应先闻干茶之香。普洱有着悠久的历史，它因有着独特而诱人的沉香而驰名中外，受到世人的好评与喜爱，普洱茶外形条索肥壮紧实，叶底褐红柔软，闻其味有淡淡的桂圆、玫瑰、樟、枣、藕等香味。

第六步：【古木留芳】

操作：投茶

解说：普洱茶芽长而壮，白毫多，内含大量茶多酚、儿茶素、溶水浸出物、多糖类物质等成分。现代医学科学研究，普洱茶特殊的渥堆工艺使黄酮类物质以黄酮苷的形式存在，黄铜苷具有维生素P的作用，是防止人体血管硬化的重要物质，因此，普洱茶对于降脂、降压、抗动脉硬化有良好的功效。此外，长期饮用普洱茶还具有健齿护齿、消炎杀菌、护胃养胃、防癌抗癌、抗衰老等作用。普洱茶营养丰富，具有越陈越香的特点，投茶量为壶身的1/3即可。

第七步：【涤尽凡尘】

操作：洗茶

解说：普洱茶不同于普通茶，普通茶论新，而普洱茶则讲究陈，除了品饮之外还具有收藏及鉴赏价值，时间存放较久的普洱茶难免在存放过程中沾染浮尘，所以冲泡时头两道洗茶的茶汤是不能喝的，宜将干茶快速冲洗两遍，否则会影响到茶汤的滋味，这个过程我们称为"涤尽凡尘心自清"。

第八步：【春风拂面】

操作：去沫

解说：茶中难免会有杂质，水一冲杂质就会浮在水面，用壶盖轻轻刮去浮沫，使杯中茶汤更加洁净。

第九步：【水抱静山】

操作：泡茶

解说：有人说："人生有许多风景，最美的是在风中的等待"。品茶的过程也是相似的道理，冲泡普洱茶时请勿用水直面冲击茶叶，破坏茶叶组织，需逆时针旋转进行冲泡。冲泡时间太短，色香味难以展现，太久则会熟汤失味，需用心把握。

第十步：【鉴赏汤色】

操作：赏汤

解说：俗话说："乌龙闻香，普洱赏色"，普洱茶冲泡后汤色唯美靓丽，似醇酒，有茶中"XO"之称。普洱生茶汤色绿黄，清亮如油，明润似蜜；普洱熟茶汤色红浓明亮，犹如溶化的玛瑙，令人赏心悦目，浮想联翩。在一定的年限内，普洱茶的"红"是鉴别普洱茶陈期的重要指标，普洱茶的"红"根据品质不同分为宝石红、玛瑙红、琥珀红等，其中以宝石红最为难得，为茶中极品，其次是玛瑙红，再次是琥珀红。茶汤泛青、泛黄为陈期不足。其香气和汤色随着冲泡的次数不断地变化，让人感悟到人世间沧海桑田的变化。

把泡好的茶汤倒入水晶玻璃杯内观赏汤色，茶汤表面似有若无的盘旋着一层白色的雾气，我们称之为"陈香雾"。只有上等的普洱茶才具有如此神秘莫测的现象，并且时间存放越久的普洱茶沉香雾越明显。

第十一步：【平分秋色】

操作：分茶

解说：俗语说"酒满敬人，茶满欺人"，茶道以七分为满，留下三分茶情，所谓茶友间不厚此薄彼，将茶汤以"关公巡城"和"韩信点兵"的手法斟入各品茗杯中，确保每杯茶汤浓淡一致，多少均等。

第十二步：【敬奉香茗】

操作：奉茶

解说：将品茗杯置于杯托内，双手端起杯托，送至来宾面前，请客人品尝。

第十三步：【暗香浮动】

操作：闻香

解说：普洱茶香不同于普通茶，普通茶的香气是固定于一定范围内，比如龙井茶有豆花香，铁观音有兰花香，红茶有蜜香，但普洱茶之香却永无定性，变幻莫测，即使是同一种茶，不同的年代、不同的场合、不同的人、不同的心境，冲泡出来的普洱茶味道都会不同，而且普洱茶香气甚为独特，品种多样，有樟香、兰香、荷香、枣香、糯米香等等。

第十四步：【初品奇茗】

操作：品茶

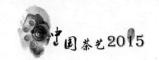

解说：品普洱茶可用三口，第一口用舌尖细细体味普洱茶特有的"醇、活、化"，第二口可用牙齿轻轻咀嚼普洱茶叶，感受其特有的顺滑绵厚和微微粘牙的感觉，最后一口可用喉咙用心体会普洱茶陈香浓郁、醇厚回甘的感觉。普洱茶汤色栗褐，茶汤浓稠，茶香由樟香转糯米香，再转为荷香。普洱茶的滋味余韵悠远，它的陈香、陈韵和茶气在你口中慢慢弥散，饮尽这一杯美丽的汤水，便如饮尽了沧桑岁月的缕缕风尘，你一定能品味出生活的厚重，感受到光阴流水的淡然。正所谓：普洱隐蕴百般味，一盏一滴皆华年。此情可待成追忆，只是当时已惘然。

第十五步：【静心回味】

操作：回味

解说：云南有美景叫"风花雪月"，泡一壶普洱茶，三五知己，闲聊慢品，享受生活的从容淡定，正所谓"春有百花秋有月，夏有凉风冬有雪；若无闲事挂心头，便是人间好时节"。让我们都来做生活的艺术家，泡一壶上好的普洱茶。

第二节　舞台表演型茶艺

舞台表演型茶艺以观赏性为主，是由一个或几个茶艺表演者在舞台上演示茶艺技巧，观众在台下欣赏的一种茶艺文化。这种表演适用于大型聚会，对推广茶文化、普及和提高泡茶技艺等有一定的作用。舞台表演型茶艺可以借助舞台美术提高现场的艺术感染力，可根据表演内容对灯光、音效及布景进行符合主题的设计。在表演时茶艺师要像演员一样进入角色，服装和化妆较为艳丽、浓烈，动作及表情可以根据茶艺内容的需要适度夸张，整体表演过程中动作的起落要优美有度，应尽量与配乐吻合，以取得最佳表演效果。

一、祁门红茶茶艺

祁门红茶，世界三大高香红茶之一，产于安徽省祁门县一带，以适宜茶树新芽叶为原料，经杀青、萎凋、揉捻、发酵、干燥等典型工艺制成。

祁门红茶。条索紧结细小如眉，苗秀显毫，色泽乌润；茶叶香气清新持久，似果香又似兰花香，国际茶市上把这种香气专门叫作"祁门香"；茶叶汤色和叶底颜色红颜明亮，口感鲜醇憨厚，即便与牛奶和糖调饮，其香不仅不减，反而更加馥郁。

（一）祁门红茶冲泡要领

祁门红茶采用清饮最能品味其隽永香气，冲泡工夫红茶时一般要选用紫砂茶具、白瓷茶具和白底红花瓷茶具。茶和水的比例在 1∶50 左右，泡茶的水温在 90～95℃。冲泡工夫红茶一般采用壶泡法，首先将茶叶按比例放入茶壶中，加水冲泡，冲泡时间在 2～3 分钟，然后按循环倒茶法将茶汤注入茶杯中并使茶汤浓度均匀一致。品饮时要细品慢饮，好的工夫红茶一般可以冲泡 2～3 次。

（二）冲泡用具

瓷质茶壶、茶杯（以青花瓷、白瓷茶具为好），赏茶盘或茶荷，茶巾，茶匙、冯茶盘，热水壶及风炉（电炉或酒精炉皆可）。

（三）冲泡程序

解说：祁门红茶，中国历史名茶。著名红茶精品，简称祁红，产于安徽省祁门、东至、贵池（今池州市）、石台、黟县，以及江西的浮梁一带。"祁红特绝群芳最，清誉高香不二门。"祁门红茶时红茶中的极品，享有盛誉，是英国女王和王室是至爱饮品，高香美誉，香名远播，美称"群芳最"、"红茶皇后"。

第一步："宝光"初现—赏茶

解说：祁门红茶条索紧秀，锋苗好，色泽并非人们常说的红色，而是乌黑润泽。请来宾欣赏其色被称之为"宝光"的祁红。

第二步：清泉初沸—煮水

解说：热水壶中用来冲泡的泉水经加热，微沸，壶中上浮

的水泡，仿佛"蟹眼"已生。

第三步：温热壶盏—温杯

解说：用初沸之水，注入瓷壶及杯中，为壶、杯升温。

第四步："王子"入宫—置茶

解说：用茶匙将茶荷或赏花盘中的红茶轻轻拨入壶中。祁红也被誉为"王子茶"。

第五步：悬壶高冲—泡茶

解说：这是冲泡祁红的关键。冲泡祁红的水温要在100℃，刚才初沸的水，此时已是"蟹眼已过鱼眼生"，正好用于冲泡。而高冲可以让祁红茶叶在水的激荡下，充分浸润，以利于色、香、味的充分发挥。

第六步：分杯敬客—分茶

解说：用循环斟茶法，将壶中之茶均匀的分入每一杯中，使杯中之茶的色、味一致。

第七步：喜闻幽香—闻香

解说：一杯茶到手，先要闻香。祁红是世界公认的三大到香茶之一，其香浓郁高长，又有"茶中英豪"、"群芳最"之誉。香气甜润中蕴藏着一股兰花之香。

第八步：观赏汤色—观色

解说：红茶的红色，表现在冲泡好的茶汤中。祁红的汤色红艳，杯沿有一道明显的"金圈"。茶汤的明亮度和颜色，表明红茶的发酵程度和茶汤的鲜爽度。再观叶底，嫩软红亮。

第九步：品味鲜爽—品茗

解说：闻香观色后即可缓啜品饮。祁红以鲜爽、浓醇为主，与红碎茶浓强的刺激性口感有所不同。滋味醇厚，回味绵长。

第十步：再赏余韵—回味

解说：一泡之后，可再冲泡第二泡茶。

第十一步：三品得趣—再回味

解说：祁红通常可冲泡三次，三次的口感各不相同，细饮慢品，徐徐体味茶之真味，方得茶之真趣。

二、文士茶茶艺

文士茶亦称"雅士茶"，起源于唐代民间，经文人士大夫的参与和传播形成的一种文人茶道。古代的文士茶道分为备器、净手、焚香、礼拜、赏茶、鉴茶、鉴水、烹茶、闻茶、观色、谢茶等程序，受邀参加茶会的文士用弹琴、吹笛、舞剑烘托茶会气氛和答谢主人。

（一）茶席设计

表演者身着江南传统服装——罗裙，利用古典屏风、雕花门窗、书法挂画做背景，音乐为高雅悠然的古典丝竹之音（古琴《文王操》为宜），案上可铺垫兰花真丝或蜡染，摆放瓶式插花，以造就中国古典江南韵味之茶席（图12-1）。

图 12-1　武当道茶艺术团《文士茶》表演，李晓梅副教授编创

（二）表演所需工具

茶具及材料：三才杯（青瓷盖碗）若干，茶道组1套，炭炉、汤壶（茶铫）、青瓷茶荷、木制托盘、茶巾、茶叶罐各1个。

（三）茶艺表演

1.【焚香】

解说：表演者摆好茶具，手拈三柱细香默默祷告。唐代撰写茶学经典《茶经》的陆羽，被后人尊为"茶圣"，点燃一炷高香，以示对这位茶人文学家的崇敬，体现饮茶思源，追忆圣贤的心情。

2.【煮水】

解说：文士茶的风格以静雅为主。插花、挂画、点茶、焚香为历代文人雅士所喜爱，文人品茶更重于品，山清水秀之处、庭院深深之所，清风明月之时，雪落红梅之日，都是他们静心品茶的最好时机，许次纾《茶疏》里有"明窗净几、风日晴和、轻阴微雨、小桥画舫、茂林修竹、荷亭避暑、小院焚香、清幽寺院、名泉怪石"等"二十四宜"之说。文人品茶不为解渴，更多的是为内心深处寻求一片静谧。因而文人品茶不仅讲究何时何地，还讲究用茶、用水、用火、用炭，讲究与何人共饮。这种种的讲究其实只为一个目的，只为进入修身养性的最高境界。陆羽《茶经六之饮》早就说："茶有九难……八曰煮"。蔡襄在《茶录》中也说：候汤最难。宋代苏东坡是一位精通茶道的茶人，他总结泡茶的经验是"活水还须活火烹"，用旺火煮沸壶中的泉水，更能浸泡出茶叶独特的香韵。为何要用活火？许次纾《茶疏》里说："火必以坚木炭为上，然木性未尽，沿有余烟，烟气入汤，汤必无用，故先烧令红，去其余烟，兼取性力猛炽，水乃易沸。同时要炉火通红，茶铫始上，扇法的轻重徐疾，亦得有板有眼"。明清茶人对水的讲究比唐宋有过之而无不及。明代田艺衡撰《煮泉小品》，徐献忠撰《水品》，专书论水，明清茶书中，也多有择水、贮水、品泉、养水、煮水的内容。

3. 【涤器】

解说：用滚开的水烫洗盖碗，沐淋至净，再用白绢擦拭茶盏，使人感觉高洁清爽。品茶的过程也是茶人洗涤自己心灵的过程，涤器、拭器，不仅是洗净茶具上的尘埃，更重要的是在净化提升茶人的灵魂。涤器、拭器的过程要缓慢优美，要体现文人雅士追求高雅、不流于俗套的意境。

4. 【赏茶】

解说：打开茶叶罐，用茶匙拨茶入茶荷，双手奉上茶荷，微微欠身，供客人鉴赏茶叶，并由解说人介绍茶叶名称、特征、产地。窗外泉溪水流，风拂竹梢，茶炉里的红炭点燃了我们心底的暖意，而这一抹茶香则把人的思绪引向空灵的悠远世界，这便是禅意了。竹杓的舀水声，茶铫中沸水的鸣唱，花瓶中寓意诚挚的插花和洁净优美的茶具，空气中弥漫着的茶香或檀香的气息，把眼、耳、口、鼻的观感集中在一起，这就是一片禅境的空间，需要我们用心去细细品味。

5.【投茶】

解说：用茶匙将茶叶拨入三才杯中，每杯 3～5g 茶叶。投茶时，可遵照五行学说按金、木、水、火、土五个方位一一投入。文士茶道对环境的选择、营造尤其讲究，旨在通过环境来陶冶、净化人的心灵，因而需要一个与文士茶道活动要求相一致的环境。茶道环境有三类，一是自然环境，如松间竹下，泉边溪侧，林中石上等。二是人造环境，如亭台楼阁、画舫水榭等。三是特设环境，即专门用来从事茶道活动的茶室。茶室的庭院往往栽有青松翠竹等常绿植物及花木，室内环境则往往有挂画、插花、盆景、古玩、文房清供等。总之，茶道的环境要清雅幽静，使人能在其中忘却俗世，洗尽尘心。

6.【洗茶】

解说：这道程序是洗茶、润茶，向杯中倾入温度适当的开水，用水量为茶杯容量的 1/4 或 1/5，迅速放下水壶，提杯按逆时针方向转动数圈，并尽快将水倒出，以免泡久了造成茶中养分流失。

7.【冲泡】

解说：提壶冲水入杯，通常冲泡采用高冲法，辅以柔美的"凤凰三点头"，将茶壶连续三下高提低放，这种特殊的手法表示对来客的极大敬意，茶水只注七分满为宜。

8.【献茗】

解说：将茶碗放置托盘内向几位主要来宾敬献香茗，面带微笑，欠身双手奉茶。现在的文士茶艺由古时文人雅士的饮茶习俗整理而来，属汉族盖碗泡法，茶叶为高档绿茶。文士茶的艺术特色是意境高雅，表演上追求汤清、气清、心清、境雅、器雅、人雅的儒士境界，凡而不俗，给人以高山流水的艺术享

受。茶道包含有"克明峻德，格物致知，以身许国，穷通兼达"的儒家思想，也包含有"天人合一，宁静致远，道法自然，守真养真"的道家哲学理念，还包含了"茶禅一味，梵我一如，普爱万物，见性成佛"的佛法真理。茶圣陆羽在《茶经》中提出"茶之为用，味至寒，为饮最宜精行俭德之人"。要求茶人们的行为要专诚谦和，不要放纵自己。千利休提出的"和、敬、清、寂"为日本茶道的基本精神，被称之为日本"茶道四规"。"和"、"敬"是指处理人际关系，通过饮茶做到和睦相处、互相尊敬；"清"、"寂"是指环境气氛，要以幽雅清静的环境和古朴的陈设，造成一种空灵静寂的意境，给人以熏陶。

9.【闻香】

解说：自古以来，茶与文人就有着不解之缘。饮茶的境界与文人雅士崇尚自然山水、恬然淡泊的生活情趣相对应。以茶雅志、以茶立德，无不体现了中国文士一种内在的道德品质，这才是茶道的精髓。饮文士茶不图止渴、消食、提神，而在乎导引人的精神步入超凡脱俗之境界，深吸一口气，细闻茶香，于闲情雅致的品茗中感悟所思，在乎山水之间，在乎风月之间，在乎诗文之间，在乎名利之间，细细品之，情怀油然而涌，仿佛以手指月，月在指尖……希望您能在这茶香中有所发现，有所寄托、有所忘怀，更深地感受到文士茶的意趣所在。

10.【观色】

解说：文士茶的"雅"还体现在品茗之趣、茶助诗兴、以茶会友、雅化茶事。茶道创始人陆羽用自己的一生从事茶文化的研究，他对茶叶的栽培与采摘；茶具、茶器的制作；烹茶时水源的选择；烹茶、酌茶时的动作进行了规范和总结，并赋予茶道一种特殊的文化内涵，即以茶示俭、认茶示康，与文人茶道的精神是极为吻合的。

11.【品啜】

解说：文人学士追求雅趣，因此文士茶的风格以静雅为主，文士茶的目的是达到修身养性的最高境界。文士茶讲究三雅：

饮茶人士之儒雅、饮茶器具之清雅、饮茶环境之高雅；讲究三清：汤色清、气韵清、心境清，以达到物我合一、忘怀世俗的境界。文人茶艺对茶叶、茶具、用水、火候、品茗环境有着文人特殊的要求。与会茶友，须人品高雅，有较好修养。诗词歌赋、琴棋书画，是文人茶艺的主要活动内容。

12.【回味】

解说：文士茶道在陆羽茶道的基础上融入了琴、棋、书、画，它更注重一种文化氛围和情趣，注重一种人文精神，提倡节俭、淡泊、宁静的人生。茶人在饮茶、制茶、烹茶、点茶时的身体语言和规范动作中，融入特定的环境气氛，享受着人与大自然的和谐之美；没有嘈杂的喧哗，没有人世的纷争，只有鸟语花香、溪水、流云和悠扬的古琴声，茶人的精神得到一种升华。它充分地反映了文人士大夫们希望社会少一些争戈，多一些宁静；少一些虚华，多一些真诚，茶具的朴实也说明了茶人们反对追求奢华的风气，希望物尽其用、人尽其才。可以说"文士茶道"是一种"艺"（制茶、烹茶、品茶之术）和"道"（精神）的完美结合。仅有"艺"只能说有形而无神，仅有"道"只能说有神而无形。所以说，唯有一定文化修养和良好品德的人才能触及茶道的灵魂。周作人说，"喝茶当于瓦屋纸窗之下，清泉绿茶，用素雅的陶瓷茶具，同二三人共饮，得半日之闲，可抵十年的尘梦"，您体会到了么？

文士茶

文士茶道，就是文人品茗的艺术。中国是世界上最早种茶的国家。茶文化的源头可以追溯到神农氏的传说，最早关于文人喝茶的史料记录可以追溯到西汉王褒的《童约》，"茶道"这个词出现在唐朝，日本"茶道"之起源可以定性为中国茶道中"禅茶"一系的海外一脉，这在唐代典籍中已有明确记载。日本

直到13世纪室町幕府时期才出现"茶道"这个词，比中国晚了整整700年。

在唐朝，以古都长安为中心，荟萃了大唐的文人雅士和茶界名流，如诗人李白、杜甫、白居易，书法家颜真卿、柳公权，画家吴道子、王维，音乐家白明达、李龟年等，他们办茶会、写茶诗，品茶论道，以茶会友，整合了大唐茶道。据《全唐诗》不完全统计，涉茶诗作有600余首，诗人有150余人。李白的《赠玉泉仙人掌茶》、杜甫的《重过何氏五首之三》、白居易的《茶山境会亭欢宴》等等，都显示了唐代茶诗的兴盛与繁荣。

中国古代的"士"和茶有不解之缘，可以说没有古代的"士"便没有中国茶道，因为"士"都具有一官半职，特别是在茶区任职的州府和县两级的官吏，因职务之便更有机会得到名茶，甚至比皇帝还要先尝到贡茶，同时也因为他们对茶的感觉细腻，最能体会茶之神韵，加之茶助文思，吟诗作赋笔下生花，便形成了唐代三大茶艺之一的文士茶。

魏晋之前文人多以酒为友，如魏晋名士"竹林七贤"，一个中山涛有八斗之量，刘伶更是拼命喝酒，"常携酒一壶，使人荷锄随之，云：死便掘地以埋"。唐代文士们颇不赞同魏晋的所谓名士风度，一改"狂放啸傲、栖隐山林、向道慕仙"的文人作风，人人有"入世"之想，希望一展所学、留名千秋。文人作风变得冷静、务实，以茶代酒便蔚为时尚。高僧皎然在《饮茶歌诮崔世使君》一诗中就写道："……一饮涤昏寐，情思爽朗满天地。再饮清我神，忽如飞雨洒轻尘。三饮便得道，何须苦心破烦恼。此物清高世莫知，世人饮酒多自欺。"这一转变有着深刻的社会原因和文化背景，是历史的发展把中国的文人推到这样的位置，担任了茶道的主角。

大唐时期"文士茶道"的出现表明，饮茶已不仅仅是一种生活方式，还是一种思想境界，一种修身养性的方式。大唐是中华民族的鼎盛时期，随着唐朝强大的国际影响和频繁的国际交往，中国的茶香和茶艺开始远播海外。

三、佛茶茶艺

佛茶属于宗教茶艺，也称寺院茶礼。佛门尚茶古来有之。陆羽在《茶经》中就有两晋时僧人饮茶的记载。到了唐代随着佛教禅宗的盛行，佛门尚茶嗜茶之风也更加普及，如今，当我们走进名山寺院时，仍能看见堂前的两门大鼓，其右为法鼓，其左就是茶鼓。寺院一般都专设"茶堂"、"茶寮"作为以茶礼宾的场所，专门配备"茶头"，施茶僧职位，以茶供养三宝（佛、法、僧）、招待香客。寺院在职事变更上，都要举行饮茶仪式，且有一定的规则程序，这些茶礼是佛教文化重要的组成部分。

（一）茶席设计

表演者身着黄色袈裟，佩戴佛珠，利用佛案、观音挂画做背景，音乐为清扬空灵的佛乐，茶器用木质茶盒、独枝高香、紫砂煮水炉、竹制茶杓以及佛门使用的茶盏"蝴蝶杯"、佛壶等，案上为金黄色素布铺垫，摆放瓶式插花，以造就佛门静雅古典之韵味。佛茶表演的全过程，要求平静如水，平凡朴实。表演者必须做到入境、忘我、无喜无忧，以达到"此心即佛"的境界（图12-2）。

图 12-2　武当道茶艺术团《禅茶一味》表演，李晓梅副教授编创

（二）表演所需工具

茶具及材料：佛壶、佛铃一把，佛盏若干，茶碾、茶盂、

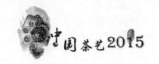

茶矢、茶斗、茶巾、茶拔、茶托、炭炉、茶洗、茶罐、香炉、木鱼（磬）、观音瓶各一个，竹叶一小枝，蒲扇一小把。

（三）茶艺表演

1.【莲步入场】

操作：入场

解说：佛茶中有禅机，佛茶的每道程序都源自佛典、启迪佛性，昭示佛理。"焚香引幽步，酌茗开净筵"，在平和悠扬的佛乐声中，表演者双手送起，放在胸前，缓缓走近茶桌。古代称莲为花中君子，名列众花之首，其花未开时包着花蕾的叶片为青绿色，称为青莲，与"清廉"同音，含内心清廉之意，与中国茶德"廉"字居首相呼应。禅堂中的观音菩萨是佛国众菩萨的首席，也是端坐于莲花台上，可见莲字有其特别含意。表演者走到案几拐弯处应走直角，佛家认为无方不圆，即不以规矩，不成方圆，要修到功德圆满，需要行走有方，拜佛有礼，行走坐卧，皆是佛理。

2.【达摩面壁】

操作：静坐

解说：达摩面壁是指禅宗初祖菩提达摩在嵩山少林寺面壁坐禅的故事。表演者面壁时助手可伴随着佛乐，有节奏的敲打木鱼或磬，进一步营造祥和肃穆之气氛。主泡还应指导客人随着佛乐静坐调息。静坐的姿势以佛门七支坐为最好。所谓七支坐法，就是指在静坐时肢体应注意七个要点：

（1）双足跏趺也称为双盘足。如果不能双盘亦可用单盘。左足放在右足上面，叫作如意坐。右足放在左足上面叫作金刚坐，开始习坐时，有人连单盘也做不了，也可以将双腿交叉架住。

（2）脊梁直竖，使背脊每一个骨节都如算盘珠子叠竖在一起。

（3）左右两手环结在丹田下面，平放在胯骨部分。两手手心向上，把右手背平放在左手心上面，两个大拇指轻轻相抵。

这叫"结手印"也叫作"三昧印"或"定印"。

（4）左右双肩稍微张开，使其平整适度，不可沉肩弯背。

（5）头正，头稍微向后收拢，前腭内收而不低头。

（6）双目似闭还开，视若无睹，目光可定在座前七八公尺处。

（7）舌头轻微舔抵上腭，面部微带笑容，全身神经与肌肉都自然放松。

在佛乐中保持这种静坐的姿势 10～15 分钟。静坐时应配有坐垫，坐垫厚约两三寸，如果配有椅子，亦可正襟危坐。

3.【焚香礼佛】

操作：焚香

解说：播放《赞佛曲》《心经》《戒定真香》《三皈依》等梵乐，让幽雅平和的佛乐声，像一只温柔的手，把客人的心牵引到虚无缥缈的境界，让他们烦躁的心灵逐渐平静下来。表演者右手抽香，左手三指在前，右手三指在后，持香在灯上点燃，二指夹香，双手顶礼，以香头点绕小圈，焚香行礼。

4.【普施甘露】

操作：洒水

解说：表演者取柳枝放观音瓶中，左手竖掌于胸前，右手持观音瓶于三指上，静默片刻，再用柳枝蘸水向左、右、中点洒甘露。佛教教义含普施甘露，普度众生。

5.【丹霞烧佛】

操作：煮水

解说：在调息静坐的过程中，一名助手手执蒲扇，开始生火烧水，称之为丹霞烧佛。丹霞烧佛典出于《祖堂集》卷四。据记载丹霞天然禅师于惠林寺遇到天寒，就把佛像劈了烧火取暖。寺中主人讥讽他，禅师说："我焚佛尸寻求舍利子（即佛骨）。"主人说："这是木头的，哪有什么舍利子？"禅师说："既然是这样，我烧的是木头，为什么还要责怪我呢？"寺主无言以对。张源《茶录》"火候"中说："烹茶要旨，火候为先。炉火

通红，茶瓢始上。扇起要轻疾，待有声稍稍重疾，新文武之候也"。"丹霞烧佛"时要注意观察火相，从燃烧的火焰中去感悟人生的短促以及生命的辉煌。

6.【法海听潮】

操作：候汤

解说：佛教认为"一粒粟中藏世界，半升铛内煮山川。"小中可以见大，从煮水候汤听水的初沸、鼎沸声中，人们会有"法海潮音，随机普应"的感悟。茶门如佛门，它永远对所有人温柔地敞开着，但要悟道就得付出不平常的功夫。茶是宽容的，也是苛刻的；既是平等的，也是孤傲的。一期一会之中，看你结出何等缘分？

7.【法轮常转】

操作：洗杯

解说：法轮喻指佛法，而佛法就在日常平凡的生活琐事之中。洗杯时眼前转的是杯子，心中动的是佛法，洗杯的目的是使茶杯洁净无尘，礼佛修身的目的是使心中洁净无尘。佛是茶的升华，茶是佛的禅心。佛与茶的共同诉求是感悟，是自我修行，是生命协调。佛要清除人类心灵的杂尘，洗杯则是洗净茶具上的污垢，在转动杯子洗杯时，或许可以心动悟道。

8.【香汤浴佛】

操作：烫壶

解说：佛教最大的节日有两天，一是四月初八的佛诞日，二是七月十五的自恣日，这两天都叫"佛欢喜日"。佛诞日要举行"浴佛法会"，僧侣及信徒们要用香汤沐浴太子像（即释迦牟尼佛像），用开水烫洗茶壶称之为"香汤浴佛"，表示佛无处不在，亦表明"心是即佛"。

9.【佛祖拈花】

操作：赏茶

解说："佛祖拈花"微笑典出于《五灯会元》卷一。据载，世尊在灵山会上拈花示众，是时众皆默然，唯迦叶尊者破颜微笑。世尊曰："吾有正法眼藏，涅盘妙心，实相无相，微妙法门，不立文字，教外别传，付嘱摩柯迦叶。"这里借助"佛祖拈花"这道程序，向客人展示茶叶。

10.【菩萨入狱】

操作：投茶

解说：地藏王是佛教四大菩萨之一。据佛典记载，为了救度众生，救度鬼魂，地藏王菩萨表示："我不下地狱，谁下地狱"，"地狱中只要有一个鬼，我永不成佛"，投茶入壶，如菩萨入狱，赴汤蹈火，泡出的茶水可振万民精神，如菩萨救度众生，在这里茶性与佛理是相通的。

11.【漫天法雨】

操作：冲水

解说：古人云："佛是觉悟的众生，众生是未悟的诸佛"，而迷与悟，惑与觉只在吾人方寸之间，佛法是使人转迷成悟、离苦得乐的法门，而茶古称甘露，入口苦涩却滋味回甘，其中感觉在于自我品味体验，外人难以明示，仿佛只可意会，而不可言传，这也正符合佛教转迷成悟、离苦得乐之说，可见"佛茶一理"，"佛茶一味"很有道理。

12.【万流归宗】

操作：洗茶

解说：五台山的金阁寺有一副对联，"一尘不染清静地，万善同归般若门"。茶本洁净仍然要洗，追求的是一尘不染。佛教传到中国后，一花开五叶，各门各派追求的都是大悟大彻，"万流归宗"，归的都是般若之门。般若是梵语音译词，即无量智能，具此智能便可成佛。

13.【涵盖乾坤】

操作：泡茶

解说："涵盖乾坤"的意思是佛性处处存在，包容一切，万事万物无不是真如妙体，在小小的茶壶中也蕴藏着博大精深的佛理和禅机。禅宗本有"因缘"之说，人来到世上原本就是生

命个体与世界整体的一种结缘，而人生在世能够主动做一件事情就是"结缘"。人与人之间的缘分很重要，有好人缘就会有好心情，而喝一杯茶是一种茶缘。从茶人角度而言，缘分本就是一杯茶，生命伊始，茶在土壤里生根、发芽、开花，这杯茶泡出我们的喜怒哀乐和情感的酸甜苦辣。在人生的过程当中，在不同的风景线上，会有不同的人，在不同的场合、不同的时间、不同的地方在泡一杯不同的茶，譬如不期而会的"无我茶会"。缘来缘散缘如水，对一个真正懂得结缘真谛的人而言，因为懂得茶的芳香，禅的魅力，所以一杯茶在手，人缘、茶缘、善缘、法缘、佛缘尽在其中。

14.【偃溪水声】

操作：分茶

解说："偃溪水声"典故出于《景德传灯录》卷十八。据载有人问师备禅："学人初入禅林，请大师指点门径"，师备禅师说："你听到偃溪水声了？"来人答："听到"，师备便告诉他："这就是你悟道的入门途径"。禅茶茶艺，讲究壶中尽是三千功德水。

15.【普度众生】

操作：敬茶

解说：禅宗六祖慧能有偈云："佛法在世间，不离世间觉，离世求菩提，恰似觅兔角。"敬茶意在以茶为媒，让客人从茶的苦涩中品出人生百味，达到大彻大悟、大智大慧，故称之为"普度众生"。敬茶的顺序：第一杯茶敬佛，第二杯敬师、敬兄、敬宾客。客人接受献茶时，端坐平视，行合十礼，而是不用手去接茶。茶要放在桌上等表演者举杯向宾客示意时才可端杯品尝。

16.【五气朝元】

操作：闻香

解说："三花聚顶，五气朝元"是佛教修身养性的最高境界，"五气朝元"即做深呼吸，尽量多吸入茶的香气，并使茶香直达颅门，反复数次，这样有益于健康。把"禅"字拆开来看，就是"单纯的心"。你好好地品一杯茶，就进入一种非常单纯的状态，那里面有很深刻的禅意。

17.【曹溪观水】

操作：观色

解说：曹溪是地名，在广东曲江区双峰山下，公元676年（唐仪凤二年），六祖慧能住持曹溪宝林寺，此后曹溪被历代禅者视为禅宗祖庭。曹溪水喻指禅法。观赏茶汤色泽称之为"曹溪观水"，暗喻要从深层次去看"色是空"，同时也提示，"曹溪一滴，源深流长"（《塔铭九卷》）。净慧法师的《生活禅开题》一语道破生活的禅机，他说："从自然现象来说，满目青山是禅，茫茫大地是禅；浩浩长江是禅，潺潺流水是禅；青青翠竹是禅，郁郁黄花是禅；满天星斗是禅，皓月当空是禅；骄阳似火是禅，好风徐来是禅；皑皑白雪是禅，细雨无声是禅。从社会生活来说，信任是禅，关怀是禅，平衡是禅，适度是禅。从心理状态来说，安详是禅，睿智是禅，无求是禅，无伪是禅。从做人来说，善意的微笑是禅，热情的帮助是禅，无私的奉献是禅，诚实的劳动是禅，正确的进取是禅，正当的追求是禅。从审美意识来说，空灵是禅，含蓄是禅，淡雅是禅，向上是禅，向善是禅，超越是禅……"禅无处不在，唯有在生活中保持一颗平常的心，所谓"平常心是道"，只有拥有了平常心，才能活在当下，专注于自己要做的事。

18.【随波逐浪】

操作：品茶

解说："随波逐浪"典故出于《五灯会元》卷十五，是"云门三句"中的第三句。云门宗接引学人的一个原则，就是"随缘接物"，自由自在地去体悟茶中百味，对苦涩不厌憎，对甘爽不偏爱，只有这样品茶才能心性闲适、旷达洒脱，才能从茶水中品悟出禅机佛礼。佛教讲究功德圆满，主张清心寡欲，明心见性。品茶悟道，在苦涩而又甘醇的茶味里感受百虑不生，心

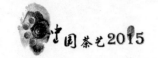
如圣水的境界，体会平心静气、沉凝养性的意趣，这种精神正是茶性与佛性融为一体的升华。品茶时心境要平和，徐徐入口，慢慢细品，才能品出其味，领略情趣。品茗佛茶讲究的是宁静清逸的感观享受和精神建树，以茶喻理，以茶参禅，转迷成悟常常在一饮之间。人生得失尽在杯中，苦涩甘甜渐次展现，举起杯也举起了欢乐忧愁，喝下茶也饮尽了悲欢离合，放下杯也放下了恩怨情仇。苦尽甘来，起起落落，个中滋味，唯有自知。《红楼梦》以"千红一窟"为最好之茶，喻示人间纵然万紫千红，终归难逃一哭，参透茶味人生，概括无差。

19.【圆通妙觉】

操作：回味

解说："圆通妙觉"即大悟大彻，即"圆满之灵觉"。品了茶后，对前边的十八道程序，再细细回味，便会有"有感即通，千杯茶映千杯月；圆通妙觉，万里云托万里天"之感。乾隆皇帝登上五台山菩萨顶时，曾写过一联："性相真如华海水，圆通妙觉法轮铃。"那是他登山的体会，也可以是品佛茶的绝妙感受，"性相真如杯中水；圆通妙觉烹茶声"，佛法佛理就在日常最平凡的生活琐事之中，佛性真如就在人们自身的心灵深处。

20.【禅定谢礼】

操作：谢茶

解说：饮罢了茶要谢茶，谢茶是为了相约再品茶。谢茶所用佛法手印为：以左膝托左手（膝为盘坐状），掌心向上，右手同左手一般，重叠于左手之上，两拇指指端相抵。佛茶的手印，传递的是茶与佛、佛与僧的关系。

"茶禅一味"，茶要常饮，禅要常参，性要常养，身要常修。中国前佛教协会会长赵朴初先生讲得最好："七碗受至味，一壶得真趣，空持百千偈，不如吃茶去！"。

四、武当道茶茶艺

道教尚茶古来有之。中国"茶道"一词最早见于皎然《饮茶歌．消崔石使君》，诗云："越人遗我剡溪茗，采得金芽爨金鼎。素瓷雪色漂沫香，何似诸仙琼蕊浆！一饮涤昏寐，情思朗爽满天地；再饮清我神，忽如飞雨洒轻尘；三饮便得道，何须苦心破烦恼。此物清高世莫知，世人饮酒多自欺。愁看毕卓瓮间夜，笑看陶潜篱下时。崔侯啜之意不已，狂歌一曲惊人耳。孰知茶道全尔真，唯有丹丘得如此"。诗中写的是天台山的神仙家丹丘生赠送仙茗的故事。皎然在诗中谈论到茶具有得道的功能，此诗之中"琼浆"、"得道"、"全真"、"丹丘"等词汇都是道教用词。另外全真七子中的马丹阳曾有咏茶词《茶》："一枪茶，二旗茶，休献心机名利家，无眠为作差。无为茶，自然茶，天赐休心与道家，无眠功行家"。道茶由此被称为"无为茶"、"自然茶"。

中国茶道从一开始萌芽，就与道教有千丝万缕的联系。道教讲究阴阳五行，而茶分青、白、黄、红、黑五色。古人一般都根据阴阳五行去采茶、制茶、饮茶。"春茶属阴，春天阴尽阳生，所以茶所吸收者以阴气为多。秋茶属阳，茶树所吸收的是夏天所储藏的阳气。阳性之人燥热，所以要喝春茶。"茶属阴，所以要用铁锅用火焙制，二者即可得以调和。五色茶里，青为木，入肝，肝不好的人应喝绿茶；白为金，入肺，肺不好的人应喝白茶；黄为土，入胃，胃不好的人应喝铁观音；黑为水，入肾，肾不好的人应喝黑茶；红为火，入心，心脏不好的人应喝红茶。有关武当道茶的记载古已有之，明代文学家袁中道在《游太和山记》中写道，他在武当长生岩遇到一位辟谷19年的老道人，"分予以熟制苍术数饼，甚甘"，其兄袁宏道也在文中记载了在武当品"太和贡茶"的情景。

（一）茶席设计

背景为神龛及三清神像，案上铺垫所用布为金色，茶器用石质茶盘、高香、陶制煮水炉、陶制盖碗、竹制茶杓以及道教使用的茶盏等。因武当为皇室家庙，（主泡表演者为一男一女，代表坤道的表演者头系一字巾，代表乾道的表演者头戴道冠，身着黑色、白色道袍，手持拂尘上场，盘腿打坐行茶，副泡为

一女一男，手持竹棕为扇，煮水候汤，另有道人在侧后方行太极拳、太极剑、吹箫等），音乐为清扬空灵的武当道教音乐（图12-3）。

图12-3　武当道茶艺术团《武当道茶》表演，李晓梅副教授编创

（二）表演所需工具

道茶茶艺表演所需茶具：茶碾、茶矴、茶斗、茶拔、茶托、炭炉、茶洗、茶罐各两套，茶巾、香炉、观音瓶各一个，柳叶两小枝。

（三）茶艺表演

武当道茶茶礼属于宗教茶艺。鲁迅先生说，中国的根底全在道教，武当道茶茶礼是武当道教文化重要的组成部分。武当道茶茶礼的全过程，行茶者必须做到心静如水，无喜无忧，以达到"无为"、"忘我""心神合一"的境界（图12-4）。

1.【莲步入场】

操作：入场

解说：行茶者缓缓走近茶桌，每一步路为脚掌一半的距离，要心无杂念，这叫"莲步入场"。

2.【天地人和】

操作：行礼

解说：武当道茶茶礼中，行茶者为一男一女，代表一阳一阴。代表乾道的行茶者抱拳礼为左手抱右手，代表坤道的行茶者为右手抱左手，也就是所谓的"男左女右"，向道教的最高神——三清行礼。

行茶者相互行礼，以示尊敬。

3.【静笃复根】

操作：调息

解说：行茶者闭眼调息，营造出祥和平静的品茶氛围，并随着清幽古雅的琴曲凝神悟道，神入茶境。在茶道中，静与美常相得益彰。古往今来，高道羽士都把"静"作为茶道修习的必经大道。因为静则明，静则虚，静可虚怀若谷，静可内敛含藏，静可洞察明激，体道入微。

4.【普洒圣水】

操作：洒净

解说：行茶者持观音瓶于三指之上，再用柳枝蘸圣水向中、左、右方向点洒甘露。道教法式里的撒净含普洒圣水，扫除万秽、普度众生之意。

5.【天人合一】

操作：晾汤

解说：武当道茶茶礼运用太极的方式气运丹田，煮水晾汤，使行茶者达到修身养性、气定神闲的状态。武当道茶茶礼中所用泡茶之水，为悬崖绝壁之上的南岩宫里所取的井水，因井水清香洌甜犹如甘露，故名甘露井，是武当最好的泉水之一。这口井水据说从古至今，天遇大旱都从未干涸，被道教奉为"圣水"，相传饮之可祛病御疾。

6.【日月同辉】

操作：温杯

解说：行茶者同时用左右手将沸水注入盖碗中，取名日月同辉是因为在行茶礼过程中用到双壶、双盖碗，双茶漏、双公道杯，犹如日月同时闪耀光辉。双手泡茶，是武当道茶茶礼的亮点之一。

7.【双龙入宫】

操作：投茶

解说：行茶者将同时冲泡两种不同的茶叶，利用温差、手法等将两种不同的茶叶在相同的时间里冲泡出最佳品质。这次冲泡用的是红茶和绿茶。

8.【上善若水】

操作：洗茶

解说：美好的品质就像水，水利万物而不争，处无众人所恶，所以接近于道，这才是真正的善与美，道，无所不在。茶中有道，道中有茶，用水洗茶可以使茶洁净无尘，悟道修心可以使心中洁净无尘。道是茶的升华，茶是道的皈依。

9.【涵盖乾坤】

操作：泡茶

解说："涵盖乾坤"的意思是道法无所不在，在小小的茶杯中也蕴藏着博大精深的道法和玄机。

10.【道法自然】

操作：净杯

解说：人法地，地法天，天法道，道法自然。道法自然是道教修身养性的最高境界。大道至简，饮茶即道，是修道的结果，是悟道后的智慧，是人生的最高境界，是中国茶道的终极追求。

11.【双龙出海】

操作：出汤

解说：道法无边，润泽众生，杯中升起的热气，使人如"醍醐灌顶"，从迷茫中彻底觉悟，让人如沐春风，心生善念。

12.【有无相生】

操作：入杯

解说："无何有之乡"是庄子的名言。什么都没有就称为无有，但这里蕴含着很重要的一种价值观。"有、无相生"，"有"以"无"为基础，"天下万物生于'有'，而'有'生于'无'"。

13.【三清胜境】

操作：敬神

解说：第一泡茶汤献给道教最高神——三清。敬神是庄严的道教仪式的一部分，武当道茶茶礼里加入了道教斋醮仪式的庄严、肃穆、神圣与神秘，把信众的情感带入到神秘的神仙世界。

冲泡时所用道教手印代表行茶者最虔诚的状态，让行茶者的心意上达天地，达到天人合一的状态。

14.【偃溪水声】

操作：分茶

解说：分茶细听偃溪水声，斟茶之声犹如偃溪水声可启人心智，助人悟道。行茶者以虔诚的心境分茶，使茶真正具有"道"的含意。

15.【大美无言】

操作：静坐

解说：天地有大美而不言，四时有明法而不议，万物有成理而不说。这里借助"大美无言"这道程序，引领客人对前边的十二道程序，进行细细回味。这种"坐忘"的方式可以让人与茶更好地融会贯通。

16.【福泽万物】

操作：置盘

解说：道教徒是神的使者，行茶者将受过三清福泽的圣水，放置盘中，准备敬献给客人。茶是大自然恩赐的"珍木灵芽"，道教认为人与宇宙万物是互相感应的，感应的基础是人和万物都有灵性，品饮道茶就是在自然的饮茶之中默契天真，妙合大道，达到大智大慧、大彻大悟。"刹那悟道，须凭长劫炼磨；顿悟一心，必假圆修万行。"

17.【福寿康宁】

操作：奉茶

解说：品茗道茶讲究的是宁静祥和的气氛，以茶喻理，以茶悟道，使我们的心境达到清静、恬淡、寂寞、无为状态，心灵仿佛随着茶香弥漫，与自然万物融合在一起，升华到"无我"、"悟我"的境界。

18.【谢茶收具】

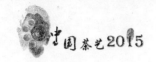

操作：收具

解说：谢茶所用道教手印为行抱拳礼，武当道茶的每一种手印，都是一种语言，它传递的是道与茶，天与地、地与人和谐相生的关系。让我们以茶结缘，以茶会友，祝大家福寿康宁，逍遥此生！

图 12-4　茶艺表演操作标准

五、白族三道茶茶艺

"三道茶"是大理白族人民的一种茶文化，历史悠久。早在南昭时期（649—902 年）就作为款待各国使臣的一种礼遇，明代崇祯十年（1637 年）徐霞客游大理后，对三道茶曾有"注水为玩，初清茶、中益茶、次蜜茶"的文字记载。因三道茶含有深刻的人生哲理和丰厚的文化内涵，所以一千多年以来始终广泛流传。每当逢年过节、生辰寿诞、男婚女嫁、宾客临门，白族同胞都要以原汁原味的传统饮茶方式款待宾朋，让客人在"一苦、二甜、三回味"的茶事活动中，品饮茶点、享受茶礼、观赏茶艺、感悟人生。

（一）白族三道茶茶席设计

图 12-5　云南少数民族茶艺

表演者身穿艳丽的白族服饰，手持具有地方特色的饮茶器皿，案上铺垫极富怀旧感的麻布或纯天然草编，背景音乐为大理民歌，利用绘有花鸟图案的屏风、藤式桌椅，再以麦穗、结绳、花草等饰品点缀，以突出白族三道茶茶席设计主题（图12-5）。

（二）白族三道茶茶艺

茶具及材料：茶壶、茶杯、茶盘若干，生姜丝、花椒（事先碾碎）、核桃仁（切碎）、云南特产乳扇（或米花）、蜂蜜、红糖（或方糖）。

1. 【歌舞迎客】

解说：三道茶，白语叫"绍道兆"，是白族待客的一种风尚。"金花"和"阿鹏"用歌舞表达"采茶"、"银盒净手"、"备茶"、"文火焚香"、"木桶汲水"、"金壶插花"、"土生茶兰"、"敬天、敬地、敬本祖"等程序，让客人听其音、观其艺、品其味，在浓郁的白族传统文化氛围中，受到艺术熏陶，得到美的享受。

2. 【头道茶——苦茶】

解说：头道茶为苦茶。"苦茶"白族语称为"切枯早"，即清苦的意思。烹制苦茶时先把专用的小土陶罐放在文火上烤热，然后将沱茶放在茶罐中炙烤，当罐里发出啪啪之声，茶叶由墨绿转为金黄时，一股清香扑鼻而来，即观茶嗅香，注水烹茶。或将茶叶碾碎，置放在茶壶中先用少量开水进行冲泡，以浸润茶叶，冲泡时加入100℃开水，置放5分钟，也可将茶叶置于壶中在燃具上加温煮沸，然后倒入杯中，奉送给宾客饮用。

由于此茶是经烘烤、煮沸而成的浓汁，因此看上去色如琥珀，闻起来焦香扑鼻、茶香清郁，喝进去滋味苦涩，因此谓之"清苦之茶"，饮后使人精神为之一振，齿颊生香，浑身发热，它寓意着做人的道理——要立业，必要先吃苦。那股焦焦的苦味很醇厚，让人回味无穷，纯真的茶味体现了白族人民质朴、

纯真的精神风貌。

3.【第二道茶——甜茶】

解说：将茶叶冲泡后置放在一旁，然后在另一壶中加入红糖（或方糖），将茶水冲入加糖壶，不断轻轻摇动壶身，使糖溶解，然后倒入杯中。或将切好的红糖、核桃仁、乳扇按一定比例置于杯中，用茶水冲泡。品时要搅匀，边饮边嚼，味甜而不腻。

这道茶香甜爽口，浓淡适中，营养丰富，把"甜、香、沁、润"调理得妙趣横生，表达出白族人民的盛情厚谊，寓意着生活有滋有味，苦尽甘来。用这第二道甜茶敬客人，寓意为"人生在世，无论做什么，只有吃得了苦，才会有甜香来"。

4.【第三道茶——回味茶】

解说：在茶杯中先放入花椒数粒、生姜几片、肉桂、蜂蜜和红糖少许，然后用茶水冲至半杯为宜。客人接过茶时旋转晃动，使茶水与作料均匀混合，趁热品茶。第三道茶甘甜中透出肉桂、花椒的清芬与香郁，饮后让人顿觉"香、甜、苦、辣、麻"五味俱全，因此白族称它为"回味茶"，它寓意人们要常"回味"，牢牢记住"先苦后甜"的哲理，常饮此茶能使人体免受湿气的侵害，有助健康。

白族三道茶口味各不相同，使人联想到人生的先苦后甜、苦尽甘来。三道茶里的茶汤容量均以半杯为度，因为白族人认为"酒满敬人，茶满欺人"。白族三道茶不仅是白族人民日常生活所需的一部分，而且是逢年过节、结婚喜庆、宾客来访时必不可少的礼仪之一，并常常伴以白族民间的诗、歌、乐舞来烘托喜庆欢悦之气氛。三道茶虽是云南白族同胞的饮茶习俗，但这极强观赏性、具有较强的民族特色的泡茶方式已在我国广泛传播，在饮茶的同时，启迪人们只有下足苦功夫，才能尝到人生的甘甜，只有尝尽了人间的甜酸苦辣，才能领悟到人生的真谛。大理白族三道茶烤出了生活的芳香，调出了事业的主旋律，烹出了历史的积淀，蕴含了深邃的人生哲理。

 小贴士

（一）三道茶

在我国流传着三种三道茶。一种是众所周知的白族三道茶，另一种是鲜为人知的湖北三道茶，还有一种是武夷山近年才流传的三道茶。

白族的三道茶是民俗茶艺中的奇葩，它文化内涵厚重、寓意深远。白族散居在我国西南地区，主要分布在云南省大理白族自治州，这是一个十分好客的民族。白族人家，不论在逢年过节、生辰寿诞、男婚女嫁等喜庆日子里，还是在亲朋好友登门造访之际，主人都会以"一苦二甜三回味"的三道茶款待宾客。宾客上门，主人一边与客人促膝谈心，一边吩咐家人架火烧水，待水烧开，就由家中最有威望的长辈亲自司茶。第一道茶为苦茶。先将烤茶用的小砂罐放在炭火上预热，待罐烤热后，随即捏取适量的茶叶放入罐内，并不停转动罐子使茶叶受热均匀，等罐中茶叶"啪啪"作响，颜色呈微黄并散发出焦香味时，立即冲入沸水，这时会有白花花的泡沫翻涌上来，就像盛开的一朵牡丹花，白族人戏称为"心花怒放"，表示见到客人心中很高兴的意思。然后再把茶水斟入一种叫牛眼睛盅的小茶杯里，双手举茶敬献给客人。头道茶经过烘烤后，茶汤色如琥珀，香气浓郁，但入口却很苦，寓意要想立业，先学做人，要想做人，必先吃苦，吃得苦中苦，方为人上人。人生道路必有艰难曲折，将苦茶一饮而尽，你会觉得香气浓郁，苦有所值。第二道茶为甜茶。喝完第一道茶后，主人会在小砂罐中重新烤茶置水（也可将留在砂罐里的第一道茶重新加水煮沸），与此同时，将盛器牛眼睛盅换成带茶托的小茶碗，放入生姜片、红糖、白糖、蜂乳、炒热的白芝麻、切得极薄形如蝶翅般的熟桃核仁片，再加上从牛奶里提炼熬制出来又经烘烤切细的乳扇，注入开水即成

甜茶。饮用时需以汤匙相助,边嚼边饮,或以橄榄、菠萝等茶点相佐。这道茶白族人称之为糖茶或甜茶,寓意人生在世历尽沧桑,苦尽甜来。第三道为回味茶。先将麻辣桂皮、花椒、生姜片放入水里煮,将煮出的汁液放入杯内,加入苦茶、蜂蜜就可饮用。客人接过茶杯时,一边晃动茶杯,使茶汤和佐料均匀混合,趁"呼呼"作响时,趁热饮下。此茶寓意着人生苦短,岁月漫长,其中的酸甜苦辣,冷暖自知,却又让人回味无穷。品饮此道茶犹如品味人生之"麻、辣、辛、苦",它寓意要时刻牢记"先苦后甜"的人生哲理,在品饮了白族三道茶后,预示着大家"先苦后甜",未来的生活幸福美满,吉祥如意。白族男女定亲时,男孩要给女方的亲戚烤茶,这是女方考察男孩生活能力的一个重要环节。先把女方亲戚请到火塘边坐,由准岳父介绍三亲四姑,男孩烤茶后要按辈分、年龄从大到小的顺序筛茶,不能搞错。如果茶烤得苦涩、香味不好,都要遭到亲戚们的白眼相看,有的还要闹退婚,那时的烤茶简直就是考试。

湖北部分地区流行的三道茶,一般是当贵宾上门时才举行的隆重礼节。第一道茶是普通的茶水,夏天用凉茶,冬天用热茶,称为"洗尘茶"。送茶之人在敬奉了头道茶后,会托着茶盘立在客人旁边等候。客人应将杯里的茶一饮而尽,并双手将茶杯放回到茶盘中。第二道茶是每个茶碗中盛着用红糖茶水煮的三个剥了壳的鸡蛋,有时碗中还放有几粒剥好的荔枝或桂圆。第三道茶则是擂茶。喝第三道茶时宾主开始边喝边聊天。

武夷山市随着旅游业的迅速发展,最近不少茶馆都推出了三道茶。第一道称为"迎客茶",一般用正山小种红茶;第二道称"留客茶",即为客人冲泡工夫茶;第三道是客人要走时送上的"祝福茶",一般是用正山小种红茶冲泡的桂花金橘茶。头一道茶和第三道茶都用正山小种红茶,其意是主人待客之心始终如一,丝毫不变,所不同的是第三道茶中加了桂花、金橘和糖,寓意着希望客人留下甜蜜的回忆,带走主人深深的祝福。

(二) 蒙古族奶茶

蒙古族牧民日常饮用的茶有三种:酥油茶、奶茶、面茶。

奶茶，蒙古语叫"乌古台措"。这种奶茶是在煮好的红茶中，加入鲜奶制成。奶茶和炒米是蒙古族茶俗中的特色之一。

蒙古族嗜茶，且视茶为"仙草灵丹"，过去一块砖茶可以换一头羊或一头牛，草原上有"以茶代羊"馈赠朋友的风俗习惯。在蒙古族牧民家中做客，也要一定的规矩。首先，主客的座位要按男左女右排列。贵客、长辈要按主人的指点，在主位上就座。然后，主人用茶碗斟上飘香的奶茶，放少许炒米，双手恭敬地捧起，由贵客长辈开始，每人各敬一碗、客人则用右手接碗。否则为不懂礼节。如果你少要茶或不想喝茶，可用碗边轻轻地碰一下勺子或壶嘴，主人就会明白你的用意。

（三）藏族酥油茶

藏族人民视茶为神之物，从历代"赞誉"至寺庙喇嘛，从土司到普通百姓，因其食物结构中，乳肉类占很大比重，而蔬菜、说过比较少，故藏民以茶佐食，餐餐必不可少。流传着"宁可三日无粮，不可一日无茶"的说法。

藏族饮茶方式主要有酥油茶、奶茶、盐茶、清茶几种方式，调查结果表明：藏族酥油茶是最受欢迎的饮用方式（平均达73.9%），其次是奶茶。在西藏，在每个藏胞家庭，随时随地都可以见到酥油。酥油是每个藏族人每日不可缺少的食品。藏族家庭里一天至少要饮三次茶，有的甚至多达十几次。简单地说，将特制的茶叶成汁，加以酥油、食盐和精制的香料，在茶桶中用茶杆搅拌成水乳交融状，即是酥油茶。

藏族酥油茶是一种以茶为主料，藏语为"恰苏玛"，意思是搅动的茶。并加有多种食物经混合而成的液体饮料，所以，滋味多样，喝起来咸里透香，甘中有甜，它既可暖身御寒，又能补充营养。

（四）纳西族的"龙虎斗"

"龙虎斗"的纳西语叫"阿吉勒烤"，其饮用方法非常有趣。"龙虎斗"的调制方法是，先将一小把晒青绿茶放入小陶罐，再用铁钳夹住陶罐在火塘上烘烤，并不断转动陶罐，使之受热均匀。待茶叶焦黄、茶香四溢时，冲入热开水。接着像煎中药一

样，在火塘上煮沸5~6分钟，使茶汤稠浓。同时，另置茶盅一只，内放半盅白酒，再冲入刚熬好的茶汁（注意：不能反过来将酒倒入茶汁中），即成"龙虎斗"。这时茶盅中发出"嗞——"的声响，待声音消失后，就可将"龙虎斗"茶一饮而尽了。有时还要在其中加上一些辣子，使"龙虎斗"更富于刺激性。纳西族人认为，用"龙虎斗"治疗感冒，比单纯吃药要灵验得多。将"龙虎斗"趁热喝下，会使人浑身发热，祛湿冒汗，睡一觉后，就会感到头不再昏，全身有力，感冒也就完全好了。从中药学的角度看，茶有清热解毒之功，酒有活血散寒之效。凡因外受风寒雨湿、畏寒发热、头涨、鼻塞流涕者，及时饮服，疗效颇佳。古人认为，酒之热性，独冠群物，通行一身之表；热茶借酒气而升散，故能祛风散寒、清利头目。调制"龙虎斗"，一般取茶叶5~10g。酒量因各人情况以适宜为度。"龙虎斗"，对于常年身居高湿闷热山区的居民来说，确实是一种强身保健的良药。盐茶可预防盛夏中暑，油茶可在寒冬提高人体热量，糖茶可在春秋时节为人体增加营养。这些茶同"龙虎斗"一样，都是纳西族爱好的强体健身饮料。

（五）基诺族凉拌茶

凉拌茶是集居在云南省西双版纳州一些村寨中的基诺族同胞至今保留着的使用茶叶的习惯方法。

具体的制法是：

（1）将刚从树上采摘下来的鲜嫩茶叶，用手工搓细揉软。

（2）然后直接放在一个大碗中。

（3）再添加黄果叶、辣椒、盐巴、大蒜、酸蚂蚁等佐料，充分拌匀，片刻即可食用。

基诺族人不仅自己最喜欢食用凉拌茶，而且凉拌茶也是他们作为待客迎宾的食品，非常受人喜爱。

据说基诺族人所住的村寨，每当有客人来临，先在竹屋凉台上坐下，主人讲故事（女始祖尧白）如何抓撒茶籽，使当地开始有了茶叶的经过。随后才采茶制作"凉拌茶"待客，供奉来客食用。

第十三章　茶之舍

茶馆起于何时，史料并无明确记载，汉时王褒《僮约》中有"武阳买茶"及"烹茶尽具"之说，但此是干茶铺。一般认为，茶馆的雏形出现在晋元帝时，唐代开始萌芽，宋代便形成一定规模，明清之际终成时尚。比较早且较明确关于茶肆记载的是唐人封演的《封氏闻见记》，该书在卷六 一饮茶 一节中提到，自开元年间，泰山灵岩寺僧"人自怀挟，到处煮饮。从此转相仿效，遂成风俗。自邹、齐、沧、棣，渐至京邑城市，多开店铺，煎茶卖之，不问道俗，投钱取饮"。

唐代长安外郭城有茶肆，城外有茶坊。扬州海陵如皋镇有茶店。此外，民间还有茶亭、茶棚、茶房、茶轩和茶社等设施，供自己及众人饮用。

唐代茶馆虽不能说很普及，多是与旅舍、饭店相结合，未完全独立，但也初具规模，为两宋茶馆的兴盛奠定了基础。宋代茶肆、茶坊已独立经营，几乎各个大小城镇都有茶肆。北宋首都开封茶肆十分普遍，在皇宫附近的朱雀门外街巷南面的道路东西两旁，"皆居民或茶坊。街心市井，至夜尤盛。"（《东京梦华录 一卷二》）南宋都城杭州，茶肆更是随处可见。有的茶坊与浴堂结合，前面是茶坊，后面就是浴堂，浴堂也称之为香水行。杭州城内，除固定的茶坊茶楼外，还有一种流动的茶担、茶摊，称为"茶司"。

第一节　茶馆建设

目前在我国许多城市，如北京、上海、和广州等，进茶艺馆喝茶已日成时尚。既然是时尚，势必会有很多人去追随，那么究竟怎样开一家茶艺馆，应该注意哪些东西呢？其实也没有

301

太复杂的，注意以下几个方面就好：

一、茶馆主题定位

所谓主题，就是一个茶馆的经营方向，也可以说是特点或者风格。这个主题一般依照经营者的爱好、信仰或者追求都可以，一定是经营者喜欢的。如喜欢美术的经营者，就可以侧重艺术茶馆，喜欢禅文化的，可以做禅学茶楼等等。定好主题，就为后面选址、设计、装修、器皿、人员、运营、制定销售方案等奠定了基础，确定了中心。

二、茶馆选址

茶艺馆位置选择是否合适，对茶艺馆经营能否成功起着关键作用。一个具有优势的"地利"位置对顾客具有能很大程度的吸引力，同时也有利于茶馆的运营管理。要做好选址周边环境的考察，注意当地人流量怎么样？人均消费在哪个层次？茶楼特色能否吸引或者吸引消费者？我的优势在哪儿？怎样克服地理位置的不足和我的不足？不要盲目地投资。不要过分自信好酒不怕巷子深。茶馆选址一般要考虑下列主要因素：

1. 建筑结构

要了解建筑面积、内部结构是否适合开设茶艺馆，是否便于装修，能否有卫生间、厨房、安全通道等；对不利因素能否找到有效的补救措施。

2. 商圈

要了解周围企事业单位的情况，包括经营状况、人员状况、消费特点等；周围居民的基本情况，包括消费习惯、消费心理、收入、休闲娱乐消费的特点等；了解周围其他服务企业的分布及经营状况，主要了解中高档饭店、酒店等。必要时，可以进行较深入的市场调查，全面了解当地的消费状况，分析投资的可行性。

3. 租金

了解租金的数量、缴纳方法、优惠条件、有无转让费等。因为租金将是茶艺馆成本的最主要组成部分，所以必须慎重考虑，不能不计后果地轻率做出决定。

4. 水电供应

了解水电供应是否配套、方便，能否满足开馆的正常需要；水电设施的改造是否方便，有无特殊要求；排水情况；水费、电费的价格，收费方式等。

5. 交通状况

交通是否便利，有无足够的停车场地，对停车的要求，交通管理状况等。交通与停车是否便利、安全，往往影响到客源。交通环境不良，没有足够的停车场地，往往会给经营带来一定的困难。

6. 同业经营者

了解在一定范围内茶艺馆的数量、经营状况；了解其他茶艺馆的装饰风格、经营特色、经营策略；整体竞争状况等。周围茶艺馆的经营状况在一定程度上反映出该地域茶艺消费的特色及发展趋势，通过对其他茶艺馆的了解，可以对经营环境有更全面的认识。

7. 政策环境

当地政府及有关管理部门对投资有优惠政策，在管理能否提供公平、公正、宽松的竞争环境，有无相关的支持或倾斜政策等。主要了解工商、税务、公安、消防、卫生等部门对服务企业管理的政策法规。

8. 投资预算

要做出一个基本的投资预算，与投资者的资金实力、拟投资数量进行比较。估算项目包括装修费用，购置家具、茶具、茶叶的费用，人员招聘及培训费用，装饰费用，考察费用，证照办理费用，流动资金，办公费用，前期人员工资，前期房租，其他费用。

9. 效益分析

根据投资估算及开业后日常费用估算，可以做盈亏平衡分析，确定一个保本销售额。这样，根据市场调查所收集的资料及对未来经营状况的预测，对周围其他茶艺馆经营状况的分析，再进行系统的比较，基本可以确定是否值得投资。

另外，还有其他一些需要考虑的因素，如周围的居民环境、房主是否收取押金、有无继续发展的便利条件、市政规划及房产的稳定性、国家的相关政策等。这些因素也会对目前的经营或将来的发展产生影响。

投资者在选址时，往往需要对多个位置进行考察，比较。这样，就可以把不同地点的相关资料进行归纳整理，然后逐条进行对比分析，找出各个位置的优势和劣势。最后，根据对比结果，结合个人的实际情况做出决定，选出一个较满意的地点。

三、茶馆装修

每个茶艺馆都要根据自身特点和不同的风格去进行装修，一定要贴近既定的主题。茶楼的风格多样，以中式风格最能展示茶馆之神韵，中式风格是以明清建筑风格为代表的中国古典建筑的装饰设计艺术风格，高空间，大深度，气势恢宏，雕梁画栋，瑰丽华贵。一般以天然木材为主要装饰材料，工艺上坚持返璞归真，保持材料的原始纹理与色泽。以黑红为主色调。中式茶楼的设计是一门综合的艺术，以升华为一种特定的文化氛围的塑造。不仅仅要求设计者精通茶道，通过设计来体现茶文化的博大精深，还要具备对其他艺术门类融会贯通的能力。

茶馆的各个区有着不同的功能区分，下面以武昌明月茶人茶馆为例进行分析：

（1）品茶室：由大厅和小室构成。茶艺馆在大厅中必须设置茶艺表演台，小室中不设表演台而采用桌上服务表演。视房屋的结构，分设散座、厅座、卡座及房座合理布局。

（2）散座：在大堂内摆放圆桌或方桌，每张桌视其大小配4～8把椅子。桌子之间的间距为两张椅子的侧面宽度加上通道60cm的宽度，使客人进出自由，无拥挤不堪的感觉。

（3）厅座：在一间厅内摆放数张桌子，距离同上。厅四壁饰以书画条幅，四角放4置四时鲜花或绿色植物，并赋以厅名。

最好能布置出各个厅室的自我风格，配以相应的饮茶风俗，令人有身临其境之感。

（4）卡座：类似西式的咖啡座。每个卡座设一张小型长方桌，两边各设长形高背椅，以椅背作为座与座之间的间隔。每一卡座可坐 4 人，两两相对，品茶聊天。墙面以壁灯、壁挂等作为装饰。

（5）房座：用多种材料将较大的厅隔成一间间较小的房间，房内只设 1～2 套桌椅，四壁装饰精美，又相对封闭，可供洽谈生意或亲友相聚。一般需预先订座，由专职的服务人员帮助布置和服务，房门可悬挂提示牌，以免他人打扰。

（6）茶水房：应分隔为内外两间，外间为供应间，墙上开一大窗，面对茶室，置放茶叶柜、消毒柜、冰箱等。里间安装煮水器（如小型锅炉、电热开水箱。电茶壶）、热水瓶柜、水槽、自来水龙头、净水器、贮水缸、洗涤工作台、晾具架及晾具盘。

（7）茶点房：亦分隔成内外两间，外间为供应间，面向品茶室，放置干燥型及冷藏保鲜型两种食品柜和茶点盘、碗、筷、匙等用具柜。里间为特色茶点制作工场或热点制作处。如不供应此类茶点，可以简略，只需设水槽、自来水龙头、洗涤工作台、晾具架及晾具盘。

（8）色彩：色彩使用得当，可以突出气氛。本案的色调为暖色系，黑红为主色调，黄，蓝，绿，为点缀色调，整体空间比较暗。例如，在暗淡颜色的背景上配以明快的色调，可以使人更加注意到陈列的装饰物和周围的布景；也会起到良好的衬托效果。再用色彩灯光照射对物体的具有一种特写的效果，并吸引顾客注意。避免装饰背景颜色太过抢眼，强过要突出物体本身的色调，就不免让人眼花缭乱了。空间中以红、黄、蓝，内点缀色，能更好营造出戏曲的那种氛围，让人在视觉上对空间有种遐想，去联想戏曲里的种种，如果空间里用些刺眼的亮光，恐怕就难以使顾客驻留太久，起不到安抚人心的作用了。

茶馆的色彩运用，应该考虑到顾客的阶层、年龄、爱好倾向、注目率等问题，所以整体色调还是运用暖调去表现。

整体空间配置同步背景音乐，使散座和包厢的环境更加舒适。将顾客的注意力吸引过来。空间里竹林、水池，会用射灯对其强调性照明，让空间装饰物体更加突出，赏心悦目。内部空间布局是贯通性的，不会因人流量多而导致拥挤，吧台和服务台都设置在显眼易见的地方，让顾客可以得到最快的服务。我国传统文化元素与现代设计是密不可分的，在历史当中，传统文化元素正是通过现代艺术设计方式延续保留下来的，是传统文化元素为现代文明服务。

第二节　茶馆经营

为了提高茶馆的服务水准和服务质量，为了提高茶馆服务人员的素质，为了提高茶馆在行业中的竞争力，为了提高茶馆的知名度、美誉度，服务人员的训练提高是一项极其重要的工作。

一、服务员的形象训练

1. 服务员外形美的训练

训练服务员工的外形美，在某种意义上和某种程度上代表着茶楼的形象。外形美，是指五官端正和体形健美。作为专业工作人员，学会美容是必要的。美容术能使人的容貌更美丽。但要适度，与环境氛围协调。

2. 服务员气质美的训练

气质美既代表着外形的美观，又代表着内部具有的美的魅力。要使自己具有高雅的、职业的气质，首先要有内在的心灵美，同时必须勤学苦练。

3. 服务员的体态和风姿的训练

人体的一举一动都代表着他的性格、他的思维、他想表达的意思。作为服务员，应使自己的一举一动都具有一种含蓄的内在美。这种美体现在人在肢体语言就是人的体态美。

二、服务人员的语言训练

1. 服务语言是一种技能

服务语言是人们用来表达意愿，交流思想感情的工具。在服务中，通过语言为对方提供服务是最基本的服务方式，它通过说话开始，又通过说话结束。在这个意义上，语言已不仅是一种交流工具，也是一种服务工具，是服务的基本技能之一。

2. 服务语言的范围和作用

服务语言必须使用普通话。这是服务规范的要求，也是衡量服务水平和档次的标准之一。

3. 服务语言的内容是由两大类构成的

一类是作为社会成员一般交往过程中的基本礼貌用语；一类是实现特定服务内容的专业用语。良好的服务是通过训练有素的服务员的语言和行为来体现的。掌握好服务员语言的基本技能，就是更好地完成特定的服务内容。

4. 服务语言的基本特点

各种职业的工作人员所使用的语言都具有各自的职业特点。外交家有外交辞令，表演家有舞台语言，教师有课堂语言等等。在接待服务工作中，其语言也有自己的特点，大致可归纳为：

1）敬语。是表示尊敬和礼貌的用语，是使用者直接向听话者表示敬意的语言。它是服务中使用频率最高的语言。例如，我们常对消费者使用"请"字，"您"字，短语：谢谢您、欢迎您，都是敬语的表达形式。敬语最大的优点是彬彬有礼，热情而庄重。它不仅能满足服务对象的心理需要，而且还能体现出一个人的修养水平。

2）委婉语。即用好听的、含蓄的、使人不受刺激的用语代替所要禁忌或者不便说穿的词语，用曲折的表达方式来提示双方都知道，但又不愿意点破的话题或事物。例如，某位顾客给茶楼的意见，我们一时难以给予准确的评价，便可以说："您提的意见可以考虑，谢谢您了。"这里"可以考虑"便是委婉语，

它既带有赞同的意向，也有保留的意见，但并没有直接表示赞同，也没有直接表示反对。在服务工作和社交活动中注意不要机械、固定地使用委婉语，只要你在语言上注意修饰，人们就会对你的应变能力和个人修养留下很深的印象。在服务工作中，不仅帮助顾客脱离尴尬的局面，同时也能化解一些不愉快的因素。

3）幽默语。根据字典的解释，幽默是高尚的俏皮话、高尚的滑稽、诙谐等。幽默是含有感情的滑稽，其本意绝非取笑他人的无知、错误和动作，而是怀有好意的感情交流。在茶楼服务中，有效地运用幽默，可以给你带来灵感。在推销过程中，若能熟练地运用幽默的技巧，将很快消除双方的陌生感，为交流创造和谐的气氛。幽默语不仅能使接待服务过程轻松愉快，而且还能消除一些尴尬的局面。当然，幽默语的使用，也要具体情况具体分析，一般年轻者对年长者，第一次见面的男女青年、处于尊次关系中的次者，幽默语要慎用，要掌握好度，一旦过头，就可能被别人误会是取笑、讽刺和不尊重他人。

5. 服务用语使用的正确方法

1）对正确服务使用用语，大致有以下几点是值得我们在语言的运用中需要特别注意的。在与服务对象对话时，应用点头、眼神等动作来表示对对方的注意及对语言的兴趣，必要时还可用"对"、"说得真好"、"是"、"您真了解"等辅助语和短词加以呼应，以让对方在精神上得到一种满足。在使用服务用语时，不可不屑一顾呈"身在曹营心在汉"状，让服务对象感到你是在例行公事。更不可做一些不雅的表情或动作，例如：咧嘴、耸肩、抓搔、挖耳、修指甲等动作。

2）在使用服务用语时。语言在服务工作中不仅体现服务，同时也是在进行感情交流。语言表达的语音、语调起着突出语义中的重要信息和进一步明晰信息的作用，所以，语音、语调的正确应用，是我们优质服务的一个重要因素。

3）语调共有四种类型，即平调、升调、降调、曲调。平调是指语调没有明显的高低变化，可以用来表达庄重或踌躇等感情。比如我们在和服务对象交谈和服务工作中常用此语调。升调是语调从低到高，它表示疑问、惊奇或愤怒等感情。当我们遇到服务对象使用升调时一定要小心、耐心、细心、热心地与其对话和交流。降调是指语调从高到低，它表示肯定、感叹等感情。在服务工作中多作用语调。曲调是指语调有升又有降，它表示惊奇、讽刺、失落等复杂的感情。在接待服务工作中应避免使用曲调。

4）除语调以外，说话时还应注意语速。语速太快，会给服务对象留下急躁和模糊的印象，语速太慢，会给服务对象留下无精打采、缺乏热情的感觉。说话时的语速应该适中、平和并附上感情色彩，让人感到自然、亲切，用语言去营造一种和谐的环境气氛。

5）服务语言应准确简练，中心突出。在服务过程中与服务对象谈话或交流时，一是发音要标准，不能读错字，念错音，让人笑话或误会；二是发音要清晰，要让人听得一清二楚，而不是口齿不清、含含糊糊；三是谈话时间不宜过长。这就要求我们在语言的表达上，不论内容到形式，都应该准确简练，中心突出，让服务对象在与我们的交往中能意犹未尽，保持美好的印象。

6. 茶楼服务规范用语

1）茶楼服务用语是服务工作的基本工具，为了使每句话发挥其最佳效果，必须讲究语言的艺术性。我们应该根据各部门工作岗位的交往服务要求和特点，灵活掌握，合理运用。

2）各种服务用语中，一定要熟练使用"请"、"您好"、"谢谢"、"对不起"、"再见"等文明用语，它是服务用语的最基本语言。在接待、服务工作中，要做到开口用"请"字，闭口不离"谢"字，形成良好的语言环境，让服务自始至终在一种温馨、亲切的环境中进行。

3）服务员在服务过程中的每一句话都应该亲和宽容，体现

对服务对象的尊重。但并非所有的语言都能在接待、服务场所使用。有些语言说出来，虽能表达意思，却引起听话人的反感，甚至引起矛盾，造成伤害。这些语言，称之为"禁语"。在优质服务工作中，一定要杜绝禁语。

三、茶馆定价计策

价格是影响消费者消费决策的重要因素，也是企业竞争最有效的策略之一。茶馆产品价格的构成也是直接经营成本与毛利之和。以价格作为竞争策略，必须掌握原则，伸的极限是消费者的最高心理价位，缩的极限是产品的纯利部分。在这个范围内，企业可视市场情况以调整价格的方式来争取客源和增加利润总额。事实上，价格竞争杠杆绝不仅仅是涨价跌价那么简单，企业还可以利用消费者在不同的情况下评价产品价格的普遍心理，采用各种价格计策，达到既能获得预期利润，又能使消费者满意的目的。茶馆产品主要包括茶饮产品、茶食产品，有些茶馆还有演艺观赏等娱乐产品。茶馆可以采用的价格计策主要有以下几种：

1. 完全包价

即所有客人在支付一个统一的价钱后，就可以任意享用茶馆中的所有产品而不再加收额外费用。这种价格模式，对客人来说简单方便，可以完全控制消费预算，心里安定，没有压力，因此比较有吸引力。特别是对于那些对茶饮并不内行的客人，他们对茶叶品种要求不高，进茶馆主要是因为需要一个适合的交谈场所。对于茶馆而言，这种价格模式有一定的风险，必须谨慎挑选既定价格水平下所要提供的产品种类，并仔细核算每位客人的平均耗用量。成本很高的高档产品当然不适合以这样的价格方式供应，但也切忌使用大量廉价产品作为供给内容。须知，消费者中总会出现一些内行人士。自创茶饮价值模糊，比较适合作为这种价格模式的供应品。一般，茶馆把这种价格模式当作短期的促销价格模式，如北京某著名茶馆为培养茶客，促使他们了解茶品，产生茶饮偏好成为茶馆忠实顾客，在一段时间内推出"20元钱任品店内供应的所有18种茶饮"的广告，引起了市场的注意。

2. 分段包价制

即茶馆将所供应的产品组合成为高中低等几个不同档次的产品，分别以不同的价位标明。在价目表中，分别说明每个价格所包含的产品内容。客人在选定某一价格后，可以任意享用说明内容中的所有产品。这种价格模式对客人来说既相对扩大了挑选的余地，又有完全包价制的方便，而且产品按档次分类可以满足商务招待中做东者表明招待规格的需求。对茶馆而言，这种包价的风险相对较小，可以比较准确地控制成本。比较适用于品茶内行较少的休闲茶馆。

3. 小包价制

是指以茶饮为主要产品标价，每一种茶饮价格中包含相配的茶食及娱乐产品。这种价格模式细化了茶饮产品的区别，使客人能够根据自己的特别需要进行更为个性化的选择。比较适合品茶茶客较多的茶馆。当然，细化的价目单也许会使不谙品茶的客人感到困惑，因此，这种价格模式应与比较详细的产品说明相配合。同时，为了减少客人选择上的麻烦，茶馆可以将相配的茶食和娱乐项目做统一化处理。许多所谓杭州模式茶馆都是这样做的，即无论客人点用哪一款茶饮，都可以自助的方式全部享用茶馆提供的茶食。

4. 零点价格制

即将茶馆所提供的所有产品，包括茶饮、茶食、娱乐项目全部单独标价，客人可视自己的爱好与需求分别点用，茶馆收费时将客人点用项目分别计价，汇总。这种价格模式最大限度地细化了产品间的区别，给客人以最大的选择自由，使客人觉得价格更为透明，消费更加自主。比较适用于以品茶为重要经营内容，内行茶室较多，并根据不同茶叶品种提供个性化茶艺服务的高档茶馆，以及以品茶茶客比较多的茶馆。

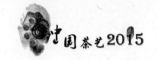

四、茶馆营销方案、战略

适当的宣传很重要，当宣传量过小时，人们就会忽略掉我们；而宣传量过大时，除了浪费金钱，更是让人们开始怀疑我们产品的质量和未来。所以只有我们找到了最有效宣传渠道和手段，人们才会信赖和喜欢上我们的产品。

整体思路导入期—促销期—稳定期，赠送代金卡、打折促销。完善的服务打开市场，使之成为会员，增加美誉度。

广告表现：根据定位，目标客户心理分析确立广告风格表现。广告定位语，体现目标客户来茶馆的主要原因。

宣传渠道：

（1）根据目标客户的行为痕迹，将在各个写字楼派发为主。

（2）与媒体合作，在媒体上宣传为主。主推报纸和交通电台。

（3）广告效果预测。①本次广告希望达到的目的？②本次广告的目的是让上层成功人士成为忠实客户。

（4）营销组合。①在主要的写字楼里派发代金券。②和媒体（电视台、电台、报纸）合作，推出一档以经济文化为主的论道节目。

（5）承办各大企业年会、客户答谢会等活动。

（6）与培训机构合作，把各企业的上层培训放在茶馆。

（7）教顾客工夫茶，增加顾客的体验。

作为开门七件事（柴米油盐酱醋茶）之一，饮茶在古代中国是非常普遍的。中华茶文化源远流长，博大精深，不但包含物质文化层面，还包含深厚的精神文明层次。唐代茶圣陆羽的《茶经》集茶文化之大成，承前启后。从此茶的精神渗透了宫廷和社会，深入中国的诗词、绘画、书法、宗教、医学。中国人有句客套话，不管熟不熟络，见面时都会说声："有空来喝茶。"回应者也很干脆，"好，一定。"由此，应运而生了茶馆、茶楼这个行业。

第十四章　茶之砖

第一节　万里茶路与东方茶港

一、万里茶道一般指万里茶路

横跨亚欧大陆的"中俄茶叶之路"，是继丝绸之路的又一条国际商路，虽然其开辟时间比丝绸之路晚一千多年，但是其经济意义以及巨大的商品负载量，却是丝绸之路无法比拟的。因此，17世纪的这条"万里茶道"被喻为联通中俄两国商贸友谊的"世纪动脉"。俄国人称其之为"伟大的中俄茶叶之路"。这条茶叶之路的起点是福建武夷山，集散地是汉口。

东方茶港。1861年，汉口开埠。汉口处于中国茶叶产区的中心地带，且拥有两江交汇、九省通衢的优越地理位置，因此"湖南茶溯湘江、沅江、澧水，陕甘茶循汉水，江西宁州茶及安徽祁门茶溯江而上，四川茶顺江而下，麇集于汉口"，故"（汉口）街市每年值茶时，甚属盛旺"。"十里帆樯依市立，万家灯火彻宵明"便是当时汉口茶港生动的写照（图14-1）。天下茶船齐汇汉口港，江面停泊的茶船多达25000只，蔚为壮观。1890年，俄国皇太子尼古拉（即末代沙皇尼古拉二世）在他仅有的一次中国之行中踏上汉口的土地，湖广总督张之洞在晴川阁宴请。在和张之洞交谈以及参加俄商新泰砖茶厂25周年的庆典上，听了巴诺夫对俄商在汉口的砖茶厂的业绩即砖茶税收占整个俄国财政收入的三分之一的汇报后，尼古拉连声三个伟大：以汉口为起点的万里茶道是一条伟大的茶叶之路（图14-2），汉口是一个伟大的东方茶港，在汉口的俄国茶商是伟大的商人。从此，"东方茶港"广泛流传（图14-3，图14-4，图14-5）。

313

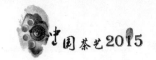

图 14-1　昔日汉口茶港

图 14-2　东方茶港万里茶道起点

图 14-3　万里茶路零公里，武汉东方茶港立碑仪式举行

图 14-4　"东方茶港"碑

图 14-5　中俄专家和农业部、省市领导合影

二、"担茶人"走上邮票万国博览会屡获大奖

1893 年 1 月 1 日，汉口工部局接手上海书信馆在武汉的代办所，建立汉口书信馆。汉口书信馆从 1893 年至 1897 年发行的"汉口 1"至"汉口 10"邮票中，除"汉口 7 第五版普通邮票加盖改值"邮票外，其余 9 套均采用了一个挑着砖茶箱子的脚夫（老汉口人称脚夫为扁担）"担茶人"的形象作为邮票图案（图 14-6）。

图 14-6　"担茶人"邮票

"担茶人"的形象作为邮票图案，在早期邮票中是仅汉口独有，从一个侧面反映了当时汉口茶市盛极一时的境况。

三、两条商路

一条是从汉口出发，经汉水运至襄樊、河南唐河、社旗，上岸由骡马驮运北上，至张家口；或从右玉的杀虎口进入内蒙古的归化（今呼和浩特），再分销蒙古、俄国等地。另一条是从汉口顺长江而下至上海，转运天津，再由陆路运至恰克图转输西伯利亚。京汉铁路通车后，汉口的茶叶输出又增加了一条更为便捷的途径，即通过铁路运至华北，再由驼队输往蒙古和西伯利亚，并由此形成了一条由南到北经西伯利亚直达欧洲腹地的国际性茶叶商路。

四、青砖、米砖、花砖

据《武汉近代（辛亥革命前）经济史料》记载："砖茶一

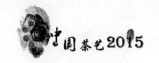

项，几为俄国惟一市场。""汉口之茶砖制造所，其数凡六，皆协同俄国官民所设立者，其旺盛足以雄视全汉口"。之后半个多世纪里，汉口俄国茶叶贸易公司多达数十家，一时之间，"汉口烟筒林立者，即俄商以机器制茶之屋也"。其中顺丰、新泰、阜昌、源泰四家财势最大，被称汉口"四大俄商洋行"，一共拥有蒸气动力砖茶机十五部，茶饼压机七部，雇佣工人共 8900 人，他们将在汉口压制的青砖、米砖、花砖等各式砖茶远销国外，砖茶出口贸易日益兴旺，跃居全国首位，使汉口成为中国近代砖茶工业的诞生地，成为世界砖茶之都。

五、经济与文化

中俄茶叶贸易之道，在历史的风风雨雨中持续了近 200 年，为推动中俄经济贸易关系以及对我国内地的种茶业、茶叶加工业和运输业的发展做出了积极的贡献，它有力地促进了我国中原地区和俄国西伯利亚地区社会经济的发展，加深了中华文化与俄罗斯文明的交流。这条曾繁荣一时的文化与商贸之道，虽然已在 20 世纪初淡出历史舞台，但它是我国中原文明与欧洲文明的一条重要的交通线和融汇点。美国人罗维廉博士在他的专著中有这样一句名言："茶叶是汉口存在的唯一理由。"此话虽有偏颇，但确有道理。一位中国茶史专家有这样一句话："世界茶叶主要靠中国，中国茶叶主要靠汉口。""茶叶顺着江流，不经意地打入了国际市场。"

六、汉口因茶而兴，因茶而盛

1861 年汉口港出口茶叶 8 万担，1862 年增至近 22 万担，此后逐年增长，从 1871 年至 1990 年，每年的茶叶出口均达到 200 万担以上。为此，武汉市社科院董研究员说："当时，中国出口的茶叶垄断了世界茶叶市场的 86%，而由汉口输出的茶叶就占了国内茶叶出口量的 60%，大量运茶船源源不断地出入汉口港。"汉口因茶而兴，因茶而盛。早在 1820 年，西伯利亚总督波兰斯基对俄国商人说："俄国需要中国丝织品的时代已经结束了，棉花也差不多结束了，剩下的是茶叶、茶叶、还是茶叶。"就在波兰斯基说出这句话的当年，汉口茶叶的出口量已经占到中国对俄出口总量的 74.3％，这一数字在二十年后被刷新到 94.4％。让这一庞大的出口额成为可能的，正是南起汉口、北至恰克图，绵延万里、人潮涌动、川流不息的茶叶之路。万年沉寂的外贝加尔地区的荒原上，恰克图迎来了兴盛繁荣。这是一条全新于古代草原丝绸之路的新型商路。经由恰克图的中俄草原茶路，赋有明确的国际贸易目的，规制成熟，长期稳定。两国派驻官员，管理税务，定期会晤往来；双方互通有无，交易平等，已经出现了近代商品经济元素。为便于学术研究，相对于丝绸之路，称中俄草原茶路为"茶叶之路"。可以这么说，万里茶路的探索揭示了 300 多年前中俄贸易的经济谜团，在清朝时期，中国已经形成了极具规模、先进合理的资本主义模式商业集团，共动用数亿两白银，间接影响大半个中国的几十万人口。茶叶之路的存在，使 17 世纪和 18 世纪世界东西方构成了两个中心，有人甚至断言那时的世界经济文化中心在东方。

七、茶路衰落

汉口茶市最终还是衰落了。输出型市场导向带来了汉口茶市的兴盛，也导致其衰败。由于俄国、英国茶商以及其他欧洲茶叶商人涉足汉口茶叶市场，使汉口的茶叶贸易受国际市场行情涨落的影响很大。欧洲商人对汉口茶叶的大规模收购，使得汉口迅速成为中国砖茶出口的最大市场。同时，他们在茶叶品种、数量、质量和包装等方面的需求，也从根本上决定了汉口近代茶叶生产、加工和交易的市场运作。尤其是俄国茶商，几乎操纵着汉口砖茶市场。十月革命后，中俄商路一度中断，加上当时苏联政府对华茶进口采取的关税壁垒政策的影响，俄商逐渐退出汉口茶市，由此导致了汉口茶叶贸易的急剧萧条。另外一条原因是，19 世纪末期，由于印度茶、锡兰茶的竞争，汉口茶叶港的地位受到威胁。汉口茶市最大的买主之一英国商人转而收购印度茶叶，因为"印英相去较近，茶价虽昂，水脚较省，故英商所舍中而就印。"此后，汉口茶市场逐渐衰微。

八、文化遗产

2013年9月10日，第二届"万里茶道"与城市发展中蒙俄市长峰会在内蒙古二连浩特市落幕。中蒙俄三国共签署十余项协议，并共同发起将"万里茶道"申请为"非物质文化遗产"的倡议。万里茶道申遗成功后，中国古代东西、南北水陆大动脉丝绸之路、大运河、万里茶道都将成为世界文化遗产。2013年9月15日，来自闽、赣、湘、鄂、豫、晋、冀、蒙等8省、区的专家学者，齐聚"中俄万里茶路"水陆枢纽之地——河南赊店古镇，共商"中俄万里茶路"文化遗产保护利用和申报世界文化遗产大计。大会提出将比照大运河、丝绸之路等线型文化遗产保护的办法和措施，共同制定"中俄万里茶路"的保护规划和保护措施。并商定2013年11月，将由福建省文物局牵头，召集沿线八省（自治区）文物局齐聚福州，商议将"万里茶路"申报为世界文化遗产。

九、在中国的历史上，先后出现过三条有名的茶叶之路

第一条是"茶马古道"，该通道是云南、四川与西藏之间的古代贸易通道，通过马帮的运输，川、滇的茶叶得以与西藏的马匹、药材交易。

第二条是"茶马互市"，起源于唐、宋时期，封建王朝用茶叶与西北少数民族以茶马交易为中心的贸易往来，维护了民族的和睦和国家的统一。

第三条是"万里茶道"，这就是我们特指的"中俄茶叶之路"，这条茶道被俄国称为"伟大的茶叶之路"。在17世纪，它一度被称为是联通中俄两国的"世纪动脉"。这是继丝绸之路后，东亚大陆上兴起的又一条国际商路，虽然其开辟时间比丝绸之路晚了一千多年，但是其经济意义以及巨大的商品负载量，是丝绸之路无法比拟的。而这条"世纪动脉"在中国这端的起点，便是被称之为"东方茶港"的汉口。

2013年9月，湖北省农业厅和武汉市人民政府共同做了一项重大的决定。为重塑"东方茶港"昔日辉煌，重振湖北茶业

茶品牌雄风，扩大湖北茶文化和茶品牌影响力，实现湖北茶叶大省向茶叶强省的跨越，让鄂茶品牌唱响全国、誉满世界，全面提升茶叶综合生产能力和市场竞争能力，湖北省农业厅、武汉市人民政府于 2013 年 12 月 29 日举办了"2013 年中国湖北斗茶大赛和重走'万里茶路'启动暨'东方茶港'纪念碑揭幕仪式"活动。

第二节　赤壁青砖茶

一、赤壁青砖茶

赤壁青砖茶，是原产于"中国青砖茶之乡"——湖北赤壁市羊楼洞古镇的一种特有砖茶。该茶是以鄂南老青茶为原料，经蒸、压而制成的紧压茶，属黑茶类，至今已有 300 多年的历史。现在的机制青砖茶成品为长方砖形，砖面光滑、棱角整齐、紧结平整、色泽青褐，压印纹理清晰。内质香气纯正，滋味醇和、汤色橙红明亮、叶底暗褐，口感风味独特回甘，有明显陈香气，有发酵菌香。

青砖茶的工艺流程：原料（老青茶）→渥堆（发酵）→陈化→复制→拼配→蒸汽蒸热→压制定型→干燥→成品包装。

国家级茶学重点实验室、湖南农大教授刘仲华联合五大国家级科研团队，通过分子生物学实验验证，赤壁青砖茶具有八大养生功效：降血脂、减肥、降血糖、降尿酸、抵御和修复酒精性肝损伤、调理肠胃、抗辐射、抗衰老等保健功效。

赵李桥砖茶厂是生产青砖茶的中华百年老字号企业，其砖茶主要品牌为"川"字牌，是国家驰名商标，生产工艺被国家文化部列入国家级非物质文化遗产名录，是历史上闻名遐迩的"洞砖"传承者。羊楼洞茶业股份有限公司前身为国营羊楼洞茶场，2014 年，由该公司独家监制的羊楼洞牌"万里茶道青砖茶"作为国礼，由国务委员杨洁篪亲自送给俄罗斯总统全权代表巴比奇手中，成为增强中俄两国人民友谊的纽带。

砖茶的饮用方法：①砖茶解块：用砖茶专用开茶器取一小块（5～8g）陈年青砖茶；②闻陈香（赏茶）：煮茶前先闻干茶香，陈香明显者为优等品；③活火煮泉（烧水）：冲泡砖茶要100℃的开水，在烧水时应急火快攻；④洗净沧桑（洗茶）：陈年砖茶是在干仓经过多年陈酿而成，在冲泡时，将开水冲入同心壶中，先将茶洗一遍倒掉不喝，这叫"洗净沧桑"；⑤吊出陈韵（煮茶）：即向同心壶中再冲入开水，并在同心壶下点燃小蜡烛或酒精灯，开水入壶后茶汤颜色慢慢加深，直接茶汤呈枣红色即可。这样，用加温的方法可以煮出砖茶独特的滋味和陈韵。

二、赤壁砖茶常识

1. 青砖茶的定义

青砖茶属黑茶类，以鄂南优质老青茶作原料，经过渥堆发酵、陈化、筛捡风选、拼配、蒸制、紧压、定型、修剪、烘干、包装等多道工序加工而成。鲜叶生长期一般在 30 天至 50 天，以绿叶红梗为标准，经过杀青、揉捻、晒干、装包等工序进行初制，即为老青茶。根据原料老嫩粗细分为洒面、二面、里茶。

2. 青砖茶的品质特点

国家标准规定：合格的青砖茶砖面光滑、棱角整齐、紧结平整、色泽青褐、压印纹理清晰，砖内无黑霉、白霉、青霉等霉菌。内质：香气纯正、滋味醇和、汤色橙红、叶底暗褐，口感风味独特回甘。经过适当存放的陈年青砖茶品质更佳。

3. 赤壁青砖茶的原料主要生产地

青砖茶以鄂南老青茶为主要原料，鄂南老青茶的主要产地在湖北省咸宁市辖区的赤壁、通山、崇阳、通城、咸安等县区。老青茶集中到赤壁压制砖茶，已有三百多年的历史。

4. 青砖茶的历史渊源

青砖茶由原来的帽盒茶演变而来，它始于唐、兴于宋、盛于明清。宋朝时用米浆将茶叶粘合成饼状，目的是为了降低运费，减少损耗，便于长途运输。明朝时，采用先将茶叶拣筛干净，再经蒸汽加热，然后用脚踩制成圆柱形状的帽盒茶。到清朝中后期咸丰末年（1861 年），真正意义上的机制青砖茶开始出现。

5. 青砖茶"川"字牌商标的来源

赤壁赵李桥镇羊楼洞有观音泉、石人泉、凉阴泉，三泉如川，穿镇而过，泉水清冽甘甜。在清朝道光、咸丰年间，当时众多的茶庄所压制的青砖茶砖面上都印有"川"字，这既突出了好茶需好水的重要，又预示着砖茶生产经营像泉水涓涓，流而不息，永远兴隆。"三玉川"和"巨盛川"是当时最大的茶庄，他们与内蒙古最大商号"大盛魁"贸易往来密切。起初"三玉川"、"巨盛川"茶庄压制的砖茶印有"川"字标记，牧民不识汉字，而"川"字只需要 3 个指头顺印一摸，即可识别。因"川"字砖茶在蒙古牧民中享有很高的声誉，其他茶庄相继效仿。1949 年 7 月，中南军政委员会派员接管"民生"等多家茶庄，合并成立"中国茶业公司羊楼洞砖茶厂"，"川"字标识开始独家使用。1983 年我国开始推行商标注册时，此商标正式依法注册，属更名后的赵李桥茶厂有限公司所有。

6. 赤壁米砖茶简介

米砖茶产于湖北赤壁。该茶以红茶片末为原料，经蒸压而成。是国内独有的红砖茶。因其所用原料皆为茶末，体积细小，所以被称为"米砖茶"。米砖茶成品外形十分美观，棱角分明，表面图案清晰秀丽，砖面色泽乌亮，冲泡后汤色红浓，香气纯和，滋味浓且醇厚。米砖因形美，适合当作工艺品陈放。主销新疆及华北，部分出口俄罗斯和蒙古，近年亦有少量远销欧美，是国内砖茶中独树一帜的红砖茶。主要品牌有"牌坊"、"火车头"。

7. "牌坊"米砖史话

牌坊，是封建社会为表彰功勋、科第、德政以及忠孝节义所立的建筑物。其主要作用是用来昭示某一家族先人的高尚美德和丰功伟绩。牌坊文化在明清时期登峰造极，这与此时期晋商称雄国内商界并作为儒商代表而对昭示功勋的牌坊建筑的高

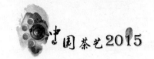

度痴迷息息相关。20 世纪初，赵李桥古镇羊楼洞的晋商"聚兴顺"将牌坊图案印于砖茶之上用作产品标识，开创了砖茶产品图案标识的历史先河。今天，"牌坊"作为赵李桥茶厂的省级著名商标，她在继承中华民族优秀商业文化的同时，更是传递了艰苦奋斗、诚信为本、追求和谐的人文精神。

8. "火车头"米砖的由来

19 世纪中叶，俄商将德国废弃的蒸汽机火车头拉到赵李桥羊楼洞进行拆卸再利用，将火车头上的蒸汽机改装用于蒸茶和烘茶，将其动力设备改装用于砖茶压制。1861 年，全世界第一块机制青砖茶的问世便是得益于这一技术的改进。新中国成立后，赵李桥砖茶厂将"火车头"用作米砖茶商标，真实地记录了这一史实。

9. 欧亚万里茶道的渊源

据历史记载，在明清朝代，凡羊楼洞最先生产的片茶、帽盒茶以及后来生产青（米）砖茶，均以赤壁羊楼洞为起点，顺长江至汉口，逆汉水至襄阳，再改水运为畜驮，翻山越岭至黄河。然后分两路，一路走东口（今张家口），往北入归化（今内蒙古呼和浩特），再往北入库伦（今蒙古国乌兰巴托）到达俄罗斯重镇恰克图，最终转销欧洲各国；一路走西口（今内蒙古包头）经河西走廊到达新疆然后销往中亚各国。内蒙古作为万里茶道的中心，构成了内陆与边疆、中国与欧亚各国沟通交往的桥梁。有着二百多年历史的万里茶道，为中华民族茶文化外交流以及茶叶商业贸易的繁荣做出了巨大贡献。

10. "川"字牌青砖茶与蒙古奶茶的关系

蒙古人喜欢用鲜牛奶与茶叶一同熬成奶茶待客，青砖茶便是制作蒙古奶茶的主要原料之一。赵李桥茶厂川字牌青砖茶以其独特的口感与耐泡性，极大地提高了蒙古奶茶的品质与风味。如今，在内蒙古草原上有着百年历史的奶茶仍然经久不衰，"三道杆"已成为草原牧民心中诚信和放心的标志。

11. 赤壁青（米）砖茶的正确储藏保管方法

将砖茶置于通风、干燥、无异味且温度变化相对较小的环境中，避免青砖茶受到阳光直射。勿用塑胶袋保存，因为塑胶袋易与砖茶发生化学作用，使砖茶风味尽失。同时，其他种类的茶叶要与青（米）砖茶分开存放。如遇梅雨季节，可将一定数量的干燥剂放置于青（米）砖茶中用于吸潮。如砖茶表面吸潮后出现少许风霉可用软毛刷轻轻刷掉，并不影响饮用。

12. 饮用赤壁青（米）砖茶对人体的好处

赤壁青（米）砖茶富含多酚类、咖啡因、氨基酸、儿茶素、维生素、蛋白质等多种人体必需且有益于人体的物质。现代研究发现，赤壁青砖茶含有茶树鲜叶所没有的一些大分子聚合体。而正是这些物质，使青砖茶有着十分显著的保健功能。现代科学证明，青砖茶除具有一般茶叶生津止渴、清心提神之功效外，更具有：去油腻、助消化、养胃醒酒、降血脂、降血压、降血糖、抗动脉硬化、杀菌消炎、治痢疾、防辐射、抗衰老、抑制癌症、排毒养颜、减肥瘦身等功效。

13. 如何正确地识别陈年青砖茶

陈年青砖茶，砖面经过岁月洗礼陈化，颜色呈红褐色，具有明显的陈香，该茶经冲泡饮用后，会产生一种令人舒适的由发酵菌香、楠竹香与木质香等多种香气混合形成的复合气味感觉。陈年青砖茶愈陈愈香，愈浓郁，愈纯正；在特定的地域环境条件下存放时间较长的青砖茶还有明显的杏仁香气。滋味方面，冲泡饮用后，使人感觉到粗而不涩、老而不淡、醇厚而有回甘。仔细品尝茶汤，入口后于舌中转动，咽吞时和咽吞后均有不同的韵味感。陈年青砖茶的汤色，除橙红明亮外，还有琥珀色的晶莹剔透感觉。

14. 陈年青砖茶价值高的道理

青砖茶为发酵茶，随着存放时间的延长，它会有一个后发酵的过程。茶叶在微生物菌的作用下，产生了一些大分子结构的聚合物质。这些大分子物质使各种保健功效的产生机会大大增加。据了解，凡存放 10 年以上的青砖茶，其降血压、降血

脂、降血糖功能显著，因而成为现代都市人"富贵病"的克星。与此同时，由于陈年青砖茶存量相对较少，故其售价相应提高。

三、科学解密赤壁青砖茶的保健养生功效

赤壁青砖茶是中国黑茶家族的重要成员之一。该茶以老青茶为原料，经压制而成。其原料生产地主要集中在湖北省咸宁市的赤壁、咸宁、通山、崇阳、通城等县（市）。生产历史如从其前身帽盒茶算起，已有300多年。赵李桥茶厂是赤壁青砖茶企业的杰出代表，其生产历史与产业规模谓之全国之最。青砖茶外形长为长方砖形，色泽青褐，汤色红黄，浓酽馨香，滋味醇正，回甘隽永。青砖茶主要销往内蒙古、新疆、西藏、青海等西北地区和蒙古、格鲁吉亚、俄罗斯、哈萨克斯坦等国家。在传统的青砖茶销区，人们离不开青砖茶，不仅因为它可生津止渴，更因其具有化腻健胃、降脂瘦身、御寒提神、杀菌止泻等奇特功效。随着我国社会经济的快速发展，人们生活水平的日益提高，食物结构发生了巨大的变化。一部分人群由于高脂肪、高蛋白、高糖分的摄食比例不断增多，加之诸多不利的环境因素、日益加快的生活节奏、日趋加重的工作压力，身体处于亚健康状态。目前，高血脂、高血糖、高血压、高尿酸人群，肥胖人群，肠胃功能紊乱人群的比例在不断提升，亚健康群体的年龄日趋年轻化。因此，人们一直在寻求一种温和的、安全的、轻松愉悦的保健养生方式。

值得一提的是，由于近几年赤壁青砖茶由边销茶扩大到内销，不少人因长期坚持饮用赤壁青砖茶使其身体代谢机能得到明显改善，亚健康状况得到扭转。为了从现代科学角度诠释青砖茶的保健养生功效并探明其作用机理，赤壁市委市政府启动了青砖茶保健功能开发研究计划，委托国家植物功能成分利用工程技术研究中心、国家教育部茶学重点实验室、清华大学中药现代化研究中心、北京大学衰老医学研究中心和国家中医药管理局亚健康干预实验室，以赤壁青砖茶系列产品为研究材料，从体外试验到动物试验，从细胞模型到基因模型，从化学物质

组成到生理生化代谢，系统地评价了赤壁青砖茶降血脂、减肥、降血糖、降尿酸、抵御和修复酒精性肝损伤、调理肠胃、抗辐射等保健养生功效，从细胞生物学和分子生物学水平揭示了青砖茶独特的养生价值及科学机理。

1. 青砖茶具有显著的降血脂作用

通过细胞模型和高脂动物模型研究发现，青砖茶可激活低密度脂蛋白受体（LDLR），通过改善肝脏及细胞的代谢功能，提高肝脏的抗氧化活力，有效降低高脂小鼠血液中总胆固醇（TC）、总甘油三酯（TG）、低密度脂蛋白（LDL）水平，升高高密度脂蛋白（HDL）的水平，起到显著的降血脂效果。

2. 青砖茶具有显著的减肥作用

在高脂动物模型中和细胞模型中，青砖茶可以通过有效抑制前脂肪细胞的分化、缩小脂肪细胞体积，抑制脂肪酶和淀粉酶活性、降低脂肪和淀粉食物的利用率，调控瘦素水平及糖脂代谢相关基因的表达水平，达到有效调控能量代谢与脂肪代谢，控制体重增长，表现出显著的减肥瘦身效果。

3. 青砖茶具有明显的降血糖作用

通过化学药物诱导的高血糖动物模型研究发现，青砖茶可通过有效调控高血糖小鼠的胰岛素代谢水平，调控糖代谢与糖运转相关基因的表达水平，降低血清中血糖的浓度，降低餐后血糖升高的水平，减轻高血糖小鼠的临床病理学指标的不利变化，具有显著的调降血糖效果。

4. 青砖茶可有效抵御和修复过量饮酒引起酒精性肝损伤

在酒精灌胃小鼠模型中，通过小鼠肝组织外观、组织与细胞切片的电镜观察和血清生理生化指标检测发现，青砖茶能有效提升小鼠抵御酒精引起的氧化性肝损伤的能力，修复酒精引起的肝脏代谢机能紊乱，减轻过量饮酒引起的肝脏病变，防护酒精性肝损伤。青砖茶不同饮用时间对酒精引起肝损伤的作用效果研究表明，不论饮酒前、饮酒中还是饮酒后喝茶，青砖茶都具有不同程度的抵御或修复效果，且表现为饮酒前的效果最

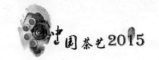

好，饮酒中其次，饮酒后再次。

5. 青砖茶可有效降低血尿酸水平，具有预防和改善痛风的作用

通过高血尿酸动物模型研究发现，青砖茶可有效减低小鼠腺苷脱氨酶和黄嘌呤氧化酶活性，调控动物的蛋白质代谢和嘌呤代谢，表现出明显的降低尿酸作用，且高剂量表现效果尤为突出。

6. 青砖茶可有效平衡肠道微生物菌群，具有显著的调理肠胃作用

通过小鼠饲喂实验发现，青砖茶可以有效增加肠道中双歧杆菌、乳酸菌等有益菌的数量，减少大肠杆菌、沙门氏杆菌、金色葡萄球菌等有害菌的数量，起到平衡肠道微生物菌群分布，有效调理肠胃功能。

7. 青砖茶具有显著的抗辐射作用，可有效抵御紫外辐射、预防皮肤细胞光老化

通过对皮肤成纤维细胞 L929 受紫外辐射后的电镜观察以及流式细胞仪检测发现，青砖茶能有效清除紫外辐射产生的过量自由基，增强皮肤细胞的抗氧化力，对紫外辐射引起的皮肤细胞损伤具有较好的保护作用。皮肤光老化是紫外辐射引起皮肤细胞衰老的现象，大鼠皮肤紫外线 UVB 辐射试验研究表明，青砖茶可有效抵御紫外线 UVB 对皮肤细胞的损伤，预防和修复皮肤的光老化。

8. 青砖茶具有独特的品质成分与功能物质组成

采用 HPLC、LC—MS、GC—MS、ICP—MS 等现代先进分析手段，系统分析了青砖茶的儿茶素组成、生物碱组成、氨基酸组成、有机酸组成、10 种主要无机元素、15 种农药残留水平，结果表明，青砖茶具有较丰富且协调的茶多酚/儿茶素和氨基酸组成，咖啡因、可可碱、茶碱含量适宜；丰富的水浸出物、协调的酚氨比、丰富的有机酸和糖类物质，造就了青砖茶清醇回甘的滋味特征。青砖茶中主要元素组成协调，具有锌、硒、

锰、镁含量相对较高，铁、铝、铅、氟含量相对较低的元素分布特征，这不仅表明青砖茶的安全性好，而且为其诸多保健养生功能的发挥奠定了元素基础。

四、赤壁老砖茶品牌产品

1. 凤凰米砖

凤凰米砖是英国老牌茶叶公司 TWIN-INGS（川宁公司）于 1981 年为纪念公司成立 275 周年，通过外交部委托湖北省赵李桥茶厂定制。凤凰米砖茶是以优质轧制红茶片末为原料，采用传统工艺，经复制、紧压、烘制等诸多工序精制而成。产品为扁形长方体，光洁平整，压印纹理清晰，图案精美绝伦；配上精雕木框，是国内外茶人雅士收藏的工艺珍品和馈赠佳品，堪称茶中艺术造型之王。

图 14-7 凤凰米砖

凤凰米砖汤色深红明亮，口味浓厚醇和、爽滑回甘，陈香味明显，被誉为紧压茶中一绝，具有生津止渴、清心提神、暖身御寒、消脂瘦身等饮用及保健功效。

由于凤凰米砖模版已销毁，生产时间仅限于 20 世纪 80 年代，故至今存世量已极为稀少，十分罕见。

2. 20 世纪 70 年代"一片叶"青砖

"一片叶"青砖茶（图 14-8）系赵李桥茶厂 20 世纪 70 年代产品，以优质湖北老青茶为原料，经发酵、渥堆、复制、紧压、烘制等工序制成，因产品包装上有一片显著的茶叶图案而得名。该产品"中茶"及满文字样凸起，外形紧结平整，压鲌纹理清晰，砖面呈暗褐

图 14-8 "一片叶"青砖

色，嗅之陈香暗敛。汤色红黄明亮，陈香味浓郁，具有辅助降三高功能，健身功效明显。经过岁月洗礼，"一片叶"青砖茶存

世量已寥若晨星，颇为罕见，堪称中国青砖茶珍品。

3. 20 世纪 60 年代"湖北青砖茶"

"湖北青砖茶"青砖茶（图 14-9）系赵李桥茶厂 20 世纪 60 年代产品，因当时时代风潮所致，有人认为"川"牌商标系封建产物，与新社会不符，遂以"湖北青砖茶"五字压于砖面以替代川字。且因质疑原有青砖茶洒面其外、里茶其中的特征，认为是封建老板把叶子

图 14-9 "湖北青砖茶"

铺在砖面、梗子压在里面是欺骗广大少数民族劳动群众，要求表里如一，故此产品未用面茶，片片露梗。后因销区消费者不认可，旋停产。因其为特殊年代产物，如昙花一现，故现已极为罕见。

4. 1925 年"聚兴顺监制"米砖

"聚兴顺监制"米砖茶（图 14-10）系赵李桥茶厂前身之一晋商茶号"聚兴顺"于民国时期 1925 年生产，现存世量不超过三片。该砖茶应为外销俄罗斯产品，中部为牌坊图案，下部为俄文说明，大意为介绍产品的品质优良。虽历经百年岁月，该产品仍纹理清晰，茶香幽雅，是赵李桥茶厂镇厂之宝。

图 14-10 "聚兴顺监制"米砖

5. 1949 年"洞厂"青砖

1949 年"洞厂"青砖（图 14-11）系赵李桥茶厂原产品档案室中留存，原包装纸标明为 1949 年羊楼洞砖茶厂产品留样，迄今尚未发现与其同样产品，弥足珍罕。砖茶正面右下一角被锯，系

图 14-11 "洞厂"青砖

20世纪90年代赵茶一领导为验证青砖茶越陈越香说法开汤审评，据云"尚有茶味，且有药香"，由此可见青砖茶生命力何等持久！该领导已作古，故此砖茶滋味种种奇妙之处，世上已无人可述，广陵一曲，遂成绝响。

6. 1946年"民生洞产"米砖

1946年"民生洞产"米砖（图14-12）系赵李桥茶厂原产品档案室中留存，原贴纸标明为1946年湖北民生茶叶公司鄂南茶厂留样，砖茶正面为火车头图案，系沿用晋商张仲山于1920年所创"火车头"品牌，下方为俄文，系供外销苏联。砖面经数十年陈化，色呈黄褐，且

图14-12　"民生洞产"米砖

与一般米砖不同的是，该砖所用原料为红茶叶片，陈香显著，迄今尚未发现与其同样产品，极为珍罕。

五、老青茶茶艺表演解说词

穿过时间的迷雾，历经纷繁复杂的岁月，阳光落在曲径幽深的明清石板街。远处云雾缭绕的青山，潺潺细语的小溪，被独轮车轮碾出的深槽，无言的在诉说着曾经的繁华与沧桑。千年的茶历程，胜败兴衰都是心头抹不去的印象。千年的古镇，沉淀千年的历史，传承百世的名茶，无一不在述说着羊楼洞这个因茶而盛，因茶而荣的地方。

羊楼洞老青茶来自这被大山拥抱的土地，历经马背的蹉跎，苦涩中散发着松木的香气。回甘里洋溢着大自然中野性阳刚的美丽，岁月的磨砺后，他变得圆融，平和。积淀了多少风霜酷暑，经历了多少的沧桑更变，带给羊楼洞老青茶的，不是零落不堪的斑驳，而是依旧的不变的从容。斗智斗勇，刀光剑影是赤壁的历史、品味沉淀便是羊楼洞的风情。

第一道：焚香通灵

我国茶人以认为，茶须静品，香能通灵，在泡茶之前，首

先点燃这只香，来营造祥和的气氛。希望这幽香能使大家心旷神怡，也希望您的心会随着悠悠渺渺的香烟升华到高雅宁静而有神气的境界。

第二道：细端秀色（赏茶）

老青茶干茶外形色泽青褐乌亮，香气纯正，条索紧结壮实。

第三道：温杯烫盏（洁器）

茶乃至清至洁天涵地蕴的灵物，所以要求泡茶的器具必须冰清玉洁，一尘不染。再一次清洁器具以示对客人的尊敬，同时提升壶内外的温度，增添茶香，蕴蓄茶味。洗涤过的器具，不正如雨后的古镇，清怡静谧，云烟环绕。

第四道：拨茶入宫（投茶）

当我们把茶叶投入壶，仿佛穿越历史的长河，古镇风貌依稀展现在眼前。

第五道：洗尽沧桑（洗茶）

老青茶是经过独特的渥堆发酵和多年的陈化而成，所以在冲泡前需要将干茶清洗两遍，起到清洁与醒茶的作用。茶叶在水的浸润下，逐渐地清醒开来，睁开沉睡的双眼，仿佛湿漉漉的青石板上那一个个的深槽，还有那络绎不绝的马帮，纷乱地逐一呈现。

第六道：吊出陈韵（冲泡）

静下那纷乱的思绪，轻轻地洗去岁月的铅华，将千年繁华与沧桑，荣辱不惊地融化在这一杯杯茶中。把那尘封的岁月与如今沉淀的风华展现在世人的眼前。

第七道：巡分茗露（分茶）

茶斟到七分满，留下三分为情义。所谓茶友间不厚此薄彼，斟茶时每杯要浓淡一致，多少均等。

第八道：麻姑祝寿（奉茶）

麻姑是我们神话传说中的仙女，在东汉时期得道于江西南城县麻姑山，她得道后常用仙泉煮茶待客，喝了这种茶，凡人可延长寿命，神仙可增加道行，借助这道程序祝大家健康长寿，幸福安康。

第九道：瞬间烟云（目品）

请观赏杯中的老青茶，老青茶汤色橙红亮丽，表面一层淡淡的薄雾，乳白朦胧，不正如一幅水墨山水画一般吗？

第十道：时光倒流（鼻品）

老青茶如木，如茵的茶香像烟花绽放，瞬间感动，终生难忘。

第十一道：品味历史（口品）

老青茶的滋味清亮如泉，甘甜似糖，正如羊楼洞朴实无华的纯净与圣洁。

第十二道：神游古今（回味）

从宋朝的斗茶分茶到如今的客来奉茶，好茶如好言，朴实无华，韵味悠远。茶入肚可以解毒，入心使人清醒。茶之礼先人后己，茶之义清浊自知。

煮茶满屋飘香，不逊于焚香。茶香清幽淡雅，茶汤厚重醇厚，连饮数杯沉浸茶境，喉舌如清泉，体内似流水，希望我们的表演与茶汤能带您走进羊楼洞这青山绿水茶香环绕的"砖茶之乡"。

附录一 茶艺师技术等级标准（试行）

一、职业定义

按茶艺冲泡技术要求、进行冲泡不同品类茶饮；组织和胜任茶艺表演；设计各种规格的茶宴、茶会。

二、适用范围

茶馆（坊）、茶艺馆、茶艺表演团体。

三、技术等级线

初级、中级、高级。

初级茶艺师

一、知识要求

（1）掌握茶馆服务知识，掌握茶礼待客的特殊知识。

（2）了解茶叶发展史，茶的品类，主要名茶的产地、特征以及制作方法。

（3）了解茶文化发展史和不同地区、不同民族的饮茶方式、饮茶设施。

（4）掌握茶艺构成知识和茶的品饮、冲泡技艺。

（5）基本了解现代调饮茶的主要品类、冲泡方法。

（6）基本了解茶道及与茶相关的文学艺术。

二、技能要求

（1）能按照服务规范要求为宾客服务，并能及时妥善处理接待服务工作中发生的问题。

（2）熟悉并正确识别常用茶品、主要名茶及其质量标准。

（3）能较熟练地按茶叶冲泡艺术要求冲泡好宾客所需的茶饮（包括现代调饮茶）。

（4）能简单地向宾客介绍各种茶叶、茶点、茶菜的制作过程和口味特点。

三、工作实例

（1）按照规范服务要求，做好宾客接待服务和消费引导工作。

（2）根据宾客需要，按照茶叶冲泡技艺要求，进行熟练操作，并能介绍茶叶品质特征。

（3）能冲泡演示二道以上的茶艺表演及调制三种以上的调饮茶。

中级茶艺师

一、知识要求

（1）掌握茶馆服务的全部知识及相关的经营管理知识。

（2）熟悉茶叶的历史知识及茶叶的产、供、销、藏的相关业务知识。

（3）熟悉茶文化发展史和不同地区、不同民族的饮茶方式和饮茶设施。

（4）熟练掌握茶艺构成知识和品饮、冲泡艺术；熟悉各类调和茶饮的品种及基本方法。

（5）熟悉中国茶道史及传播演变史，较熟悉与茶相关的文学艺术，并掌握一门外文接待用语。

二、技能要求

（1）有企业服务工作能力和协助改善经营管理的能力，熟练地组织接待服务工作。

（2）掌握审评茶叶外形、内质的知识，并能鉴别常用茶叶、茶点、茶菜的品种、质量以及特色，能根据宾客需要，编制主题茶会及相关的环境、茶品程序、茶艺等策划。

（3）能熟练地按茶叶冲泡艺术要求冲泡清饮、调饮不同品类的茶饮，按美学要求注意茶叶、用水、火候、配料、器具的合理搭配，懂得环境氛围的创造。

（4）能编排茶艺表演并胜任表演人员的业务培训工作。

（5）能与中外宾客进行茶文化知识对话。

三、工作实例

能正确使用茶具、茶器，能冲泡演示五道以上的茶艺。能

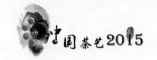

自行设计二套茶艺，并配以主题鲜明、内容准确的讲解词。策划编制主题茶会及相关环境、茶品程序、茶艺等。

高级茶艺师

一、知识要求

（1）精通茶馆经营服务的全部业务（包括环境、服务质量），掌握茶业的营销知识，具有营销策划、组织能力和有关经营管理知识。

（2）精通茶业生产、流通、消费全过程的业务知识。

（3）熟悉茶文化的历史知识、并对某一方面有独到的研究。

（4）精通中外茶道知识，对茶艺有完整的理性认识，并全面掌握不同茶品的冲泡、调制、品赏技艺。

（5）熟悉与茶相关的文学艺术知识，具有较高的文化修养和艺术鉴赏能力，能运用1～2门外语阅读茶业资料。

二、技能要求

（1）能熟练地运用茶业、茶文化专业知识和有关科学知识，组织设计各种规格的茶宴、茶会、能组织高规格的以茶待客活动。

（2）对样评茶误差不超过1/4级，并能识别假茶，掌握新茶、陈茶、不同季节茶品特征，并能运用得当的方法进行冲泡，指导品饮。

（3）能熟练地与中外宾客进行茶文化交流，研讨活动。

（4）有较全面的茶叶冲泡技艺，能正确配制调和茶，对水、茶汤有理性认识和较强的感官辨别能力，并能组织编排符合茶艺构成要素，新颖独特的茶艺表演项目。

（5）有专题研究独立撰写论文能力，能编写初、中级专业教材，胜任茶艺教学、培训工作。

三、工作实例

（1）能组织设计高规格的茶宴、茶会活动。

（2）组织编排新颖独特的茶艺表演项目。

（3）编写初、中级专业教材，并胜任茶艺教学和培训工作。

附录二 茶叶审评师技术
等级标准（试行）

一、职业定义

按茶叶审评技术要求，通过对茶叶外形内质审评，鉴别茶叶的优劣、新陈、真假和各类茶的主要品质情况。正确使用评茶器具和掌握茶叶审评方法及步骤，并能掌握茶叶中主要化学成分的分析和测定。

二、适用范围

各茶叶经营单位。

三、技术等级线

初级、中级、高级。

初级茶叶审评师

一、知识要求

（1）具有一定文化程度（含同等学历），并有一定的自学能力。

（2）掌握中国茶叶发展历史、茶的起源和演变、茶树的特征、特性和栽培，对我国茶叶产区分布情况和基本茶类的加工工艺、品质特征有一定的了解。

（3）掌握茶叶品质审评的基本知识和各类茶叶审评的基本技术要求。

（4）了解茶叶品质质量标准。

（5）掌握茶叶储存、保管的基本技术要求。

二、技能要求

（1）正确使用评茶器具及评茶程序。

（2）掌握茶叶审评的分样、取样、冲泡水温、冲泡方法。

（3）基本掌握茶叶外形审评的握盘手势和摇盘技能。

（4）能辨别假茶、新茶与陈茶、劣变茶及春、夏、秋茶。

（5）能对照标准茶进行评比，确定所评茶样与标准茶的品质差距（误差不得超过1/2级）较确当地使用评茶术语，审评记录清晰。

（6）评茶后各类评茶器具及茶样的整洁、归类安放。

三、工作实例

按茶叶审评技术要求，选择审评茶具、茶盘、茶杯或茶碗，审评各类茶的外形、内质，确定审评茶样品质的等级差距，并正确运用评茶术语。

中级茶叶审评师

一、知识要求

（1）初级审评师工作二年以上（包括二年）具有一定的自学能力。

（2）了解中国茶叶发展历史，茶树的起源和演变，茶树的特征、特性和茶树栽培技术知识。

（3）熟悉我国茶叶产区分布情况和基本茶类的加工工艺流程技术要求及其品质特征。

（4）了解我国主要名优茶类的生产情况，加工技术和品质特征。

（5）掌握茶叶品质审评的基本知识要求及各类茶叶审评的基本技术要求。

（6）熟悉各类茶叶的品质质量标准。

（7）掌握茶叶储存，保管的技术要求。

（8）能辅导初级茶叶审评师进行审评工作。

二、技能要求

（1）正确使用评茶器具，评茶程序。

（2）熟悉各类茶叶审评方法和技术要求以及冲泡茶叶的水

温和冲泡方法。

（3）熟练掌握茶叶审评的分样、取样和掌握茶叶外形审评的握盘手势和揉盘技能（以及冲泡茶叶的水温和冲泡方法）。

（4）能识别假茶，掌握新茶与陈茶、劣变茶以及春、夏、秋茶的品质特征。

（5）能对照标准茶确定所评茶样的品质差距（误差不得超过1/4级），并能提出所评茶样的品质的优缺点及存在问题。

（6）熟练正确地运用评茶术语，审评记录完整清晰。

（7）能正确进行茶叶水分、灰分含量的分析测定。

（8）评茶结束时对各类评茶器具，茶样整洁归类存放。

三、工作实例

按茶叶审评技术要求，掌握茶叶分样、取样、品质审评的方法步骤，正确运用评茶术语，评定各类茶叶的外形、内质、级别，并能正确进行茶叶水分，灰分的分析测定。

高级茶叶审评师

一、知识要求

（1）中级茶叶审评师工作二年以上（包括二年）懂一门外语，能阅读外文资料。

（2）熟悉我国茶叶生产、销售情况和世界各产茶国的茶叶生产情况。

（3）了解世界主要茶叶消费国的饮茶习惯和销售情况。

（4）掌握茶树栽培、茶叶加工的理论知识和技术要求。

（5）精通茶叶品质审评的理论知识和技术要求。

（6）了解茶叶中主要化学成分在加工过程中的变化情况及其对成品茶品质的影响。

（7）掌握茶叶中主要的化学成分的分析、测定的要求和方法。

（8）了解我国茶叶各类标准情况。

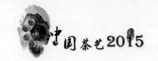

二、技能要求

（1）能主持审评室工作，指导初、中级审评师工作。

（2）审评茶样时做到评级确当，并能提出造成该茶品质优劣的加工方面存在的问题。

（3）能编写教材，进行培训、教育工作。

（4）根据需要进行茶叶内含成分的分析工作。

三、工作实例

能主持审评室工作，指导初级、中级审评师工作，对茶叶审评做到评级确当，能编写茶业教材，进行培训和教育工作，了解茶叶中主要化学成分与茶叶品质的相关性。

附录三　法定计量单位与常见非法定计量单位的对照和换算表

法定计量单位		常见非法定计量单位		换算关系
名　称	符号	名　称	符　　号	
千米(公里)	km		KM	1千米(公里)＝2市里＝0.6214英里
米	m	公尺	M	1米＝1公尺＝3市尺＝3.2808英尺＝1.0936码
分米	dm	公寸		1分米＝1公寸＝0.1米＝3市寸
厘米	cm	公分		1厘米＝1公分＝0.01米＝3市分＝0.3937英寸
毫米	mm	公厘	m/m,MM	1毫米＝1公厘
		公丝		1公丝＝0.1毫米
微米	μm	公微	μ,mμ,μM	1微米＝1公微
		丝米	dmm	1丝米＝0.1毫米
		忽米	cmm	1忽米＝0.01毫米
纳米	nm	毫微米	mμm	1纳米＝1毫微米
		市里		1市里＝150市丈＝0.5公里
		市引		1市引＝10市丈
		市丈		1市丈＝10市尺＝3.3333米
		市尺		1市尺＝10市寸＝0.3333米＝1.0936英尺
		市寸		1市寸＝10市分＝3.3333厘米＝1.3123英寸
		市分		1市分＝10市厘
		市厘		1市厘＝10市毫
		英里	mi	1英里＝1760码＝5280英尺＝1.609344公里
		码	yd	1码＝3英尺＝0.9144米
		英尺	ft	1英尺＝12英寸＝0.3048米＝0.9144市尺
		英寸	in	1英寸＝2.54厘米
飞米	fm	费密	fermi	1飞米＝1费密＝10^{-15}米
		埃	Å	1埃＝10^{-10}米

长度

	法定计量单位		常见非法定计量单位		换算关系
	名称	符号	名称	符号	
面积	平方千米(平方公里)	km^2		KM^2	1平方千米(平方公里)=100公顷=0.3861平方英里
			公亩	a	1公亩=100平方米=0.15市亩=0.0247英亩
	平方米	m^2	平米,方		1平方米=1平米=9平方市尺=10.7639平方英尺=1.1960平方码
	平方分米	dm^2			1平方分米=0.01平方米
	平方厘米	cm^2			1平方厘米=0.0001平方米
			市顷		1市顷=100市亩=6.6667公顷
			市亩		1市亩=10市分=60平方市丈=6.6667公亩=0.0667公顷=0.1644英亩
			市分		1市分=6平方市丈
			平方市里		1平方市里=22500平方市丈=0.25平方公里=0.0965平方英里
			平方市丈		1平方市丈=100平方市尺
			平方市尺		1平方市尺=100平方市寸=0.1111平方米=1.1960平方英尺
			平方英里	$mile^2$	1平方英里=640英亩=2.58998811平方公里
			英亩		1英亩=4840平方码=40.4686公亩=6.0720市亩
			平方码	yd^2	1平方码=9平方英尺=0.8361平方米
			平方英尺	ft^2	1平方英尺=144平方英寸=0.09290304平方米
			平方英寸	in^2	1平方英寸=6.4516平方厘米
			靶恩	b	1靶恩=10^{-28}平方米
体积	立方米	m^3	方,公方		1立方米=1方=35.3147立方英尺=1.3080立方码
	立方分米	dm^3			1立方分米=0.001立方米
	立方厘米	cm^3			1立方厘米=0.000001立方米
			立方市丈		1立方市丈=1000立方市尺
			立方市尺		1立方市尺=1000立方市寸=0.0370立方米=1.3078立方英尺

	法定计量单位		常见非法定计量单位		换 算 关 系
	名 称	符 号	名 称	符 号	
体积			立方码	yd³	1 立方码＝27 立方英尺＝0.764 6 立方米
			立方英尺	ft³	1 立方英尺＝1728 立方英寸＝0.028 317 立方米
			立方英寸	in³	1 立方英寸＝16.387 1 立方厘米
容积	升	L(l)	公升、立升		1 升＝1 公升＝1 立升＝1 市升
	分升	dL，dl			1 分升＝0.1 升＝1 市合
	厘升	cL，cl			1 厘升＝0.01 升
	毫升	mL，ml	西西	c.c.，cc	1 毫升＝1 西西＝0.001 升
			市石		1 市石＝10 市斗＝100 升
			市斗		1 市斗＝10 市升＝10 升
			市升		1 市升＝10 市合＝1 升
			市合		1 市合＝10 市勺＝1 分升
			市勺		1 市勺＝10 市撮＝1 厘升
			市撮		1 市撮＝1 毫升
			＊蒲式耳(英)		1 蒲式耳(英)＝4 配克(英)
			＊配克(英)	pk	1 配克(英)＝2 加仑(英)＝9.092 2 升
			＊＊加仑(英)	UKgal	1 加仑(英)＝4 夸脱(英)＝4.546 09 升
			夸脱(英)	UKqt	1 夸脱(英)＝2 品脱(英)＝1.136 5 升
			品脱(英)	UKpt	1 品脱(英)＝4 及耳(英)＝5.682 6 分升
			及耳(英)	UKgi	1 及耳(英)＝1.420 7 分升
			英液盎司	UKfloz	1 英液盎司＝2.841 3 厘升
			英液打兰	UKfldr	1 英液打兰＝3.551 6 毫升

法定计量单位		常见非法定计量单位		换 算 关 系
名　称	符号	名　　称	符号	
吨	t	公吨	T	1吨＝1公吨＝1000千克＝0.9842英吨 ＝1.1023美吨
		公担	q	1公担＝100千克＝2市担
千克(公斤)	kg		KG,kgs	1千克＝2市斤＝2.2046磅(常衡)
克	g	公分	gm,gr	1克＝1公分＝0.001千克 ＝15.4324格令
分克	dg			1分克＝0.0001千克＝2市厘
厘克	cg			1厘克＝0.00001千克
毫克	mg			1毫克＝0.000001千克
		公两		1公两＝100克
		公钱		1公钱＝10克
		市担		1市担＝100市斤
		市斤		1市斤＝10市两＝0.5千克 ＝1.1023磅(常衡)
		市两		1市两＝10市钱＝50克＝1.7637盎司 (常衡)
		市钱		1市钱＝10市分＝5克
		市分		1市分＝10市厘
		市厘		1市厘＝10市毫
		市毫		1市毫＝10市丝
		英吨(长吨)	UKton	1英吨(长吨)＝2240磅＝1016.047千克
		美吨(短吨)	sh ton, USton	1美吨(短吨)＝2000磅＝907.185千克
		磅	lb	1磅＝16盎司＝0.4536千克
		盎司	oz	1盎司＝16打兰＝28.3495克
		打兰	dr	1打兰＝27.34375格令＝1.7718克
		格令	gr	1格令＝1/7000磅＝64.79891毫克

质 量

342

	法定计量单位		常见非法定计量单位		换算关系
	名　称	符号	名　　称	符　号	
时间	年	a		y,yr	1y＝1yr＝1 年
	天（日）	d			
	［小］时	h		hr	1hr＝1 小时
	分	min		(′)	1′＝1 分
	秒	s		S,sec,(″)	1″＝1S＝1sec＝1 秒
频率	赫兹	Hz	周	C	1 赫兹＝1 周
	兆赫	MHz	兆周	MC	1 兆赫＝1 兆周
	千赫	kHz	千周	KC,kc	1 千赫＝1 千周
温度	开〔尔文〕	K	开氏度，绝对度	°K	1 开＝1 开氏度＝1 绝对度 ＝1 摄氏度
	摄氏度	℃	度 华氏度 列氏度	deg °F °R	1deg＝1 开＝1 摄氏度 1 华氏度＝1 列氏度＝$\frac{5}{9}$ 开
力、重力	牛〔顿〕	N	千克，公斤	kg	
			千克力，公斤力	kgf	1 千克力＝9.806 65 牛
			达因	dyn	1 达因＝10^{-5} 牛
压力、压强、应力	帕〔斯卡〕	Pa	巴	bar,b	1 巴＝10^5 帕
			毫巴	mbar	1 毫巴＝10^2 帕
			托	Torr	1 托＝133.322 帕
			标准大气压	atm	1 标准大气压＝101.325 千帕
			工程大气压	at	1 工程大气压＝98.066 5 千帕
			毫米汞柱	mmHg	1 毫米汞柱＝133.322 帕
线密度	特〔克斯〕	tex	旦〔尼尔〕	den,denier	1 旦＝0.111 111 特

	法定计量单位		常见非法定计量单位		换算关系
	名　称	符号	名　　称	符号	
功、能、热	焦〔耳〕	J	尔格	erg	1 尔格＝10^{-7}焦
功率	瓦〔特〕	W	〔米制〕马力		1 马力＝735.499 瓦
磁感应强度 （磁通密度）	特〔斯拉〕	T	高斯	Gs	1 高斯＝10^{-4}特
磁场强度	安〔培〕每米	A/m	奥斯特， 楞次	Oe	1 奥斯特＝$\frac{1000}{4\pi}$安/米 1 楞次＝1 安/米
物质的量	摩〔尔〕	mol	克原子，克分子， 克当量，克式量		与基本单元粒子 形式有关
发光强度	坎〔德拉〕	cd	烛光，支光，支		1 烛光≈1 坎
光照度	勒〔克斯〕	lx	辐透	ph	1 辐透＝10^4勒
光亮度	坎〔德拉〕 每平方米	cd/m²	熙提	sb	1 熙提＝10^4 坎/米²
放射性活度	贝可〔勒尔〕	Bq	居里	Ci	1 居里＝3.7×10^{10}贝可
吸收剂量	戈〔瑞〕	Gy	拉德	rad,rd	1 拉德＝10^{-2}戈
剂量当量	希〔沃特〕	Sv	雷姆	rem	1 雷姆＝10^{-2}希
照射量	库〔仑〕每千克	C/kg	伦琴	R	1 伦琴＝2.58×10^{-4} 库/千克

＊　蒲式耳、配克只用于固体。

＊＊　英制 1 加仑＝4.546 09 升（用于液体和干散颗粒）
　　美制 1 加仑＝2.31×10^2 立方英寸＝3.785 411 784 升（只用于液体）